New Wun Ching Developmental Publishing Co., Ltd.

New Age · New Choice · The Best Selected Educational Publications—NEW WCDP

工程程

7th Edition

Engineering Mathematics

數學

張傳濱　編著

國家圖書館出版品預行編目資料

工程數學／張傳濱編著.－第七版.－新北市：
新文京開發，2019.07
　　面；　公分

　　ISBN 978-986-430-519-3（平裝）

　　1.工程數學

440.11　　　　　　　　　　　　　108011041

工程數學（七版）　　　　　　　　（書號：A179e7）

編 著 者	張傳濱
出 版 者	新文京開發出版股份有限公司
地　　址	新北市中和區中山路二段 362 號 9 樓
電　　話	(02) 2244-8188（代表號）
Ｆ Ａ Ｘ	(02) 2244-8189
郵　　撥	1958730-2
六　　版	2014 年 9 月 15 日
七　　版	2019 年 7 月 26 日

　　筆者在技職體系從事教學多年，深知一般學生對工程數學相當畏懼，對於繁瑣之代數演算亦覺困難，是以本書在撰寫之初，即希望以淺顯易懂的方式來介紹各項工程數學課程，是以在例題設計上以簡單多樣為原則，配合詳細的說明讓讀者能在最輕鬆情況學習各項課程，達到事半功倍的效果。全書可分為四大部分：1. 微分方程式（1 至 4 章）；2. 線性代數與向量分析（5，6）章；3. 傅立葉級數（第 7 章）偏微分方程式（第 8 章）；4. 複變函數 9 章等共 9 章，分述如下。

　　第 1 至 4 章主要探討微分方程式，其中 1、2 章介紹基本線性微分方程式解法，而第 3 章則利用級數法來解微分方程，在第 4 章中更引進拉氏轉換技巧，使讀者能以另一角度來看微分方程而得其解，在內容上更利用了實際物理模型並將此模型轉換成數學模式，進而得到微分方程式並得其解以加深學習印象。

　　第 5 章除了介紹基本列運算、行列式、克拉瑪法則、反矩陣求法，及解聯立方程式等實際應用技巧外，更深入討論了特徵值以及其在微分方程組上的應用，並深入介紹許多特殊矩陣。等六章中除了基本向量運算及物理應用外，對於向量微分的應用包含了梯度、散度、旋度等，傅立葉級數中介紹以頻率角度來觀看一般時間函數，讓讀者能瞭解信號在頻率的響應為何，以作為修習線性系統，通訊系統等之基礎，第 8 章中討論簡單的偏微分方程，並提供實際物理模型利用變數分離之解法。

第 9 章則為複變函數分析，包含了基本複變函數、函數解析性等。

本書之四大部分可分開教學而不影響連續性，學習上可依學分及時數來彈性做部分或全部的教學，另外本版中另增第 0 章為基礎微積分以供初學讀者順利修讀本書。

本書出版已歷十餘年，在新文京編輯小組的鼎力協助下，將全書以簡潔的文字優美的圖形重新編排付梓，讓讀者能以最佳模式閱讀學習，在此特別誌謝。

張傳濱

目録　**C**ontents

Chapter **0**　**基礎微積分**

Chapter **1**　**一階微分方程式**

Chapter 5 **矩陣與行列式**

向量分析

傅立葉級數

00 基礎微積分

　　本章介紹基礎微積分以作為修習工程數學之基礎，全章可省略而不影響連續性。

0-1 ◀ 常用基本微積分公式

　　常用基本導數公式如下，為加強學習效果請務必背誦。

1. $\dfrac{d}{dx}K = 0$，K 為常數。

2. $\dfrac{d}{dx}x = 1$

3. $\dfrac{d}{dx}x^2 = 2x$

4. $\dfrac{d}{dx}x^n = nx^{n-1}$

5. $\dfrac{d}{dx}\sin x = \cos x$

6. $\dfrac{d}{dx}\cos x = -\sin x$

7. $\dfrac{d}{dx}e^x = e^x$

8. $\dfrac{d}{dx}\ln|x| = \dfrac{1}{x}$

✎ 定理一

　　若 $y(x) = kf(x)$，k 為任意常數，則其導數為

$$y'(x) = \frac{dy}{dx} = \frac{d}{dx}kf(x) = k\frac{d}{dx}f(x)$$

例 1

　　試求下列函數之導數。
　　$y(x) = 4\sin x$

解 由定理一得

$$y'(x) = \frac{dy}{dx} = \frac{d}{dx}4\sin x = 4\frac{d}{dx}\sin x = 4\cos x$$

✎ 定理二

若 $y(x) = kf(x) + cg(x)$，其中 k、c 為常數，則其導數為

$$y'(x) = \frac{dy}{dx} = \frac{d}{dx}[kf(x) + cg(x)] = k\frac{d}{dx}f(x) + c\frac{d}{dx}g(x)$$

例 2

試求下列函數之導數。
$y(x) = \cos x + 3e^x$

解　由定理二得

$$y'(x) = \frac{dy}{dx} = \frac{d}{dx}(\cos x + 3e^x) = \frac{d}{dx}\cos x + 3\frac{d}{dx}e^x = -\sin x + 3e^x$$

合成函數導數(連鎖法則)

　　一複雜函數 $y(x)$ 有時可以寫成一合成函數 $y(u(x))$，例如 $\sin(x^2)$，若我們令 $u(x) = x^2$，則 $\sin(x^2)$ 可寫成 $\sin(u(x))$，簡寫成 $\sin u$，此即為合成函數。在導數運用上，我們可以將複雜的函數先寫成合成函數後，再利用簡單導數公式求解。

定理三

連鎖法則：

若 $y = u(x)$ 與 $u = g(x)$ 皆為可微分函數，則 $y = u(g(x))$ 亦為可微分函數，且

$$\frac{dy}{dx} = \frac{dy}{du} \cdot \frac{du}{dx}$$

例 3

試求下列函數導數。

$y(x) = \cos 2x$

解 若令 $u(x) = 2x$，則 $y = \cos 2x = \cos(u(x)) = \cos u$

因 $\dfrac{d}{dx}u(x) = \dfrac{d}{dx}2x = 2$，

利用定理三得

$$\frac{d}{dx}\cos 2x = \frac{d}{du}\cos u \cdot \frac{d}{dx}u(x) = -\sin u(x) \cdot 2 = -2\sin 2x$$

例 4

試求下列函數導數。

$y(x) = \sin(x^3)$

解 若令 $u(x) = x^3$，則 $y = \sin x^3 = \sin(u(x)) = \sin u$

因 $\dfrac{d}{dx}u(x) = \dfrac{d}{dx}x^3 = 3x^2$，

利用定理三得

$$\frac{d}{dx}\sin x^3 = \frac{d}{du}\sin u \cdot \frac{d}{dx}u(x) = \cos u(x) \cdot 3x^2 = 3x^2 \sin x^3$$

例 5

試求下列函數導數。

$$y(x) = e^{3x}$$

解 若令 $u(x) = 3x$ ，則 $y = e^{3x} = e^u$

因 $\quad \dfrac{d}{dx}u = \dfrac{d}{dx}3x = 3$ ，

利用定理三得

$$\frac{dy}{dx} = \frac{d}{dx}e^{3x} = \frac{d}{du}e^u \cdot \frac{d}{dx}u = e^u \cdot 3 = 3e^{3x}$$

例 6

求下列函數之導數。

$$y(x) = e^{x^2}$$

解 若令 $u(x) = x^2$ ，則 $y = e^{x^2} = e^u$

因 $\quad \dfrac{d}{dx}u = \dfrac{d}{dx}x^2 = 2x$ ，

利用定理三得

$$\frac{dy}{dx} = \frac{d}{dx}e^{x^2} = \frac{d}{du}e^u \cdot \frac{d}{dx}u = e^u \cdot 2x = e^{x^2} \cdot 2x = 2xe^{x^2}$$

例 7

試求下列函數之導數。

$$y(x) = (\sin x)^2$$

解 若令 $u(x) = \sin x$，則 $y = u^2(x) = u^2$

因 $\quad \dfrac{d}{dx}u = \dfrac{d}{dx}\sin x = \cos x$，

則 $\quad \dfrac{dy}{dx} = \dfrac{d}{dx}(\sin x)^2 = \dfrac{d}{du}u^2 \cdot \dfrac{d}{dx}u = 2u \cdot \cos x = 2\sin x \cdot \cos x$

兩乘積函數之導數

一複雜函數 $y(x)$ 有時可以寫成兩函數 $f(x)$ 與 $g(x)$ 之乘積，即 $y(x) = f(x)g(x)$，在運用上我們可以利用兩函數乘積導數定理求其解。

定理四

兩函數乘積導數定理：

若 $f(x)$ 與 $g(x)$ 皆為可微分函數，$y(x) = f(x)g(x)$ 則亦為可微分函數，且其導數為

$$\frac{d}{dx}f(x)g(x) = g(x)\frac{d}{dx}f(x) + f(x)\frac{d}{dx}g(x) = f'(x)g(x) + g'(x)f(x)$$

例 8

若 $y(x) = (3x+1)\sin x$，試求其導數 $y'(x)$。

解 若令 $f(x) = 3x+1$，$g(x) = \sin x$，

因　$f'(x) = \dfrac{d}{dx}f(x) = \dfrac{d}{dx}(3x+1) = 3$，$g'(x) = \dfrac{d}{dx}g(x) = \dfrac{d}{dx}\sin x = \cos x$，

利用定理四得

$$y'(x) = f'(x)g(x) + g'(x)f(x) = 3\sin x + \cos x(3x+1)$$

例 9

若 $y(x) = e^{2x}\sin x$，試求其導數 $y'(x)$。

解 若令 $f(x) = e^{2x}$，$g(x) = \sin x$，

因　$f'(x) = \dfrac{d}{dx}f(x) = \dfrac{d}{dx}e^{2x} = 2e^{2x}$，$g'(x) = \dfrac{d}{dx}g(x) = \dfrac{d}{dx}\sin x = \cos x$，

故由定理四得

$$y'(x) = f'(x)g(x) + g'(x)f(x) = 2e^{2x}\sin x + \cos x e^{2x} = e^{2x}(2\sin x + \cos x)$$

例 10

若 $y(x) = (x^3 + 1)(3x^2 + 2x + 1)$，試求其導數 $y'(x)$。

解 若令 $f(x) = (x^3 + 1)$，$g(x) = (3x^2 + 2x + 1)$，

因 $f'(x) = \dfrac{d}{dx}(x^3 + 1) = 3x^2$，$g'(x) = \dfrac{d}{dx}(3x^2 + 2x + 1) = 6x + 2$，

故由定理四得

$$y'(x) = f'(x)g(x) + g'(x)f(x) = 3x^2(3x^2 + 2x + 1) + (6x + 2)(x^3 + 1)$$

兩函數商之導數

一複雜函數 $y(x)$ 有時可以寫成兩函數 $f(x)$ 與 $g(x)$ 之除式，即 $y(x) = \dfrac{f(x)}{g(x)}$，在運用上我們可以利用兩函數商導數定理求解。

定理五

兩函數商導數定理：

若 $f(x)$ 與 $g(x)$ 皆為可微分函數，$y(x) = \dfrac{f(x)}{g(x)}$ 則亦為可微分函數，且其導數為

$$\frac{d}{dx}\frac{f(x)}{g(x)} = \frac{f'(x)g(x) - g'(x)f(x)}{[g(x)]^2}$$

例 11

若 $y(x) = \dfrac{e^x}{\sin x}$，試求其導數 $y'(x)$。

解 若令 $f(x) = e^x$，$g(x) = \sin x$，

因 $f'(x) = \dfrac{d}{dx} f(x) = \dfrac{d}{dx} e^x = e^x$，$g'(x) = \dfrac{d}{dx} g(x) = \dfrac{d}{dx} \sin x = \cos x$，

故由定理五得

$$y'(x) = \frac{d}{dx} \frac{f(x)}{g(x)} = \frac{f'(x)g(x) - g'(x)f(x)}{[g(x)]^2} = \frac{e^x \sin x - e^x \cos x}{\sin^2 x}$$

例 12

若 $y(x) = \dfrac{2x+5}{\sin x}$，試求其導數 $y'(x)$。

解 若令 $f(x) = 2x + 5$，$g(x) = \sin x$，

因 $f'(x) = \dfrac{d}{dx}(2x+5) = 2$，$g'(x) = \dfrac{d}{dx} \sin x = \cos x$，

故由定理五得

$$y'(x) = \frac{d}{dx} \frac{f(x)}{g(x)} = \frac{f'(x)g(x) - g'(x)f(x)}{[g(x)]^2} = \frac{2\sin x - \cos x(2x+5)}{\sin^2 x}$$

例 13

若 $y(x) = \dfrac{2x+5}{x^2+x+1}$ ，試求其導數 $y'(x)$ 。

解 若令 $f(x) = 2x+5$ ， $g(x) = x^2+x+1$ ，

因　 $f'(x) = \dfrac{d}{dx}(2x+5) = 2$ ， $g'(x) = \dfrac{d}{dx}(x^2+x+1) = 2x+1$ ，故

$$y'(x) = \frac{d}{dx}\frac{f(x)}{g(x)} = \frac{f'(x)g(x) - g'(x)f(x)}{[g(x)]^2} = \frac{2(x^2+x+1) - (2x+1)(2x+5)}{(x^2+x+1)^2}$$

$$= \frac{-2x^2 - 10x - 3}{(x^2+x+1)^2}$$

0-2 ◀ 偏導數

　　若一函數內含兩個以上變數，則我們可針對其中特定變數求導數，稱為偏導數（偏微分），即若一以 x 與 y 為變數之函數 $f(x,y)$ ，其對 x 與 y 之偏導數分別為 $\dfrac{\partial}{\partial x}f(x,y)$ 及 $\dfrac{\partial}{\partial y}f(x,y)$ ，式中 ∂ 符號為偏微分符號，作用類似微分符號 d ，它只針對特定變數求微分而將其他變數視同常數。

例 14

若 $f(x,y) = (5x+4)\sin y$ ，試求其偏導數 $\dfrac{\partial}{\partial x}f(x,y)$ 及 $\dfrac{\partial}{\partial y}f(x,y)$ 。

解 將 y 看成常數可得對 x 之偏導數

$$\frac{\partial}{\partial x}f(x,y)=\frac{\partial}{\partial x}[(5x+4)\sin y]=\sin y\frac{\partial}{\partial x}(5x+4)=\sin y\cdot 5=5\sin y$$

將 x 看成常數可得對 y 之偏導數

$$\frac{\partial}{\partial y}f(x,y)=\frac{\partial}{\partial y}[(5x+4)\sin y]=(5x+4)\frac{\partial}{\partial y}\sin y=(5x+4)\cos y$$

例 15

若 $f(x,y)=3x^2y$，試求其偏導數 $\dfrac{\partial}{\partial x}f(x,y)$ 及 $\dfrac{\partial}{\partial y}f(x,y)$。

解 將 y 看成常數可得對 x 之偏導數

$$\frac{\partial}{\partial x}f(x,y)=\frac{\partial}{\partial x}3x^2y=y\frac{\partial}{\partial x}3x^2=y\cdot 6x=6xy$$

將 x 看成常數可得對 y 之偏導數

$$\frac{\partial}{\partial y}f(x,y)=\frac{\partial}{\partial y}3x^2y=3x^2\frac{\partial}{\partial y}y=3x^2$$

例 16

若 $f(x,y)=x^2y^4+e^x$，試求其偏導數 $\dfrac{\partial}{\partial x}f(x,y)$ 及 $\dfrac{\partial}{\partial y}f(x,y)$。

解 將 y 看成常數可得對 x 之偏導數

$$\frac{\partial}{\partial x}f(x,y)=\frac{\partial}{\partial x}(x^2y^4+e^x)=y^4\frac{\partial}{\partial x}x^2+\frac{\partial}{\partial x}e^x=y^4\cdot 2x+e^x=2xy^4+e^x$$

將 x 看成常數可得對 y 之偏導數

$$\frac{\partial}{\partial y}f(x,y)=\frac{\partial}{\partial y}(x^2y^4+e^x)=x^2\frac{\partial}{\partial y}y^4+\frac{\partial}{\partial y}e^x=x^2\cdot 4y^3=4x^2y^3$$

三個以上變數函數之偏導數亦可類推。

例 17

若 $f(x,y,z)=2xy+3yz$，試求其偏導數 $\dfrac{\partial}{\partial x}f(x,y,z)$、$\dfrac{\partial}{\partial y}f(x,y,z)$ 及

$\dfrac{\partial}{\partial z}f(x,y,z)$。

解 將 y、z 看成常數可得對 x 之偏導數

$$\frac{\partial}{\partial x}f(x,y,z)=\frac{\partial}{\partial x}(2xy+3yz)=2y$$

將 x、z 看成常數可得對 y 之偏導數

$$\frac{\partial}{\partial y}f(x,y,z)=\frac{\partial}{\partial y}(2xy+3yz)=2x+3z$$

將 x、y 看成常數可得對 z 之偏導數

$$\frac{\partial}{\partial z}f(x,y,z)=\frac{\partial}{\partial z}(2xy+3yz)=3y$$

0-3 ◀ 常用基本積分

　　常用基本積分公式如下，為加強學習效果請務必背誦。

1. $\int 0\,dx = c$，c 為任意常數。

2. $\int x\,dx = \dfrac{1}{2}x^2 + c$

3. $\int x^n\,dx = \dfrac{1}{n+1}x^{n+1} + c$，$n \neq -1$。

4. $\int x^{-1}\,dx = \ln|x| + c$

5. $\int \sin x\,dx = -\cos x + c$

6. $\int \cos x\,dx = \sin x + c$

7. $\int e^x\,dx = e^x + c$

上述積分公式中 c 為任意常數，故稱不定積分。

例 18

試求下列不定積分。
(a) $\int 4x^5\,dx$
(b) $\int (6x+2)\,dx$

解 (a) $\int 4x^5\,dx = 4\int x^5\,dx = 4 \cdot \dfrac{1}{5+1}x^{5+1} + c = \dfrac{2}{3}x^6 + c$

(b) $\int (6x+2)\,dx = \int 6x\,dx + \int 2\,dx = 3x^2 + 2x + c$

有時積分函數不能直接由基礎公式中積出，我們可利用連鎖法則求解。

例 19

試求下式不定積分。

$\int \sin 3x dx$

解 原式無法直接積分，若令 $u(x) = 3x$，$\dfrac{d}{dx}u(x) = \dfrac{d}{dx}3x = 3$，所以

$du = 3dx$，原式可寫成

$$\int \sin 3x dx = \frac{1}{3}\int \sin 3x \cdot 3dx = \frac{1}{3}\int \sin u du = -\frac{1}{3}\cos u + c = -\frac{1}{3}\cos 3x + c$$

例 20

試求下列不定積分。
(a) $\int 4e^{2x}dx$
(b) $\int \cos 2x dx$

解 (a) 若令 $u(x) = 2x$，$\dfrac{d}{dx}u(x) = \dfrac{d}{dx}2x = 2$，所以 $du = 2dx$，原式可寫成

$$\int 4e^{2x}dx = 2\int e^{2x}2dx = 2\int e^u du = 2e^u + c = 2e^{2x} + c$$

(b) 若令 $u(x) = 2x$，$\dfrac{d}{dx}u(x) = \dfrac{d}{dx}2x = 2$，所以 $du = 2dx$，

原式利用連鎖法則可寫成

$$\int \cos 2x dx = \frac{1}{2}\int \cos 2x \cdot 2dx = \frac{1}{2}\int \cos u du = \frac{1}{2}\sin u + c = \frac{1}{2}\sin 2x + c$$

例 21

試求下列不定積分。

(a) $\displaystyle\int(6x^2+4x+3)dx$

(b) $\displaystyle\int\frac{4x+2}{x^2+x+1}dx$

解 (a) $\displaystyle\int(6x^2+4x+3)dx=2x^3+2x^2+3x+c$

(b) 若令 $u(x)=x^2+x+1$，$\dfrac{d}{dx}u(x)=\dfrac{d}{dx}(x^2+x+1)=2x+1$，

所以 $du=(2x+1)dx$，原式利用連鎖法則可寫成

$$\int\frac{4x+2}{x^2+x+1}dx=\int\frac{2(2x+1)}{x^2+x+1}dx=2\int\frac{2x+1}{x^2+x+1}dx=2\int\frac{du}{u}$$
$$=2\ln|u|+c=2\ln\left|x^2+x+1\right|+c$$

例 22

試求下列不定積分。

$$\int\frac{3x^2+1}{(x^3+x+1)^2}dx$$

解 若令 $u(x)=x^3+x+1$，$\dfrac{d}{dx}u(x)=\dfrac{d}{dx}(x^3+x+1)=3x^2+1$，

所以 $du=(3x^2+1)dx$，原式利用連鎖法則可寫成

$$\int\frac{3x^2+1}{(x^3+x+1)^2}dx=\int\frac{du}{u^2}=-\frac{1}{u}+c=-\frac{1}{x^3+x+1}+c$$

例 23

試求下列不定積分。

$$\int \sin^2 x \cos x dx$$

解 若令 $u(x) = \sin x$，$\dfrac{d}{dx}u(x) = \dfrac{d}{dx}\sin x = \cos x$，所以 $du = \cos x dx$，

原式利用連鎖法則可寫成

$$\int \sin^2 x \cos x dx = \int u^2 du = \frac{1}{3}u^3 + c = \frac{1}{3}\sin^3 x + c$$

0-4 ◀ 定積分

上述積分中積分符號沒有上下限，稱為不定積分。若積分符號包含上下界如 $\int_b^a$ 稱為定積分，定積分可用微積分基本定理求解。

定理六

微積分基本定理

若函數 $f(x)$ 在 $[a,b]$ 間為連續

第一部分：若令 $F(x) = \displaystyle\int_0^x f(t)dt$，$x \in [a,b]$，則 $F'(x) = f(x)$

第二部分：若令 $F'(x) = f(x)$，$x \in [a,b]$，則

$$\int_a^b f(x)dx = F(b) - F(a)$$

例 24

試求下列積分。

$\int_{-1}^{2} 4x\,dx$

解　若令 $f(x)=4x$，$F(x)=2x^2$

利用微積分基本定理可得

$\int_{-1}^{2} 4x\,dx = 2x^2 \Big|_{-1}^{2} = 2[2^2-(-1)^2] = 2(4-1) = 3$

定積分最後結果必為一常數，故不需加常數符號 c。

例 25

試求下列積分。

$\int_{0}^{2} e^x\,dx$

解　若令 $f(x)=e^x$，$F(x)=e^x$

$\int_{0}^{2} e^x\,dx = e^x \Big|_{0}^{2} = e^2 - e^0 = e^2 - 1$

例 26

試求下列積分。

$$\int_{\frac{\pi}{3}}^{\frac{\pi}{2}} \cos x \, dx$$

解 若令 $f(x) = \cos x$，$F(x) = \sin x$

$$\int_{\frac{\pi}{3}}^{\frac{\pi}{2}} \cos x \, dx = \sin x \Big|_{\frac{\pi}{3}}^{\frac{\pi}{2}} = \sin \frac{\pi}{2} - \sin \frac{\pi}{3} = 1 - \frac{\sqrt{3}}{2}$$

0-5 ◀ 積分方法

常用積分方法除了前述積分公式外，有時尚可利用三角函數積化合差、分部積分法或長除法求解，如以下說明。

例 27

試求下列積分。

$$\int \frac{x^2 + 1}{x + 1} \, dx$$

解 利用長除法可得

$$\int \frac{x^2 + 1}{x + 1} \, dx = \int (x - 1 + \frac{2}{x + 1}) \, dx = \frac{1}{2} x^2 - x + 2 \ln|x + 1| + c$$

分部積分法

有時積分可運用定理三乘積函數求導數方式求解

若已知 $f(x)$ 與 $g(x)$ 皆為可微分函數，則 $y(x) = f(x)g(x)$ 亦為可微分函數，且其導數為

$$\frac{d}{dx}f(x)g(x) = g(x)\frac{d}{dx}f(x) + f(x)\frac{d}{dx}g(x) = f'(x)g(x) + g'(x)f(x)$$

積分上式可得

$$f(x)g(x) = \int [f'(x)g(x) + g'(x)f(x)]dx = \int f'(x)g(x)dx + \int g'(x)f(x)dx$$

或可整理為

$$\int f'(x)g(x)dx = f(x)g(x) - \int g'(x)f(x)dx$$

或可整理為

$$\int g'(x)f(x)dx = f(x)g(x) - \int f'(x)g(x)dx$$

習慣上若令 $u = f(x)$，$v = g(x)$，則 $du = f'(x)dx$，$dv = g'(x)dx$

故上面公式可寫成

$$\int u\,dv = uv - \int v\,du$$

例 28

試求下列不定積分。
$$\int x\cos x\,dx$$

解 若令 $u(x) = x$，所以 $\dfrac{d}{dx}u(x) = \dfrac{d}{dx}x = 1$，$du = dx$

若令 $dv = \cos x\,dx$，所以 $v(x) = \sin x$，

原式利用分部積分法則可寫成

$$\int x\cos x\,dx = \int u\,dv = uv - \int v\,du = x\sin x - \int \sin x\,dx = x\sin x + \cos x + c$$

例 29

試求下列不定積分。

$$\int xe^x\,dx$$

解 若令 $u(x) = x$，所以 $\dfrac{d}{dx}u(x) = \dfrac{d}{dx}x = 1$，$du = dx$

若令 $dv = e^x\,dx$，所以 $v(x) = e^x$，

原式利用分部積分法則可寫成

$$\int xe^x\,dx = \int u\,dv = uv - \int v\,du = xe^x - \int e^x\,dx = xe^x - e^x + c$$

例 30

試求下列不定積分。

$$\int x^2 e^x\,dx$$

解 若令 $u(x)=x^2$，所以 $\dfrac{d}{dx}u(x)=\dfrac{d}{dx}x^2=2x$，$du=2xdx$

若令 $dv=e^x dx$，所以 $v(x)=e^x$，

原式利用分部積分法則可寫成

$$\int x^2 e^x dx=\int u\,dv=uv-\int v\,du=x^2 e^x-\int 2xe^x dx=x^2-2\int xe^x dx$$

再利用上題得解為

$$\int x^2 e^x dx=x^2-2(xe^x-e^x)+c=x^2-2xe^x+2e^x+c$$

分部積分法中 u、v 之選擇並無定律，正確的選取將事半功倍，這有待經驗的累積。但有時也無法直接求解，如下例說明。

例 31

試求下列不定積分。
$$\int e^x \sin x\,dx$$

解 若令 $u(x)=e^x$，所以 $\dfrac{d}{dx}u(x)=\dfrac{d}{dx}e^x=e^x$，$du=e^x dx$，若令 $dv=\sin x\,dx$，

所以 $v(x)=-\cos x$，

原式利用分部積分法則可寫成

$$\int e^x \sin x\,dx=\int u\,dv=uv-\int v\,du=-e^x \cos x+\int e^x \cos x\,dx$$

再對上式右側積分進行分部積分

若令 $u(x)=e^x$，所以 $du=e^x dx$，若令 $dv=\cos x\,dx$，所以 $v(x)=\sin x$，

原式利用分部積分法則可寫成

$$\int e^x \cos x\, dx = e^x \sin x - \int e^x \sin x\, dx$$

代入原式得

$$\int e^x \sin x\, dx = -e^x \cos x + \int e^x \cos x\, dx = -e^x \cos x + e^x \sin x - \int e^x \sin x\, dx$$

整理得

$$2\int e^x \sin x\, dx = -e^x \cos x + e^x \sin x$$

故

$$\int e^x \sin x\, dx = \frac{1}{2}(-e^x \cos x + e^x \sin x) + c = \frac{1}{2}e^x(\sin x - \cos x) + c$$

有時三角函數亦可利用下列積化合差恆等式求解

$$\sin A \cos B = \frac{1}{2}[\sin(A-B) + \sin(A+B)]$$

$$\sin A \sin B = \frac{1}{2}[\cos(A-B) - \cos(A+B)]$$

$$\cos A \cos B = \frac{1}{2}[\cos(A-B) + \cos(A+B)]$$

例 32

試求下列不定積分。

$$\int \sin 3x \cos 2x\, dx$$

解 利用積化合差恆等式可得

$$\int \sin 3x \cos 2x dx = \int \frac{1}{2}[(\sin x + \sin 5x)]dx = \frac{1}{2}(\int \sin x dx + \int \sin 5x dx)$$

$$= \frac{1}{2}(-\cos x - \frac{1}{5}\cos 5x) + c$$

重積分

對於類似偏微分的過程我們可以定義偏積分，也就說在積分過程中我們可先將其他變數視同常數而針對某一變數進行積分，並且可依順序求出重積分。

例 33

試求下列積分。

$$\iint 2xy dx dy$$

解 先對 x 積分再對 y 積分可得

$$\iint 2xy dx dy = \int y(\int 2x dx)dy = \int x^2 y dy = x^2 \int y dy = \frac{1}{2}x^2 y^2 + c$$

例 34

試求下列積分。

$$\iint e^x \cos y\,dx\,dy$$

解 先對 x 積分再對 y 積分可得

$$\iint e^x \cos y\,dx\,dy = \int e^x \cos y\,dy = e^x \sin y + c$$

例 35

試求下列積分。

$$\int_1^2 \int_0^3 x^2 y\,dx\,dy$$

解 先對 x 積分再對 y 積分可得

$$\int_1^2 \int_0^3 x^2 y\,dx\,dy = \int_1^2 \frac{1}{3}x^3 \Big|_0^3 y\,dy = \int_1^2 \frac{1}{3}(3^3 - 0^3)y\,dy = \int_1^2 9y\,dy = \frac{9}{2}y^2 \Big|_1^2$$

$$= \frac{9}{2}(4-1) = \frac{27}{2}$$

01 一階微分方程式

1-0 ◀ 簡 介

　　微分方程式(differential equation)可以說是理工學科中最重要的基本理論基礎。不論是電子、電機、機械、化工、營建都用得上，雖然各學科的理論基礎或者不相同，但是只要在應用上能找到其變數之間的相互關係，則都可以轉化成微分方程式而求得其解，所以說微分方程式實為各科必修之數學基礎，其道理在此。在本書中亦會對不同的應用舉出實例並求其解來加深讀者印象。若一微分方程式可以寫成

$$F(x, y, y') = 0$$

式中僅含自變數 x，因變數 y，及其一階導數即可稱之為**一階微分方程式**(first order differential equation)，如

$$y' + 2y + 4x = 0$$

或

$$y' + \frac{1}{x}y = e^x$$

都可稱之為一階微分方程式。而一階微分方程中最簡單的就是下節中所要介紹的可分離變數微分方程式。

1-1 ◀ 可分離微分方程式

若一個一階微分方程式可以寫成以下型式，則稱其為可分離微分方程式 (separable equation)

$$A(x)dx = B(y)dy \qquad\qquad (1.1)$$

在上式中，我們看到等號左邊完全是 x 的函數，而等號右邊是 y 的函數，因此只要左邊對 x 積分，同時右邊對 y 積分則可得解，即其解為

$$\int A(x)dx = \int B(y)dy$$

現舉例說明如下：

例 1

若微分方程式滿足下式，試求其解。

$$y' - \cos x = 0$$

解 上式可變數分離成

$$dy = \cos xdx$$

兩邊積分可得其解為

$$y = \sin x + C$$

其中 C 為一任意常數，如
$y = \sin x$ ， $y = \sin x + 1$ ，
$y = \sin x + 3$ 等 都 可 為 微
分方程式之解，吾人可畫
其圖如右：

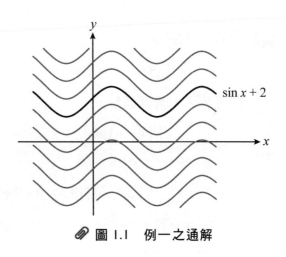

$\sin x + 2$

📎 圖 1.1　例一之通解

因此，我們可以說一微分方程式的解為一曲線族，且有無窮解。故稱此解為**通解**(general solution)，即上圖中任一曲線皆可滿足此方程式。但若我們加上一**初值條件**(initial condition)或**邊界條件**(boundary condition)則其解的型式會有所變化。例如，假設初值條件為

$$y(0) = 2$$

代入上式後，可得到 $C = 2$，亦即 $y = \sin x + 2$ 才是其解。因此，在通解中吾人找到唯一滿足其初值條件的解只剩一個，故稱此解為滿足初值條件的**特解**(particular solution)。當然若有一邊界條件 $y(\pi) = 1$，代入原式亦可得 $\sin \pi + C = 1$，即 $C = 1$。亦即 $y = \sin x + 1$ 為同時滿足原微分方程式及邊界條件之特解。

例 2

若一微分方程如下，試求其通解及滿足初值條件之特解。
$$y' = 4x^3 + 1 \text{，} \quad y(0) = 3$$

解 上式可分離為

$$dy = (4x^3 + 1)dx$$

兩邊積分可得其通解

$$y = \int (4x^3 + 1)dx$$
$$= x^4 + x + C$$

若 $y(0) = 3$，代入之後可得 $3 = 0 + 0 + C$，$\therefore C = 3$ 及其特解為

$$y = x^4 + x + 3$$

例 3

若一微分方程如下，試求其通解及滿足邊界條件之特解。

$$y' - \frac{2x}{y} = 0 \ ; \ y(1) = 2$$

解 原式可寫成

$$\frac{dy}{dx} = \frac{2x}{y}$$

故可分離成

$$ydy = 2xdx$$

兩側同時積分可得通解為

$$\frac{1}{2}y^2 = x^2 + C$$

代入邊界條件得

$$2 = 1 + C$$

故得 $C = 1$，即其特解為

$$\frac{1}{2}y^2 = x^2 + 1$$

例 4

求 $\dfrac{dy}{dx} = 3x^2(y+2)$，$y(0) = 8$ 之解。

解 原式分離變數可得

$$\frac{dy}{y+2} = 3x^2 dx$$

兩側同時積分得

$$\ln|y+2| = x^3 + C$$

利用 $\ln$ 之反函數 e 可得

$$e^{\ln|y+2|} = y+2$$

及

$$e^{x^3+C} = e^C \cdot e^{x^3} = C^* e^{x^3}$$

整理可得其通解為

$$y = C^* e^{x^3} - 2$$

式中 C^* 為任意常數，代入初值可得

$$8 = C^* - 2 \qquad \therefore C^* = 10$$

其特解為

$$y = 10 e^{x^3} - 2$$

例 5

試求在 xy 平面中通過點 $(1,1)$ 且斜率為 $-\dfrac{y}{x}$ 之曲線。

解 此問題可以寫出其對應的微分方程及邊界條件如下：

$$y' = \frac{-y}{x} \quad \text{及} \quad y(1) = 1$$

由分離變數可得到其通解為

$$\ln|y| = -\ln|x| + C$$

或利用指數函數可得

$$y = e^{\ln|y|} = e^{-\ln|x| + C}$$

$$= e^C \cdot e^{-\ln|x|}$$

$$= C^* / x$$

即　　　$$xy = C^*$$

代入邊界條件 $x = 1$，$y = 1$ 可得

$$y = \frac{1}{x} \quad \text{或} \quad xy = 1$$

為其特解。

例 6

實驗顯示在低氣壓 P 的情況下，氣體體積 $V(P)$ 的變化率等於 $-\dfrac{V}{P}$，此稱之為波義耳理想氣體定律(Boyle-Maritte's law for ideal gas)，試解此方程式。

解 由題目可知其對應之微分方程如下：

$$\frac{dV}{dP} = -\frac{V}{P}$$

由分離變數可得

$$\frac{dV}{V} = -\frac{dP}{P}$$

積分後可得

$$\ln|V| = -\ln|P| + C$$

或參照上題作法可得

$$V = e^{\ln|V|} = e^{-\ln|P|+C}$$
$$= e^C \cdot e^{-\ln|P|}$$
$$= \frac{C^*}{P}$$

或可得通解為

$$PV = C^*$$

即氣體體積與壓力成反比。

例 7

解 $xy' - y = x$。

解 觀察此式，似乎無法寫成式(1.1)之型態，亦即其為不可分離微分方程式，但我們可利用技巧將其轉換成可分離變數類型而加以求解，此問題將於下一節中介紹其解法。

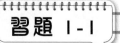

利用分離變數法解下列方程式

1. 解 $y'-2y=0$

Ans：$\ln|y|=2x+C$

2. 解 $y'y-2x=0$

Ans：$\dfrac{1}{2}y^2=x^2+C$

3. 解 $y'+\dfrac{x}{y}=0$

Ans：$\dfrac{1}{2}x^2+\dfrac{1}{2}y^2=C$

4. 解 $y'-2xy=0$

Ans：$\ln|y|-x^2=C$

5. 解 $y'-2x=0$

Ans：$y=x^2+C$

6. 解 $x^3dx+(y+1)^2dy=0$

Ans：$3x^4+4(y+1)^3=C$

7. 解 $x^2(y+1)dx+y^2(x-1)dy=0$

Ans：$\dfrac{1}{2}x^2+x+\ln|x-1|+\dfrac{1}{2}y^2-y+\ln|y+1|=C$

8. 解 $4xy'-y=0$

Ans：$y^4=Cx$

9. 解初值或邊界問題

(1) $y'=3x^2(y+2)$，$y(1)=8$

Ans：$y+2=10e^{x^3-1}$

(2) $y'=\dfrac{x^2+2}{y}$，$y(1)=2$

Ans：$\dfrac{1}{2}y^2=\dfrac{1}{3}x^3+2x-\dfrac{1}{3}$

(3)　　$x^2 \dfrac{dy}{dx} = \dfrac{1}{y}$ ，$y(4) = 8$

　　Ans：$\dfrac{1}{2}y^2 + \dfrac{1}{x} = \dfrac{129}{4}$

10. 解 $(x^2 + 1)y' + y^2 + 1 = 0$ ，$y(0) = 1$

　　Ans：$y = \dfrac{1-x}{1+x}$ ，利用 $\tan(a+b) = \dfrac{\tan a + \tan b}{1 - \tan a + \tan b}$ 化簡

11. 解 $(1 + x^3)dy - x^2 y\,dx = 0$ ，$y(1) = 2$

　　Ans：$y^3 = 4(1 + x^3)$

12. 解 $y' = \dfrac{-3x}{y+4}$

　　Ans：$(y+4)^2 = -3x^2 + C$ ，或 $y^2 + 3x^2 + 8y = C$

13. 解 $yy' = \dfrac{8x+1}{y^2}$ ，$y(1) = 5$

　　Ans：$\dfrac{y^4}{4} = 4x^2 + x + \dfrac{605}{4}$

14. 解 $y' - e^y x = 0$ ，$y(1) = 7$

　　Ans：$-e^{-y} = \ln\left| x \right| - e^{-7}$

15. 解 $2e^x y^2 \dfrac{dy}{dx} = x + 2$ ，$y(0) = 3$

　　Ans：$\dfrac{2}{3}y^3 = -xe^{-x} - 3e^{-x} + 21$

1-2　可化成可分離微分方程式

　　若一階微分方程為不可分離變數，但是可以寫成以下型式，則稱為可化成可分離微分方程式(equation reducible to separable form)

$$y' = f\left(\frac{y}{x}\right) \tag{1.2}$$

(1.2)式中可明顯的看出 y 的一階導數是 $\frac{y}{x}$ 之函數。在此我們可以令

$$\frac{y}{x} = u \tag{1.3}$$

其中 $y(x)$ 與 $u(x)$ 都是 x 的函數，且因 $y = ux$，故兩邊求導數可得

$$y' = u + u'x \tag{1.4}$$

將上式代入(1.2)式中可得

$$u + u'x = f(u)$$

或

$$u'x = f(u) - u$$

觀察可得上式已可以分離變數成類似式(1.1)之型態，如下表示

$$\frac{du}{f(u) - u} = \frac{dx}{x} \tag{1.5}$$

再按上節方法兩側分別積分，後再將 $\frac{y}{x} = u$ 代入即可得其通解。舉例說明之：

例 8

試解下列微分方程式

$$y' = 1 + \frac{y}{x}$$

解 原式為(1.2)式之型態，利用 $\frac{y}{x} = u$ 及 $y' = u + u'x$ 分別代入可得

$$u + u'x = 1 + u$$

整理可得

$$u'x = 1$$

分離變數可得

$$du = \frac{dx}{x}$$

故其通解為 $u = \ln|x| + C$，代入 $\frac{y}{x} = u$ 得

$$\frac{y}{x} = \ln|x| + C \quad \text{或} \quad y = x\ln|x| + Cx$$

例 9

試解 $y' - 3\frac{y}{x} = 2$。

解 由(1.3)(1.4)式代入可得

$$u'x + u - 3u = 2$$

整理可得

$$\frac{du}{dx}x = 2(u+1)$$

或可分離變數成

$$\frac{du}{u+1} = 2\frac{dx}{x}$$

積分可得

$$\ln|u+1| = 2\ln|x| + C^*$$

利用指數函數可得

$$u+1 = Cx^2$$

代入(1.3)式得其通解為

$$\frac{y}{x}+1 = Cx^2$$

例 10

試解 $2xyy' - y^2 + 2x^2 = 0$。

解 原式除 x^2，得

$$2\frac{y}{x}y' - \left(\frac{y}{x}\right)^2 + 2 = 0$$

由(1.3)(1.4)式，可得

$$2u(u+xu') - u^2 + 2 = 0$$

展開得

$$2u^2 + 2uu'x - u^2 + 2 = 0$$

整理得

$$u^2 + 2 = -2uu'x$$
$$= -2ux\frac{du}{dx}$$

分離變數得

$$\frac{2udu}{2+u^2} = -\frac{dx}{x}$$

積分可得

$$\ln|2+u^2| = -\ln|x| + C^* \quad 或 \quad 2+u^2 = \frac{C}{x}$$

再以 $\dfrac{y}{x}$ 取代 u，得

$$2 + \left(\frac{y}{x}\right)^2 = \frac{C}{x}$$

同乘 x^2 可得其解

$$2x^2 + y^2 = Cx$$

　可化成可分離微分方程式，對於邊界值及初值之處理亦與上節相同，舉例如下。

例 11

試解邊界值問題

$$xy' = 2x + 2y \, , \quad y\left(\frac{1}{4}\right) = 0$$

解　同除 x，原式變成

$$y' = 2 + 2\frac{y}{x}$$

利用(1.3)(1.4)得

$$u + u'x = 2 + 2u$$

分離變數得

$$\frac{du}{2+u} = \frac{dx}{x}$$

積分可得

$$\ln|2+u| = \ln|x| + C^* \quad 或 \quad 2+u = Cx$$

以 $\frac{y}{x}$ 取代 u，可得通解

$$2 + \frac{y}{x} = Cx \quad 或 \quad y = Cx^2 - 2x$$

代入邊界值 $y\left(\frac{1}{4}\right) = 0$ 則 $C = 8$，即其特解為

$$y = 8x^2 - 2x$$

例 12

試解下列微分方程式

$$y' = 1 - \frac{y}{x} + \left(\frac{y}{x} \right)^2$$

解 代入(1.3)，(1.4)式，得

$$u + u'x = 1 - u + u^2$$

$$\Rightarrow u'x = 1 - 2u + u^2 = (u-1)^2$$

整理可得

$$\frac{du}{(u-1)^2} = \frac{dx}{x}$$

積分，得通解為

$$\frac{-1}{u-1} = \ln |x| + C$$

或

$$(u-1)(\ln |x| + C) = -1$$

代入 $u = \dfrac{y}{x}$，得其解為

$$\left(\frac{y}{x} - 1 \right)(\ln |x| + C) = -1$$

　　有時一微分方程不一定可寫成(1.2)式，但可由其它代換求解，如下例說明，但此作法並非一定有解。即例 13、14 為特例謹供讀者參考。

例 13

試解 $(2x-4y+5)y'+x-2y+4=0$。

解　令 $x-2y=u$，可得

$$y=\frac{x-u}{2}$$

$$y'=\frac{1}{2}(1-u')$$

代入方程式變成

$$(2u+5)\left[\frac{1}{2}(1-u')\right]+u+4=0$$

展開可得

$$(2u+5)(1-u')=-2(u+4)$$

整理得

$$(2u+5)u'=4u+13$$

分離變數並積分可得

$$\left(1-\frac{3}{4u+13}\right)du=2dx$$

及

$$u-\frac{3}{4}\ln|4u+13|=2x+C$$

代入 $u=x-2y$，並同乘 (-4) 可得通解

$$4x+8y+3\ln|4x-8y+13|=C$$

例 14

解 $y' + \dfrac{y}{x} = \dfrac{e^{-xy}}{x}$ ，（令 $xy = u$）。

解 令 $xy = u$，利用 $y' = \dfrac{u'}{x} - \dfrac{u}{x^2}$，及 $\dfrac{y}{x} = \dfrac{u}{x^2}$原式變成

$$\frac{u'}{x} - \frac{u}{x^2} + \frac{u}{x^2} = \frac{e^{-u}}{x}$$

整理，並積分可得

$$e^u du = dx \quad 及 \quad e^u = x + C$$

即通解為

$$e^{xy} = x + C$$

或利用對數函數可得

$$xy = \ln|x + C|$$

或

$$y = \frac{1}{x}\ln|x + C|$$

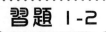

1. 解 $y' - \dfrac{y}{x} = 2$

   Ans：$\dfrac{y}{x} = 2\ln x + C$

2. 解 $y' - \dfrac{y}{x} + \dfrac{y^2}{x^2} = 0$

   Ans：$\dfrac{x}{y} = \ln x + C$

3. 解 $y' + \dfrac{y}{x} = -4$

   Ans：$\ln\left(\dfrac{y}{x} + 2\right) = -2\ln x + C$

4. 解 $y' + 2\dfrac{y}{x} = 3$

   Ans：$\ln\left(\dfrac{y}{x} - 1\right) = -3\ln x + C$

5. 解 $y' - \dfrac{y}{x} = \dfrac{x}{y}$

   Ans：$\dfrac{1}{2}\dfrac{y^2}{x^2} = \ln x + C$

6. 解 $(x + 2y)dx + (2x + 3y)dy = 0$

   Ans：$x^2 + 4xy + 3y^2 = C$

7. 解 $(x^3 + y^3)dx + 3xy^2 dy = 0$

   Ans：$x = C\left[1 + 4\left(\dfrac{y}{x}\right)^3\right]^{-\frac{1}{4}}$

8. 解 $(y^2 - x^2)dx + xydy = 0$

    Ans：$2x^2y^2 - x^4 = C$

9. 解 $(x+y)dx + (3x+3y-4)dy = 0$ 提示：令 $x+y=t$

    Ans：$x+3y+2\ln|2-x-y|=C$

10. 解 $y' = (x-y)^2$ 提示：令 $y-x=u$

    Ans：$y = x + \dfrac{1+ce^{2x}}{1-ce^{2x}}$

11. 解 $xy' + y = e^{-xy}$ 提示：令 $x+y=u$

    Ans：$x + e^{xy} = C$

12. 解 $(x+y)y' = y$

    Ans：$\dfrac{x}{y} - \ln|y| = C$

13. 解 $xy' + 3y = x$

    Ans：$x = C\left(1 - 4\dfrac{y}{x}\right)^{-\frac{1}{4}}$

14. 解 $y' - \dfrac{y}{x} = x\sec\left(\dfrac{y}{x}\right)$

    Ans：$y = x\sin^{-1}(x+C)$

1-3 ◀ 正合微分方程式

若一微分方程式可寫成

$$\frac{dy}{dx} = -\frac{M(x,y)}{N(x,y)} \tag{1.6}$$

或

$$M(x,y)dx + N(x,y)dy = 0 \tag{1.7}$$

且(1.7)式的左端為某函數 $u(x,y)$ 的全微分，即

$$\begin{aligned} du &= \frac{\partial u}{\partial x}dx + \frac{\partial u}{\partial y}dy \\ &= M(x,y)dx + N(x,y)dy \\ &= 0 \end{aligned} \tag{1.8}$$

則稱之為**正合**(exact)**微分方程式**。而上式之積分

$$u(x,y) = C$$

即為此微分方程之解。

由(1.8)式中比較係數可得

$$(1)\ \frac{\partial u}{\partial x} = M \quad 及 \quad (2)\ \frac{\partial u}{\partial y} = N \tag{1.9}$$

若 M 及 N 在 $x-y$ 平面中的一封閉區域內有定義，且有連續的偏導數，則由上式可得

$$\frac{\partial M}{\partial y} = \frac{\partial^2 u}{\partial y \partial x} \quad 及 \quad \frac{\partial N}{\partial x} = \frac{\partial^2 u}{\partial x \partial y}$$

由連續性之假設，二階微分之次序可互換，則此二階偏導數應相等。因此可得正合微分方程之充要條件為

$$\frac{\partial M}{\partial y} = \frac{\partial N}{\partial x} \tag{1.10}$$

亦即，若一階微分方程式具有(1.7)之型式且滿足(1.10)式即為正合微分方程式，而其解 $u(x,y)$ 可利用下列方法得到。由(1.9)式(1)對 x 積分，可得

$$u(x,y) = \int M dx + k(y) \tag{1.11a}$$

其中 $k(y)$ 僅為 y 之函數，及由(1.9)式(2)對 y 積分，得

$$u(x,y) = \int N dy + l(x) \tag{1.11b}$$

其中 $l(x)$ 僅為 x 之函數。

最後，整理(1.11a,b)兩式，可得其通解為

$$u(x,y) = C \tag{1.12}$$

舉例說明如下：

例 15

解 $ydx + xdy = 0$ 。

解 由原式中比較(1.7)式可得 $M(x,y) = y$ ，及 $N(x,y) = x$ ，且因

$$\frac{\partial M}{\partial y} = \frac{\partial}{\partial y}(y) = 1$$

$$\frac{\partial N}{\partial x} = \frac{\partial}{\partial x}(x) = 1$$

故為正合微分方程式，其解 $u(x,y)$ 簡寫成 u 由(1.11)積分可得

$$u = \int ydx = xy + k(y)$$

及

$$u = \int xdy = xy + l(x)$$

整理可得如(1.12)式之通解

$$xy = C$$

讀者亦可利用分離變數來驗證之，如原式可寫成

$$\frac{dx}{x} = -\frac{dy}{y}$$

兩側積分得

$$\ln x = -\ln y + c^*$$

整理可得

$$x = \frac{C}{y}$$

或

$$xy = C$$

可得相同結果。

例 16

解 $y^3 dx + 3xy^2 dy = 0$。

解 比較(1.7)式得 $M = y^3$，$N = 3xy^2$ 由

$$\frac{\partial M}{\partial y} = \frac{\partial y^3}{\partial y} = 3y^2 \ \ \text{及} \ \ \frac{\partial N}{\partial x} = \frac{\partial 3xy^2}{\partial x} = 3y^2$$

故其為正合微分方程式，其解可得為

$$u = \int y^3 dx = xy^3 + k(y)$$

及

$$u = \int 3xy^2 dy = xy^3 + l(x)$$

通解為

$$xy^3 = C$$

例 17

試解 $(y+3)dx + (x+\cos y)dy = 0$。

解 由 $M = y+3$，$N = x+\cos y$ 可得

$$\frac{\partial M}{\partial y} = \frac{\partial}{\partial y}(y+3) = 1$$

$$\frac{\partial N}{\partial x} = \frac{\partial}{\partial x}(x+\cos y) = 1$$

故其為正合微分方程式，其解為

$$u = \int (y+3)dx = xy + 3x + k(y)$$

及

$$u = \int (x+\cos y)dy = xy + \sin y + l(x)$$

注意，在此我們看出兩式似乎不相同，前一式中包含了一個 $3x$，而後一式中包含了一個 $\sin y$，兩者雖看似不同，其實 $\sin y$ 乃包含在上一式之 $k(y)$ 中，而 $3x$ 則包含在 $l(x)$ 之內，故其通解可整理成

$$xy + 3x + \sin y = C$$

例 18

試解 $\dfrac{dy}{dx} = \dfrac{-2xy^3 - 4}{3x^2y^2 + e^y}$ 。

解 原式可寫成以下之型式

$$(2xy^3 + 4)dx + (3x^2y^2 + e^y)dy = 0$$

因為 $M = (2xy^3 + 4)$ ， $N = (3x^2y^2 + e^y)$ ，故可得

$$\frac{\partial M}{\partial y} = \frac{\partial}{\partial y}(2xy^3 + 4)$$
$$= 6xy^2$$

$$\frac{\partial N}{\partial x} = \frac{\partial}{\partial x}(3x^2y^2 + c^y)$$
$$= 6xy^2$$

故其為正合微分方程式，其解為

$$u = \int (2xy^3 + 4)dx = x^2y^3 + 4x + k(y)$$

及

$$u = \int (3x^2y^2 + e^y)dy = x^2y^3 + e^y + l(x)$$

整理可得通解

$$x^2y^3 + 4x + e^y = C$$

例 19

試解邊界值問題
$$4xdx + 9ydy = 0 \ , \ y(2) = 0$$

解 因 $M = 4x$, $N = 9y$, 且

$$\frac{\partial M}{\partial y} = \frac{\partial N}{\partial x} = 0 \ , \ 為正合微分方程式$$

故

$$u = \int 4xdx = 2x^2 + k(y)$$

及

$$u = \int 9ydy = \frac{9}{2}y^2 + l(x)$$

通解為

$$2x^2 + \frac{9}{2}y^2 = C$$

代入邊界值 $y(2) = 0$, 則

$$C = 2 \cdot 2^2 + \frac{9}{2} \cdot 0 = 8$$

即其特解為

$$2x^2 + \frac{9}{2}y^2 = 8$$

例 20

試解 $2xye^{x^2}dx + e^{x^2}dy = 0$ ， $y(0) = 4$

解 因 $M = 2xye^{x^2}$ ， $N = e^{x^2}$ ，故可得

$$\frac{\partial M}{\partial y} = \frac{\partial}{\partial y}(2xye^{x^2}) = 2xe^{x^2}$$

$$\frac{\partial N}{\partial x} = \frac{\partial}{\partial x}(e^{x^2}) = 2xe^{x^2}$$

故為正合微分方程，其解為

$$u = \int 2xye^{x^2}dx = ye^{x^2} + k(y)$$

及

$$u = \int e^{x^2}dy = ye^{x^2} + l(x)$$

整理可得通解

$$ye^{x^2} = C$$

代入初值 $y(0) = 4$ ，可得 $C = 4$ ，即其特解為

$$ye^{x^2} = 4$$

習題 1-3

利用正合微分方程式解下列方程式

1. 解 $(2x^3 + 3y)dx + (3x + y - 1)dy = 0$

   Ans : $\dfrac{1}{2}x^4 + 3xy + \dfrac{1}{2}y^2 - y = C$

2. 解 $(4x^3y^3 - 2xy)dx + (3x^4y^2 - x^2)dy = 0$

   Ans : $x^4y^3 - x^2y = C$

3. 解 $(\sin x - x\sin y)y' + (\cos y + y\cos x) = 0$

   Ans : $x\cos y + y\sin x = C$

4. 解 $(3e^{3x}y - 2x)dx + e^{3x}dy = 0$

   Ans : $e^{3x}y - x^2 = C$

5. 解 $(y^2e^{xy^2} + 4x^3)dx + (2xye^{xy^2} - 3y^2)dy = 0$

   Ans : $e^{xy^2} + x^4 - y^3 = C$

6. 解 $3x^2y^4dx + 4x^3y^3dy = 0$ ， $y(1) = 2$

   Ans : $x^3y^4 = 16$

7. 解 $(3x^2 + 3y)dx + (2y + 3x)dy = 0$

   Ans : $x^3 + 3xy + y^2 = C$

8. 解 $(e^y - xe^{xy})dy = (ye^{xy} - 6x)dx$

   Ans : $3x^2 - e^{xy} + e^y = C$

9. 解 $\dfrac{dy}{dx} = \dfrac{3\cos x - 16x^3y}{4x^4 + 3\cos y}$

   Ans : $4x^4y - 3\sin x + 3\sin y = C$

10. 解 $dx+(-3y^2+2e^y)dy=0$，$y(1)=0$

　　Ans：$x-y^3+2e^y=C$，$C=3$

11. 解 $12xy^3y'=1-3y^4$

　　Ans：$x-3xy^4=C$

12. 解 $(1+xe^y)dy+e^ydx=0$

　　Ans：$y+xe^y=C$

13. 解 $e^{x-y}dx+(1-e^{x-y})dy=0$

　　Ans：$e^{x-y}+y=C$

14. 解 $(6e^y-4x^3y)dx+(6xe^y-x^4)dy=0$

　　Ans：$6xe^y-x^4y=C$

15. 解 $y'=\dfrac{e^y}{1-xe^y}$

　　Ans：$xe^y-y=C$

1-4 ◀ 積分因子

在上一節中介紹了正合微分方程式的解法，既簡單又容易，但是大部分的微分方程式並不一定是正合微分方程式。例如下式就不是正合微分方程式的型式

$$y^{-1}dx + 2xdy = 0$$

其中由(1.7)式可得

$$M = y^{-1} \text{ , } \frac{\partial M}{\partial y} = -y^{-2}$$

$$N = 2x \text{ , } \frac{\partial N}{\partial x} = 2$$

在本節中，將介紹一種方法可以使非正合微分方程式變成正合微分方程式。如我們乘 $\dfrac{y}{x}$ 於上例原式中，可使方程式變成

$$\frac{1}{x}dx + 2ydy = 0$$

由(1.7)式可得

$$M = \frac{1}{x} \text{ , } \frac{\partial M}{\partial y} = 0$$

$$N = 2y \text{ , } \frac{\partial N}{\partial x} = 0$$

故為正合微分方程，且其解為 $\ln|x| + y^2 = C$，此法即稱積分因子法，而 $\dfrac{y}{x}$ 即為積分因子。

例 21

解 $2ydx + xdy = 0$。

解 因　　　$M = 2y$，$\dfrac{\partial M}{\partial y} = 2$

　　　　　$N = x$，$\dfrac{\partial N}{\partial x} = 1$

即　　　$\dfrac{\partial M}{\partial y} \neq \dfrac{\partial N}{\partial x}$

故不為正合微分方程式，若以 x 為其積分因子，同乘原式則原式變成

　　　　$2xydx + x^2dy = 0$

因　　　$M = 2xy$，$\dfrac{\partial M}{\partial y} = 2x$

　　　　　$N = x^2$，$\dfrac{\partial N}{\partial x} = 2x$

因　　　$\dfrac{\partial M}{\partial y} = \dfrac{\partial N}{\partial x}$

故為正合微分方程而其解為

　　　　$x^2y = C$

當然讀者亦可以用分離變數法來求證其解。

例 22

試解 $\sin y\,dx + \cos y\,dy = 0$。

解 因 $\quad M = \sin y$，$\dfrac{\partial M}{\partial y} = \cos y$

$\quad\quad\quad N = \cos y$，$\dfrac{\partial N}{\partial x} = 0$

原式亦非正合微分方程式，但若以 e^x 為其積分因子，同乘原式可得

$\quad\quad e^x \sin y\,dx + e^x \cos y\,dy = 0$

其中

$\quad\quad M = e^x \sin y$，$\dfrac{\partial M}{\partial y} = e^x \cos y$

$\quad\quad N = e^x \cos y$，$\dfrac{\partial N}{\partial x} = e^x \cos y$

為正合微分方程式，且其解為

$\quad\quad e^x \sin y = C$

　　在前例中可看出積分因子法十分簡單，但是積分因子的選擇與個人經驗、技巧有關，正確的選擇積分因子並不容易，以下僅提供一脈絡供讀者追尋。

✎ 1-4-1 積分因子之求法

若一非正合方程式可寫成

$$M(x, y)dx + N(x, y)dy = 0$$

若其存在一積分因子 $u(x, y)$，同乘原式可使上式變成正合微分方程式如下：

$$(uM)dx + (uN)dy = 0$$

則其將滿足上節(1.10)式，即

$$\frac{\partial}{\partial y}(uM) = \frac{\partial}{\partial x}(uN)$$

或

$$M\frac{\partial u}{\partial y} + u\frac{\partial M}{\partial y} = N\frac{\partial u}{\partial x} + u\frac{\partial N}{\partial x} \tag{1.13}$$

現試以以下三種狀況分說明之。

1. **若 $u = F(x)$ 時（單純為 x 之函數時）**

    若 $u = F(x)$ 時，因 $\frac{\partial u}{\partial y} = 0$ 則在上式可得

    $$u\frac{\partial M}{\partial y} = N\frac{\partial u}{\partial x} + u\frac{\partial N}{\partial x}$$

    或

    $$N\frac{\partial u}{\partial x} = u\left(\frac{\partial M}{\partial y} - \frac{\partial N}{\partial x}\right)$$

    其中 u 僅為 x 之函數，故 $\frac{\partial u}{\partial x}$ 可改寫成 $\frac{du}{dx}$，整理可得

    $$\frac{1}{u}\frac{du}{dx} = \frac{1}{N}\left(\frac{\partial M}{\partial y} - \frac{\partial N}{\partial x}\right) = P(x) \tag{1.14}$$

即若(1.14)式的右側若皆為 x 之函數則其積分因子亦為 x 之函數，並可由(1.14)式中利用分離變數得到積分因子為 $e^{\int P(x)dx}$，可證明如下：

(1.14)式可寫成

$$\frac{du}{u} = P(x)dx$$

積分可得

$$\ln|u| = \int P(x)dx$$

或利用指數函數得單純為 x 之函數之積分因子

$$u = e^{\int P(x)dx} \tag{1.15}$$

當然若(1.14)式不單為 x 之函數則此法失效。

2. **若 $u = F(y)$ 時（即純為 y 之函數時）**

若 $u = F(y)$，因 $\dfrac{\partial u}{\partial x} = 0$ 則(1.13)式變成

$$M\frac{\partial u}{\partial y} + u\frac{\partial M}{\partial y} = u\frac{\partial N}{\partial x}$$

或整理可得

$$\frac{1}{u}\frac{du}{dy} = \frac{1}{M}\left(\frac{\partial N}{\partial x} - \frac{\partial M}{\partial y}\right) = Q(y) \tag{1.16}$$

若(1.16)式之右側純為 y 之函數，則其積分因子可由(1.16)式獲得為

$$u = e^{\int Q(y)dy} \tag{1.17}$$

但若(1.16)式不純為 y 之函數時，則此法失效

3. **若上述兩種情況皆不滿足，則考慮令 $u = x^a y^b$，其中 a、b 為常數，代入(1.13)式解 a、b 即可。分別舉例說明如下：**

例 23

試求 $-ydx + xdy = 0$ 之積分因子，並求其解。

解 由原式得 $M = -y$，$N = x$，其中因

$$\frac{\partial M}{\partial y} = -1 \text{，} \frac{\partial N}{\partial x} = 1$$

並不相同故原式不為正合微分方程式，利用(1.14)式可得

$$\frac{1}{x}(-1-1) = -\frac{2}{x}$$

上式右側純為 x 之函數，故可得其積分因子為 x 之函數，由(1.14)式可得

$$\frac{1}{u}\frac{du}{dx} = -\frac{2}{x} = P(x)$$

由上式及(1.15)式知其積分因子 $u = e^{\int \frac{-2}{x}dx} = x^{-2}$，乘入原式中，可得

$$-yx^{-2}dx + x^{-1}dy = 0$$

其中

$$M = -yx^{-2} \text{，} \frac{\partial M}{\partial y} = -x^{-2}$$

$$N = x^{-1} \text{，} \frac{\partial N}{\partial x} = -x^{-2}$$

故為正合微分方程，其解為

$$x^{-1}y = C$$

當然，積分因子並非只有唯一，讀者亦可應用(1.16)之右側得

$$\frac{1}{-y}(1+1) = \frac{-2}{y} = Q(y)$$

亦為純 y 之函數，亦即其積分因子亦可由(1.16)式中得到，因

$$\frac{1}{u}\frac{du}{dy} = \frac{-2}{y}$$

利用(1.17)式，可得積分因子

$$u = e^{\int \frac{-2}{y}dy} = y^{-2}$$

積分因子乘以原式，亦可得正合微分方程式

$$-y^{-1}dx + xy^{-2}dy = 0$$

其解同上。

當然利用 $u = x^a y^b$ 同乘原式亦可得

$$-x^a y^{b+1}dx + x^{a+1}y^b dy = 0$$

其中

$$M = -x^a y^{b+1} \quad , \quad \frac{\partial M}{\partial y} = -(b+1)x^a y^b$$

$$N = x^{a+1}y^b \quad , \quad \frac{\partial N}{\partial x} = (a+1)x^a y^b$$

因設其為正合微分方程，故可得

$$-(b+1)x^a y^b = (a+1)x^a y^b$$

可得方程式

$$-(b+1) = (a+1)$$

或　$a+b = -2$

令　$a = 0$，$b = -2$，可得積分因子 y^{-2}

令　$a=-2$，$b=0$，可得積分因子 x^{-2}

令　$a=1$，$b=-3$，可得積分因子 xy^{-3}

由於 a，b 可為任意值，在此亦可看出積分因子有無限多個。

例 24

試解 $(4x+3y^2)dx+3xydy=0$。

解　$\because M=4x+3y^2$，$N=3xy$

$\therefore \dfrac{\partial M}{\partial y}=6y$，$\dfrac{\partial N}{\partial x}=3y$

利用(1.14)式，可得

$$\frac{1}{u}\frac{du}{dx}=\frac{1}{3xy}(6y-3y)=\frac{1}{x}$$

故積分因子為 $u(x)=e^{\int \frac{1}{x}dx}=x$，同乘原式可得正合微分方程式

$$(4x^2+3xy^2)dx+3x^2ydy=0$$

及其解

$$\int(4x^2+3xy^2)dx=\frac{4}{3}x^3+\frac{3}{2}x^2y^2+k(y)$$

$$\int(3x^2y)dy=\frac{3}{2}x^2y^2+l(x)$$

整理得其通解為

$$\frac{4}{3}x^3+\frac{3}{2}x^2y^2=C$$

例 25

求 $3dx - e^{y-x}dy = 0$ 之積分因子，並解之。

解 已知 $M = 3$，$N = -e^{y-x}$，及

$$\frac{\partial M}{\partial y} = 0 \quad , \quad \frac{\partial N}{\partial x} = e^{y-x}$$

由(1.14)式可得

$$\frac{1}{u}\frac{du}{dx} = \frac{1}{-e^{y-x}}[0 - e^{y-x}] = 1$$

故由(1.15)式得積分因子為 $u = e^{\int dx} = e^x$，同乘積分因子原式變成

$$3e^x dx - e^y dy = 0$$

為正合微分方程式，其解為

$$3e^x - e^y = C$$

習題 1-4

1. 求 $2ydx + xdy = 0$ 之積分因子

 Ans：$u(x) = x$

2. 求 $\sin ydx + \cos ydy = 0$ 之積分因子

 Ans：$u(x) = e^x$

利用積分因子法解下列微分方程

3. 解 $(x^2 + y^2 + x)dx + xydy = 0$

 Ans：$3x^4 + 4x^3 + 6x^2y^2 = C$

4. 解 $(2y - 3x)dx + xdy = 0$

 Ans：$x^2y - x^3 = C$

5. 解 $(x - y^2)dx + 2xydy = 0$

 Ans：$x\ln x + y^2 = Cx$

6. 解 $(2xy^4e^y + 2xy^3 + y)dx + (x^2y^4e^y - x^2y^2 - 3x)dy = 0$

 Ans：$x^2e^y + \dfrac{x^2}{y} + \dfrac{x}{y^3} = C$

7. 解 $y' = \dfrac{(3x^2y)}{(2 - 2x^3)}$

 Ans：$x^3y^2 - y^2 = C$

8. 解 $y' = \dfrac{(x - 4xy - 3y^2)}{x(x + 2y)}$

 Ans：$x^4y + x^3y^2 - \dfrac{x^4}{4} = C$

9. 解 $y' = \dfrac{-(1 + x + y^2)}{2y}$

 Ans：$y^2e^x + xe^x = C$

10. 解 $dx + xdy = 0$

    Ans： $xe^y = C$

11. 解 $3ydx + 4xdy = 0$

    Ans： $x^3 y^4 = C$

12. 解 $x^3 y' + 2x^2 y = y^{-3}$，提示利用 $u = x^a y^b$

    Ans： $\dfrac{1}{4}x^8 y^4 - \dfrac{1}{6}x^6 = C$

13. 解 $2(y^3 - 2)dx + 3xy^2 dy = 0$

    Ans： $x^2 y^3 - 2x^2 = C$

14. 解 $(x - 2y^2)dx - 2xydy = 0$

    Ans： $-x^2 y^2 + \dfrac{1}{3}x^3 = C$

1-5 ◀▶ 一階線性微分方程式

若一階線性微分方程式能寫成

$$y' + p(x)y = r(x) \tag{1.18}$$

則稱之為一階線性微分方程式，其中 $p(x)$，$r(x)$ 僅單純為 x 之函數，倘若 (1.18)式中 $r(x) = 0$，則稱之為齊次(homogenous)，而若 $r(x) \neq 0$，則稱此方程式為非齊次(nonhomogenous)，對於齊次方程式而言 $(r(x) = 0)$，可得

$$y' + p(x)y = 0 \tag{1.19}$$

由分離變數法，可得

$$\frac{dy}{y} = -p(x)dx$$

因此可得一階線性齊次微分方程式的解為

$$\ln|y| = -\int p(x)dx + C$$

或

$$y = C^* e^{-\int p(x)dx} \tag{1.20}$$

若對於非齊次方程式而言 $(r(x) \neq 0)$，則(1.18)式可寫成

$$(py - r)dx + dy = 0$$

利用上節積分因子法得

$$M = py - r，\quad N = 1$$

及利用式(1.14)得

$$\frac{1}{u}\frac{du}{dx} = \frac{\partial}{\partial y}(py-r) - \frac{\partial}{\partial x}1$$

$$= p - 0 = p(x)$$

積分可得

$$\ln|u| = \int p(x)dx$$

或可得積分因子為

$$u(x) = e^{\int p(x)dx} = e^{h(x)} \text{ ，其中 } h(x) = \int p(x)dx \tag{1.21}$$

由此式可得 $h' = p$，所以(1.18)式乘以積分因子 $u = e^h$，可寫成

$$e^h(y' + h'y) = e^h r$$

由連鎖律可得上式之左側為 $e^h y$ 之導數，故兩側積分可得

$$e^h y = \int e^h r dx + C$$

或寫成

$$y = e^{-h}\left[\int e^h r dx + C\right] \text{ ， } h = \int p(x)dx \tag{1.22}$$

為(1.18)式之通解。

例 26

試解 $y' - y = 3$。

解 由(1.18)式可得 $p = -1$ 由(1.21)式得

$$h(x) = \int p(x)dx = \int -dx = -x + k$$

在此常數 k 的選擇並不重要（讀者可自證之），可令其為零，故 $h(x)=-x$，故積分因子為

$$u(x)=e^{-x}$$

同乘原式可得

$$e^{-x}y'-e^{-x}y=3e^{-x}$$

兩邊積分可得

$$e^{-x}y=-3e^{-x}+C$$

或

$$y=-3+Ce^{x}$$

當然讀者亦可直接由(1.22)式，得

$$y=e^{x}\left[\ \int e^{-x}\cdot(3)dx+C\ \right]$$

$$=-3+Ce^{x}$$

例 27

試解下列方程式
$$y'+\frac{y}{x}=-\frac{2}{x}$$

解　由式(1.18)所以

$$p=\frac{1}{x}\ ,\ r=-\frac{2}{x}$$

故得

$$h = \int \frac{1}{x} dx = \ln |x|$$

而積分因子

$$u(x) = e^h = e^{\ln|x|} = x$$

同乘原式得

$$xy' + y = -2$$

兩邊積分得

$$xy = -2x + C$$

或整理成

$$y = -2 + \frac{C}{x}$$

當然由公式(1.22)讀者亦可直接得到

$$y = \frac{1}{x} \left[\int x \cdot \left(-\frac{2}{x} \right) dx + C \right] = -2 + \frac{C}{x}$$

例 28

試解 $y' + \frac{1}{x} y = 3x$。

解 由(1.21)式得

$$h(x) = \int \frac{1}{x} dx = \ln |x|$$

故可得積分因子為

$$u(x) = e^{h(x)} = x$$

同乘原式得

$$xy' + y = 3x^2$$

故兩側同時積分得其通解

$$xy = x^3 + C$$

或者讀者可利用式(1.22)直接積分得通解為

$$y = \frac{1}{x}\left[\int x \cdot 3x dx + C \right]$$

$$= \frac{1}{x}(x^3 + C) = x^2 + \frac{C}{x}$$

在此三個例子中，讀者應可發現只要您算出 $h(x)$ 及 e^h 同乘原式後，再積分即可得解（在原式左側乘 $u = e^h$ 後一定會變成某一函數之導數故積分相當簡單），因此似乎不必刻意去記憶(1.22)之公式。

例 29

試解 $xy' + 2y = 4e^{x^2}$ 。

解　由原式可得一階線性微分方程標準式

$$y' + 2\frac{y}{x} = 4\frac{e^{x^2}}{x}$$

故可得 $p(x) = \frac{2}{x}$ 及 $r(x) = 4\frac{e^{x^2}}{x}$ 由(1.21)式得

$$h(x) = \int p(x)dx = 2\ln x$$

積分因子

$$u(x) = e^h = e^{2\ln x} = e^{\ln x^2} = x^2$$

乘原式可得

$$x^2 y' + 2xy = 4xe^{x^2}$$

兩邊積分可得

$$x^2 y = 2e^{x^2} + C$$

或同除 x^2 得

$$y = 2x^{-2}e^{x^2} + Cx^{-2} = (C + 2e^{x^2})x^{-2}$$

例 30

試解初值問題 $y' - y = e^x$，$y(0) = -1$。

解 因為

$$h = \int (-1)dx = -x$$

故積分因子

$$u(x) = e^h = e^{-x}$$

同乘原式得

$$e^{-x}y' - e^{-x}y = 1$$

積分可得

$$e^{-x}y = x + C$$

或

$$y = e^x(x + C)$$

代入初值 $y(0) = -1$，可得 $C = -1$，即其解為

$$y = e^x(x - 1)$$

例 31

試解 $y' + 2xy = -4x$。

解 直接由(1.21)可得積分因子

$$u(x) = e^h = e^{\int 2x\,dx} = e^{x^2}$$

同乘原式，可得

$$e^{x^2} y' + 2xe^{x^2} y = -4xe^{x^2}$$

積分可得

$$e^{x^2} y = -2e^{x^2} + C$$

整理可得

$$y = -2 + Ce^{-x^2}$$

解下列一階線性微分方程式

1. 解 $y' + 2xy = 4x$

   Ans：$y = 2 + Ce^{-x^2}$

2. 解 $y' + y\cot x = 5e^{\cos x}$ ；$y(\pi/2) = -4$

   Ans：$(\sin x)y = -5e^{\cos x} + 1$

3. 解 $y' - \dfrac{y}{x} = x^2 + 3x - 2$

   Ans：$y = \dfrac{1}{2}x^3 + 3x^2 - 2x\ln x + Cx$

4. 解 $y' - \dfrac{y}{x-2} = 2(x-2)^2$

   Ans：$y = (x-2)^3 + C(x-2)$

5. 解 $y\ln y\,dx + (x - \ln y)dy = 0$，提示把 x 當因變數

   Ans：$2x\ln y = \ln^2 y + C$

6. 解 $y' - \dfrac{1}{3}y = \dfrac{3}{4}x$

   Ans：$y = -4x - 12 + Ce^{\frac{x}{3}}$

7. 解 $y' - \dfrac{2}{x}y = 2x^3$

   Ans：$y = x^4 + Cx^2$

8. 解 $y' + \dfrac{2}{x^2}y = \dfrac{4}{x^2}$

   Ans：$y = 2 + Ce^{\frac{2}{x}}$

9. 解 $y' - 2y = -8x^2$

   Ans：$y = 4x^2 + 4x + 2 + Ce^{2x}$

10. 解 $y' + y = xe^{-x}$

   Ans：$y = e^{-x}\left(\dfrac{x^2}{2} + C\right)$

11. 解 $y' - y = 2e^x$

   Ans：$y = e^x(2x + C)$

12. 解 $y' + \dfrac{1}{x}y = \dfrac{4}{x}$

   Ans：$y = 4 + \dfrac{C}{x}$

13. 解 $y' + \dfrac{2}{x}y = 4x$

   Ans：$y = x^2 + \dfrac{C}{x^2}$

1-6 ◀ 柏努利方程式

　　若一微分方程式可以寫成以下型式，則稱此方程式為柏努利方程式 (Bernoulli equation)

$$y' + p(x)y = g(x)y^a \qquad （a \text{ 為任意實數}）\tag{1.23}$$

其中若 $a=0$ 或 $a=1$ 時則為上節所討論之一階線性微分方程式。若 a 為其他值則其為非線性一階微分方程式。若令

$$y^{1-a} = u(x)\tag{1.24}$$

則非線性柏努利方程式可變成下列線性方程式之型式，而可利用上節解法求解。

$$u' + (1-a)p(x)u = (1-a)g(x)\tag{1.25}$$

 因為 $u(x) = y^{1-a}$，所以

$$u'(x) = (1-a)y^{-a}y'$$

以 $(1-a)y^{-a}$ 乘(1.23)式得

$$(1-a)y^{-a}y' + (1-a)p(x)y^{1-a} = (1-a)g(x)$$

利用(1.24)式 $u = y^{1-a}$ 即可得證(1.25)式。

例 32

試解柏努利方程式
$$y' + y = e^{-2x}y^{-1}$$

解 由(1.23)式知 $a=-1$，若令 $u(x)=y^{1-a}=y^2$，則由(1.25)原式可得

$$u' + 2u = 2e^{-2x}$$

為一階線性微分方程而其積分因子為

$$F(x) = e^{\int 2dx} = e^{2x}$$

同乘原式得

$$u'e^{2x} + 2e^{2x}u = 2$$

兩側積分，再以 $u=y^2$ 代入可得

$$y^2 = e^{-2x}(2x+C)$$

例 33

試解 $y' + xy = 2xy^{-1}$

解 同上題 $a=-1$，令 $u=y^2$ 可得一階線性微分方程式

$$u' + 2xu = 4x$$

其積分因子為

$$F(x) = e^{\int 2xdx} = e^{x^2}$$

同乘原式得

$$e^{x^2}u' + 2xe^{x^2}u = 4xe^{x^2}$$

兩側積分可得

$$ue^{x^2} = 2e^{x^2} + C \quad 或 \quad u = Ce^{-x^2} + 2$$

代入 $u = y^2$，得通解

$$y^2 = Ce^{-x^2} + 2$$

例 34

試解 $xy' + y = x^2 y^2$。

解 原式可寫成

$$y' + x^{-1}y = xy^2$$

因 $a = 2$，故 $u = y^{1-a} = y^{-1}$，由(1.25)式可得線性方程式

$$u' - x^{-1}u = -x$$

其積分因子

$$F(x) = e^{\int \frac{-1}{x}dx} = e^{-\ln x} = \frac{1}{x}$$

同乘原式得

$$\frac{u'}{x} - \frac{u}{x^2} = -1$$

兩側分別積分得

$$x^{-1}u = -x + C$$

代入 $u = y^{-1}$，可得通解

$$y^{-1} = -x^2 + Cx \quad 或 \quad y = \frac{1}{Cx - x^2}$$

　　非線性微分方程式一般而言較為難解，本書僅就較淺顯者加以說明，若欲有進一步瞭解可參閱其它專書。

解下列柏努利方程式

1. 解 $3(1+x^2)y'+2xy=2xy^4$

Ans：$y^{-3}=1+C(1+x^2)$

2. 解 $y'+2xy+xy^4=0$

Ans：$y^{-3}=\dfrac{-1}{2}+Ce^{3x^2}$

3. 解 $y'+y=y^2(\cos x-\sin x)$

Ans：$\dfrac{1}{y}=-\sin x+Ce^x$

4. 解 $y'-y=xy^2$

Ans：$\dfrac{1}{y}=1-x+Ce^{-x}$

5. 解 $xy'+y=x^3y^6$

Ans：$y^{-5}=\dfrac{5}{2}x^3+Cx^5$

6. 解 $yy'-xy^2+x=0$

Ans：$y^2=1+Ce^{x^2}$

7. 解 $y'+y=y^2e^x$

Ans：$y^{-1}=e^x(-x+c)$

8. 解 $y'-y=xy^5$

Ans：$y^{-4}=-x+\dfrac{1}{4}+Ce^{-4x}$

9. 解 $y'+y=y^2$

Ans：$y^{-1}=1+Ce^x$

10. 解 $y'-\dfrac{1}{x}y=2y^2$

Ans：$y^{-1}=-x+\dfrac{C}{x}$

11. 解 $y'+\dfrac{2}{x}y=y^3$

Ans：$y^{-2}=\dfrac{2}{3}x+Cx^4$

12. 解 $y'+y=-y^{-2}$ ； $y(0)=2$

Ans：$y^3=-1+9e^{-3x}$

13. 解 $y'-y=2e^xy^{-2}$ ； $y(0)=1$

Ans：$y^3=-3e^x+4e^{3x}$

1-7 ◀ 模型化：電路

在本章開始時，我們介紹了線性一階微分方程式有各種不同的應用。只要能夠以數學關係來說明各種物理狀況，則即可將物理系統轉換成數學模型而求其解，現以電路來說明之。

例 35

RL 電路：試解如圖 1.2 之電路電流

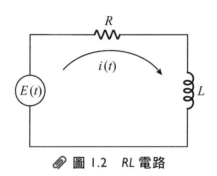

📎 圖 1.2　RL 電路

解 由克希荷夫電壓定律可得

$$L\frac{di(t)}{dt} + Ri(t) = E(t) \tag{1.26}$$

情況 1：（定電源）

若(1.26)式之電源 $E(t) = E_0$ 為一常數，則(1.26)式同除 L 可寫成

$$\frac{di}{dt} + \frac{R}{L}i = \frac{E_0}{L} \tag{1.27}$$

因上式為一階線性微分方程式，由 1.5 節可得

$$h = \int \frac{R}{L} dt = \frac{R}{L} t$$

及積分因子

$$u(t) = e^h = e^{\frac{R}{L}t}$$

積分因子同乘(1.27)式可得

$$e^{\frac{R}{L}t} \cdot \frac{di}{dt} + e^{\frac{R}{L}t} \cdot \frac{R}{L} i = e^{\frac{R}{L}t} \cdot \frac{E_0}{L}$$

積分可得

$$e^{\frac{R}{L}t} \cdot i = \frac{E_0}{R} e^{\frac{R}{L}t} + k$$

或得通解為

$$i = \frac{E_0}{R} + k e^{-\frac{R}{L}t} \tag{1.28}$$

若已知初值電流 $i(0) = I_0$，則代入(1.28)式可得常數 k 之值。同時注意到若時間趨近於無窮長時，可得電感電流 i 等於 E_0 / R，與初值無關。若初值電流為零，代入(1.28)式得

$$0 = \frac{E_0}{R} + k \quad \therefore k = -\frac{E_0}{R}$$

即其特解為

$$i(t) = \frac{E_0}{R} \left(1 - e^{-(\frac{R}{L})t} \right) = \frac{E_0}{R} \left(1 - e^{-\frac{t}{\tau}} \right) \tag{1.29}$$

式中 $\tau = \frac{L}{R}$ 稱之為電路之時間常數(time constant)，而其電流 $i(t)$ 圖形如圖 1.3，而時間常數決定了其充電之快慢。在電路學中(1.28)式亦稱之為階波響應。

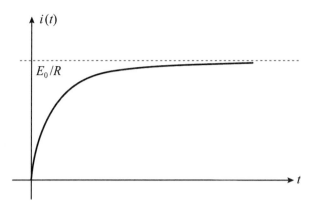

圖 1.3　RL 電路之定電壓源響應

情況 II：週期性電源

若(1.26)式之 $E(t) = E_0 \sin \omega t$，則由前節(1.22)式可得其通解為

$$i(t) = e^{-\frac{R}{L}t}\left[\frac{E_0}{L} \int e^{\frac{R}{L}t} \sin \omega t dt + k \right]$$

分部積分或利用附錄積分表公式

$$\int e^{ax} \sin bx dx = \frac{e^{ax}}{a^2 + b^2}(a\sin bx - b\cos bx) \tag{1.30}$$

可得其電流為

$$i(t) = ke^{-(\frac{R}{L})t} + \frac{E_0}{R^2 + \omega^2 L^2}(R\sin \omega t - \omega L\cos \omega t)$$

或者利用三角關係式可得

$$i(t) = ke^{-(\frac{R}{L})t} + \frac{E_0}{\sqrt{R^2 + \omega^2 L^2}}\sin(\omega t - \delta) \text{ , } \delta = \tan^{-1}\frac{\omega L}{R} \tag{1.31}$$

同樣的，當 t 趨近於無限大時，(1.31)式之指數部分會趨近於零，即電路經過長時間後，實際上之輸出為一與輸入信號頻率相同，而相位有所改變的週期信號如圖 1.4。此稱之為弦波穩態響應。

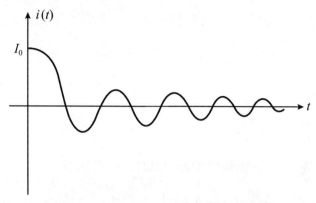

圖 1.4　由弦波電源所引起之電流

同時我們觀察，無論是情況 1 或情況 2，其指數部分在經一長時間後，都會消失，此即稱暫態(transient)。

例 36

RC 電路：試解圖 1.5 中之 RC 電路

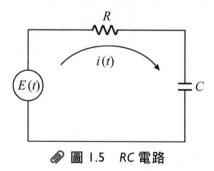

圖 1.5　RC 電路

解 由克希荷夫電壓定律可得

$$Ri + \frac{1}{C} \int i\, dt = E(t) \tag{1.32}$$

式中雖存在積分式，但只需對 t 微分一次即可消除，如

$$R\frac{di(t)}{dt}+\frac{1}{C}i(t)=\frac{dE}{dt}$$

整理可得

$$\frac{di}{dt}+\frac{1}{RC}i=\frac{1}{R}\frac{dE}{dt}$$

參考 RL 電路解法或利用前節(1.22)式可得通解

$$i(t)=e^{\frac{-1}{(RC)}}\left(\frac{1}{R}\int e^{\frac{1}{RC}}\frac{dE}{dt}dt+k\right) \tag{1.33}$$

情況 I：定電源（ $E(t)=E_0=$ 常數 ）

若 $E(t)=E_0=$ 常數，則(1.33)式因 $\dfrac{dE}{dt}=0$，可得

$$i(t)=ke^{-\frac{t}{RC}}=ke^{-\frac{t}{\tau}} \tag{1.34}$$

其中 $\tau=RC$ 稱之為 RC 電路之時間常數，而(1.34)式亦稱之為 RC 電路之階波響應，其電流圖形如圖 1.6，I_0 為其初值電流。

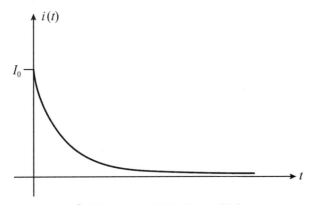

圖 1.6　定電源之 RC 響應

情況 II：弦波電源

若 $E(t) = A\sin\omega t$，則

$$\frac{dE}{dt} = \omega A\cos\omega t$$

將此式代入(1.33)式，並以部分積分得

$$i(t) = ke^{\frac{-t}{RC}} + \frac{\omega AC}{1+(\omega AC)}(\cos\omega t + \omega RC\sin\omega t) \tag{1.35}$$

$$= ke^{\frac{-t}{RC}} + \frac{\omega AC}{\sqrt{1+(\omega RC)^2}}\sin(\omega t - \theta)$$

其中 $\theta = \tan^{-1}\dfrac{1}{\omega RC}$，當然若時間趨近於無窮大，(1.35)式中指數部分

會趨近於零，此時亦可得其弦波穩態輸出。而 $i(t)$ 之圖形與圖 1.4 類似，

描繪如下：

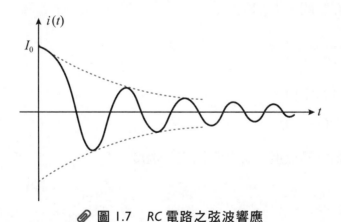

📎 圖 1.7　RC 電路之弦波響應

　　以上僅就電路問題來說明微分方程之應用，當然其它物理現象若可以

以微分方程表示，則亦可藉由以上分析求解，在此讀者可自行應用。

1. 如果一國家的人口數在 50 年內增加兩倍，若其人口增加率正比於居民
   數，則何時人口數會為原來 3 倍？

   Ans：79 年

2. 求每年 0.5% 複利率使本金加倍之時間。

   Ans：13.86 年

3. 一物體呈直線運動，已知其速度比距直線上某一固定點的距離大 2，若
   $t=0$ 時，速度 $v=5$，試求此方程式？

   Ans：$v=x+2$，$x=5e^t-2$

4. 設培養皿中的細菌數目 P 以正比於 $P-P^3$ 的速度改變，試求其通解，
   設在所有時間，$P>1$。

   Ans：$\dfrac{P}{\sqrt{P^2-1}}=Ae^{kt}$，$A$，$k$ 為常數

5. 解牛頓冷卻定律
   $$\frac{du}{dt}=-k(u-u_0)$$
   式中 u 為物體溫度，u_0 為周圍空氣溫度

   Ans：$u=u_0+Ce^{-kt}$

6. 若氣體體積對壓力之變化率正比於 $-\dfrac{V}{P^2}$，式中 P 為壓力 V 為氣體體
   積，試求 $V(P)$。

   Ans：$V=Ce^{\frac{k}{p}}$，C，k 為常數

7. 將質量 m 的物體從地表向上扔，僅考慮速度 v，重力加速度 g，試求其方程式。

Ans： $\dfrac{dv}{dt} = -g - \dfrac{k}{m}v$

8. 若冰箱冷凍庫冰層之厚度以正比於時間 t 的平方根的速率增加，試求厚度 $h(t)$ 。

Ans： $h(t) = At^{\frac{3}{2}} + C$ 　　（ A ， C 為常數）

1-8 ◀ 正交軌跡

在許多工程應用上，常常須要求與一已知曲線族直角相交，或稱**正交**(orthogonal)的另一曲線族。例如地球表面之經緯線，靜電場中等電位線與電力線的關係等，同時在熱傳導及液動力學上正交軌跡亦有其重要性。

若已知一曲線族

$$F(x,y,C)=0 \tag{1.36}$$

可以以微分方程式

$$y'=f(x,y)=m_1 \tag{1.37}$$

來表示，且上式中 m_1 正表示了此曲線族之斜率。在基本微積分中可知，若兩曲線正交，則其斜率互為負倒數，亦即所欲求之曲線方程式其斜率為

$$y'=m_2=-\frac{1}{f(x,y)}=-\frac{1}{m_1} \tag{1.38}$$

而解此新微分方程即可得其正交軌跡。

例 37

試求直線 $y=2x+1$ 之正交軌跡。

解 由(1.37)式可得原直線之斜率為

$$y'=m_1=2$$

由(1.38)式可得與其正交之軌跡為

$$m_2=y'=\frac{-1}{m_1}=-\frac{1}{2}$$

故解此微分方程可得正交軌跡為

$$y = -\frac{1}{2}x + C$$

例 38

求 $y = \frac{-1}{2}x^2 + 3$ 之正交曲線。

解 已知曲線斜率為

$$y' = -x = m_1$$

其正交軌跡之斜率為

$$y' = -\frac{1}{m_1} = \frac{1}{x}$$

積分可得正交軌跡

$$y = \ln|x| + C^*$$

或整理可得

$$e^y = Cx$$

例 39

求 $y = kx^2$ 之正交軌跡，k 為任意常數並繪其圖。

解 已知曲線為一拋物線族，其斜率方程式如下

$$y' = 2kx$$

在此常數 k 的處理極為重要，可由原式 $y = kx^2$ 中得知 $k = \dfrac{y}{x^2}$，代入上式可得

$$y' = m_1 = \frac{2y}{x}$$

而利用(1.37)式可得其正交軌跡斜率為

$$y' = -\frac{1}{m_1} = -\frac{x}{2y}$$

利用分離變數法可得

$$2ydy = -xdx$$

故其正交軌跡為

$$y^2 = -\frac{1}{2}x^2 + C^*$$

或

$$\frac{x^2}{2} + y^2 = C^*$$

為一橢圓曲線族，如圖 1.8

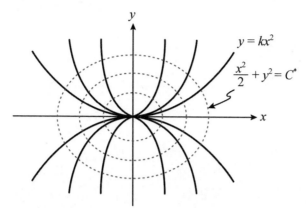

🔗 圖 1.8 曲線 $y = kx^2$ 及其正交軌跡 $\dfrac{x^2}{2} + y^2 = C^*$

例 40

試求以下所示圓族之正交曲線，並繪其圖。

$$x^2 + (y-k)^2 = k^2$$

解 對原式微分，可得

$$2x + 2(y-k)y' = 0$$

首先必須消去常數 k，利用原式展開得

$$x^2 + y^2 - 2ky + k^2 = k^2$$

整理可得

$$k = \frac{x^2 + y^2}{2y}$$

代入得

$$2x + 2\left(y - \frac{x^2 + y^2}{2y}\right)y' = 0$$

或

$$2x + 2\left(\frac{2y^2 - x^2 - y^2}{2y} \right) y' = 0$$

故

$$y' = \frac{2xy}{x^2 - y^2}$$

其正交軌跡之微分方程式為

$$y' = -\frac{x^2 - y^2}{2xy} \quad 或 \quad y' = -\frac{1 - \left(\dfrac{y}{x} \right)^2}{2\dfrac{y}{x}}$$

利用 1-2 節方法上可化成可分離方程式，令 $u = \dfrac{y}{x}$，$y = ux$，

$y' = u'x + u$，原式變成

$$u'x + u = \frac{-1 + u^2}{2u}$$

$$2u\frac{du}{dx}x + 2u^2 = -1 + u^2$$

整理可得

$$\frac{2udu}{1 + u^2} = \frac{-dx}{x}$$

積分可得正交軌跡

$$\ln(1 + u^2) = -\ln x + C$$

或

$$1 + \frac{y^2}{x^2} = \frac{C^*}{x}$$

美化可得

$$x^2 + y^2 = Cx$$

或化成圓方程式

$$(x - C^*)^2 + y^2 = C^{*2}$$

為一圓曲線族，其圖如圖 1.9 所示

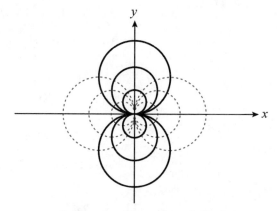

☍ 圖 1.9　例 40 之正交軌跡

習題 1-8

求下列曲線之正交軌跡

1. $x + 2y = 10$

   Ans：$y - 2x = C^*$

2. $xy = C$；C 為任意常數

   Ans：$x^2 - y^2 = C^*$

3. $x^2 + 2y^2 = 5$

   Ans：$y = C^* x^2$

4. $e^{2x} y = C$；C 為任意常數

   Ans：$y^2 = x + C^*$

5. $y = x - 1 + Ce^{-x}$

   Ans：$x = y - 1 + C^* e^{-y}$

6. $y^2 - Cx^3 = 0$；C 為任意常數

   Ans：$y^2 + \dfrac{2}{3} x^2 = C^*$

7. $y^{\frac{1}{2}} = x - C$；C 為任意常數

   Ans：$\dfrac{4}{3} y^{\frac{3}{2}} = x + C^*$

8. $x + Cy - 1 = 0$；C 為任意常數

   Ans：$y^2 = -(1 - x)^2 + C^*$

9. $x^2 - 3y^2 = 8$

   Ans：$y = C^* x^{-3}$

10. $y = e^m x$；m 為任意常數

    Ans：$x^2 - \dfrac{1}{2} y^2 + y^2 \ln |y| = C^*$

11. $x - 2y = 3$

    Ans：$y = -2x + C^*$

12. $y^2 - x^2 = 3$

    Ans：$xy = C^*$

Chapter

02 線性微分方程式

2-1 ◀▶ 二階線性微分方程式

一個二階微分方程式若能寫成下式,則稱之為**二階線性微分方程式** (second order linear differential equation)

$$y'' + p(x)y' + q(x)y = r(x) \tag{2.1}$$

這種方程式的特色係為它是由自變數 x 及因變數 y 及其導數的線性組合。而 $p(x)$, $q(x)$, $r(x)$ 都是 x 之函數。其中當 $r(x) = 0$ 時(2.1)式變成

$$y'' + p(x)y' + q(x)y = 0 \tag{2.2}$$

稱之為**二階線性齊次微分方程式** (second order homogenous linear differential equation)。反之,若 $r(x) \ne 0$ 時,即稱為非齊次微分方程式,如

$$y'' + e^x y' + xy = \sin x$$

即為二階線性非齊次微分方程式,而

$$y'' + e^x y' + xy = 0$$

就稱之為二階線性齊次微分方程式。

當然任何不能寫成(2.1)式之二階微分方程式稱之為非線性(nonlinear)微分方程式。例如,

$$yy'' + y' = 0$$

或

$$y'' + 2xy' + y = y^{-1}$$

由於非線性微分方程式較為複雜,本章僅就線性微分方程加以分析。

習題 2-1

1. 試說明下列方程式何者為線性、非線性、齊次，或非齊次微分方程

(a) $y'' - 3y' + 2y = 2$

(e) $y'' = 3$

(b) $y'' - 3yy' = 0$

(f) $y'' + xy' + y = 0$

(c) $y'' + xy' + \sin y = 5x$

(g) $y'' + y = \sin x$

(d) $y'' + y = 0$

Ans：非線性：b, c。齊次：d, f。非齊次：a, g, e。

2. 判斷下列微分方程式之型態

(a) $y' + 3y = 2$

(d) $y'' + 3y' + 2y = e^x$

(b) $y'' + 3y' + 2y = y^2$

(e) $y'' + 2y' + y = 0$

(c) $y'' + \dfrac{1}{x}y' + xy = 0$

Ans：

(a) 一階常係數非齊次線性微分方程式

(b) 二階常係數非齊次非線性微分方程式

(c) 二階變係數齊次線性微分方程式

(d) 二階常係數非齊次線性微分方程式

(e) 二階常係數齊次線性微分方程式

2-2 ◀ 二階常係數齊次方程式

若 2-1 節(2.2)式中之 $p(x)$, $q(x)$ 都是常數，如

$$y'' + ay' + by = 0 \quad a, b \text{ 為常數} \tag{2.3}$$

則稱之為二階常係數齊次微分方程式，觀察(2.3)式之型式，可發現到其解的型式必為

$$y = e^{\lambda x} \text{ , } \lambda \text{ 為任意常數}$$

因為 $y = e^{\lambda x}$ 之函數，其一階導數及二階導數分別為

$$y' = \lambda e^{\lambda x} \text{ 及 } y'' = \lambda^2 e^{\lambda x}$$

代入(2.3)式，可得

$$(\lambda^2 + a\lambda + b)e^{\lambda x} = 0$$

在此可發現，若令 $y = e^{\lambda x}$，則二階常係數微分方程式變成只需解上式即可，當然其中 $e^{\lambda x} \neq 0$，則只要解下列一元二次方程式

$$(\lambda^2 + a\lambda + b) = 0 \tag{2.4}$$

即可。故(2.4)式稱之為(2.3)式之**特性方程式**(characteristic equation)，其根為

$$\lambda_1 = \frac{1}{2}(-a + \sqrt{a^2 - 4b}) \text{ 及 } \lambda_2 = \frac{1}{2}(-a - \sqrt{a^2 - 4b}) \tag{2.5}$$

而

$$y_1 = e^{\lambda_1 x} \quad \text{及} \quad y_2 = e^{\lambda_2 x}$$

為(2.3)式之解，或者可寫成其通解為

$$y = C_1 e^{\lambda_1 x} + C_2 e^{\lambda_2 x} \tag{2.6}$$

其中有兩個任意常數 C_1，C_2（因其為二階微分的解，故需兩常數）。由於 a，b 為常數，故由基本代數可知其特性方程式的根可能為下列三種情況

（情況 I）兩相異實根，$a^2 - 4b > 0$

（情況 II）共軛複根，$a^2 - 4b < 0$

（情況 III）重根，$a^2 - 4b = 0$

以下先討論情況 I

⊘ 情況 I：λ 為兩相異實根時

例 1

求 $y'' + 3y' + 2y = 0$ 之通解

解 由 $y = e^{\lambda x}$ 代入可得特性方程式為

$$\lambda^2 + 3\lambda + 2 = 0$$

$$(\lambda + 1)(\lambda + 2) = 0$$

其根為 $\lambda = -1$，$\lambda = -2$，故通解為

$$y = C_1 e^{-x} + C_2 e^{-2x}$$

例 2

求 $y'' + 3y' - 4y = 0$ 之通解

解 由(2.4)式可得特性方程式

$$\lambda^2 + 3\lambda - 4 = 0 \text{ ，或 } (\lambda + 4)(\lambda - 1) = 0$$

其根為 $\lambda_1 = -4$ ， $\lambda_2 = 1$ ，故通解為

$$y = C_1 e^{-4x} + C_2 e^x$$

情況 II：λ 為共軛數根時

由以上兩個例子可知，若特性方程式之根為兩相異實根時，則其解十分簡單，但若其根值為共軛複數時則(2.5)式可寫成

$$\lambda_1 = p + iq \quad \text{ 及 } \quad \lambda_2 = p - iq \tag{2.7}$$

其中 $\quad p = -\dfrac{a}{2}$ ， $q = \dfrac{1}{2}(\sqrt{4b - a^2})$ $\quad$ 而 $\quad 4b - a^2 > 0$

其通解由(2.6)式得為

$$y = C_1 e^{(p+iq)x} + C_2 e^{(p-iq)x}$$
$$= e^{px}(C_1 e^{iqx} + C_2 e^{-iqx})$$

利用尤拉等式

$$e^{iqx} = \cos qx + i\sin qx \tag{2.8}$$

可得原式之後半部

$$C_1 e^{iqx} + C_2 e^{-iqx} = C_1(\cos qx + i\sin qx) + C_2(\cos qx - i\sin qx)$$
$$= (C_1 + C_2)\cos qx + i(C_1 - C_2)\sin qx$$

由於 C_1 ， C_2 為任意常數，故 $C_1 + C_2$ 及 $i(C_1 - C_2)$ 亦為任意常數可以用 C_1^* 及 C_2^* 來表示，即(2.6)式可化成

$$y = e^{px}(C_1^* \cos qx + C_2^* \sin qx) \tag{2.9}$$

為共軛複數根之通解。

例 3

求 $y'' + 2y' + 2y = 0$ 之通解

解 其特性方程式為

$$\lambda^2 + 2\lambda + 2 = 0$$

其根為

$$\lambda = \frac{1}{2}(-2 \pm \sqrt{4-8}) = -1 \pm i$$

或　$\lambda_1 = -1 + i$　及　$\lambda_2 = -1 - i$

對照(2.7)式得 $p = -1$，$q = 1$，故通解為

$$y = e^{-x}(C_1 \cos x + C_2 \sin x)$$

例 4

求 $y'' + y = 0$ 的通解

解 其特性方程式為

$$\lambda^2 + 1 = 0$$

故其根

$$\lambda = i　及　\lambda = -i$$

所以 $p = 0$，$q = 1$，其通解為

$$y = C_1 \cos x + C_2 \sin x$$

⚙ 情況 III：λ 為重根時

現在若考慮情況 III，即方程式 $\lambda^2 + a\lambda + b = 0$ 中 $a^2 - 4b = 0$，為重根時。由(2.5)式可得其根為

$$\lambda = \lambda_1 = \lambda_2 = \frac{-a}{2} \tag{2.10}$$

其中若依(2.6)式，則其通解變成

$$y = C_1 e^{\lambda x} + C_2 e^{\lambda x} = (C_1 + C_2)e^{\lambda x} = C^* e^{\lambda x}$$

其中只有一任意常數 C^*，很明顯與上述兩種狀況不一樣，是不是因為重根而使其產生某種變化呢。由(2.10)式可知其通解中有一項為 $y_1 = e^{\lambda x}$，因其為重根故通解中另一項我們可假設與 $y_1 = e^{\lambda x}$ 有某種關聯，若設第二個解 y_2 為第一個解 $y_1 = e^{\lambda x}$ 乘 $u(x)$，則

$$y_2 = u(x)e^{\lambda x} = u(x)y_1$$

可得其導數

$$y_2' = u'y_1 + uy_1'$$
$$y_2'' = u''y_1 + y_1'u' + u'y_1' + uy_1''$$
$$\quad = u''y_1 + 2u'y_1' + uy_1''$$

代入(2.3)式得

$$u''y_1 + 2u'y_1' + uy_1'' + a(u'y_1 + uy_1') + by_1 = 0$$

集項後可得

$$u''y_1 + u'(2y_1' + ay_1) + u(y_1'' + ay_1' + by_1) = 0$$

觀察可得上式最後項括號 $(y_1'' + ay_1' + by_1)$，因為 y_1 為(2.3)式之解故必為零。而由 $y_1 = e^{\lambda x}$，及 $\lambda = \frac{-a}{2}$ 可得

$$y_1' = \lambda e^{\lambda x} = -\frac{a}{2} y_1$$

故第一個括號 $(2y_1' + ay_1)$ 亦為零。因此可得 $u''y_1 = 0$ 或 $u'' = 0$（因 y_1 不可能為零），則兩次積分後可得 $u = k_1 x + k_2$，其中 k_1，k_2 為任意常數。取 $k_1 = 1$，$k_2 = 0$ 可得 $u = x$，即重根情況之另一解 y_2 為原來之解 $y_1 = e^{\lambda x}$ 再乘 x，如：

$$y_2 = xy_1 = xe^{\lambda x}$$

亦即重根之通解標準式為

$$y = C_1 e^{\lambda x} + C_2 xe^{\lambda x} \tag{2.11}$$

而上述求重根另一解之方法，稱**降階公式**(reduction of order)。

例 5

　求 $y'' + 2y' + y = 0$ 之通解

解　特性方程式為

$$\lambda^2 + 2\lambda + 1 = (\lambda + 1)^2 = 0$$

其根為重根 $\lambda = -1$，由(2.11)式可得通解

$$y = C_1 e^{-x} + C_2 xe^{-x}$$

例 6

　求 $y'' - 6y' + 9y = 0$ 之通解

解 特性方程式為

$$\lambda^2 - 6\lambda + 9 = (\lambda - 3)^2 = 0$$

為 $\lambda = 3$ 之重根，故通解為

$$y = C_1 e^{3x} + C_2 x e^{3x}$$

分析至此，二階常係數齊次微分方程式之三種情況可以整理為一表，如表 2-1。

▊ 表 2-1　二階常係數微分方程之解

二 階 常 係 數 齊 次 微 分		$y'' + ay' + by = 0$
特　　性　　方　　程　　式		$\lambda^2 + a\lambda + b = 0$
情　　況	根	通　　　　解
I $a^2 - 4b > 0$	兩相異實根 λ_1 , λ_2	$y = C_1 e^{\lambda_1 x} + C_2 e^{\lambda_2 x}$
II $a^2 - 4b < 0$	共軛複根 $\lambda_1 = p + iq$ $\lambda_2 = p - iq$	$y = e^{px}(C_1 \cos qx + C_2 \sin qx)$
III $a^2 - 4b = 0$	重根 $\lambda_1 = \lambda_2 = \lambda$	$y = C_1 e^{\lambda x} + C_2 x e^{\lambda x}$

或可以流程表示成

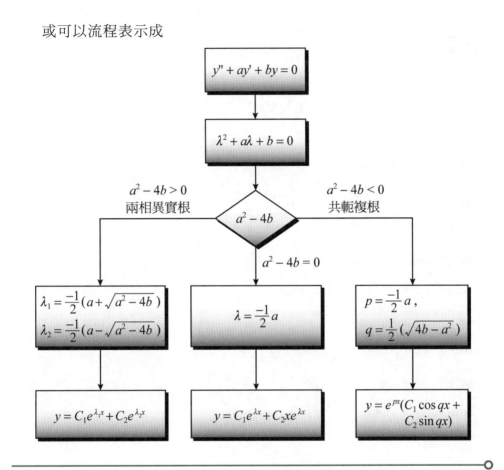

習題 2-2

解下列常係數齊次微分方程式

1. 解 $y'' + 4y' + 3y = 0$

   Ans：$y = C_1 e^{-x} + C_2 e^{-3x}$

2. 解 $y'' + 4y' + 4y = 0$

   Ans：$y = C_1 e^{-2x} + C_2 x e^{-2x}$

3. 解 $y'' + 4y' + 5y = 0$

   Ans：$y = e^{-2x}(C_1 \cos x + C_2 \sin x)$

4. 解 $y'' + 16y = 0$

   Ans：$y = C_1 \sin 4x + C_2 \cos 4x$

5. 解 $y'' + 16y' = 0$

   Ans：$y = C_1 + C_2 e^{-16x}$

6. 解 $y'' - 16y = 0$

   Ans：$y = C_1 e^{-4x} + C_2 e^{4x}$

7. 解 $y'' - 5y' + 4y = 0$

   Ans：$y = C_1 e^{x} + C_2 e^{4x}$

8. 解 $y'' - y' - 2y = 0$

   Ans：$y = C_1 e^{-x} + C_2 e^{2x}$

9. 解 $y'' + 8y' + 16y = 0$

   Ans：$y = C_1 e^{-4x} + C_2 x e^{-4x}$

10. 解 $y'' - 7y' + 12y = 0$

　　Ans： $y = C_1 e^{3x} + C_2 e^{4x}$

11. 解 $y'' + 2y' + 2y = 0$

　　Ans： $y = e^{-x}(C_1 \cos x + C_2 \sin x)$

12. 解 $y'' - y = 0$

　　Ans： $y = C_1 e^{x} + C_2 e^{-x}$

13. 解 $y'' + 2y' + 10y = 0$

　　Ans： $y = e^{-x}(C_1 \cos 3x + C_2 \sin 3x)$

14. 解 $y'' + 6y' + 10y = 0$

　　Ans： $y = e^{-3x}(C_1 \cos x + C_2 \sin x)$

2-3 ◀ 初值問題、邊界問題

　　二階微分方程式之通解存在兩個任意常數 C_1，C_2，欲解此兩常數必須利用到兩個不同之方程式，故解二階微分方程之初值問題必須有兩個初值條件（或邊界條件）$y(0)$ 及 $y'(0)$。以例題說明之。

例 7

解初值問題，$y'' + 3y' + 2y = 0$，$y(0) = -2$，$y'(0) = 3$

解　由上節例 1，可得其通解為

$$y = C_1 e^{-x} + C_2 e^{-2x}$$

及其導數

$$y' = -C_1 e^{-x} - 2C_2 e^{-2x}$$

代入初值可得兩方程式

$$y(0) = C_1 + C_2 = -2$$

$$y'(0) = -C_1 - 2C_2 = 3$$

故可得 $C_1 = -1$，$C_2 = -1$，亦即其特解為

$$y = -e^{-x} - e^{-2x}$$

例 8

解 $y'' - 2y' + 10y = 0$，$y(0) = 4$，$y'(0) = 1$

解 由特性方程式

$$\lambda^2 - 2\lambda + 10 = 0$$

其中

$$\lambda = \frac{-(-2) \pm \sqrt{(-2)^2 - 40}}{2}$$

$$= 1 \pm 3i$$

可得其根為共軛複數 $\lambda_1 = 1 + 3i$，$\lambda_2 = 1 - 3i$，即通解為

$$y = e^x(C_1 \cos 3x + C_2 \sin 3x)$$

其導數

$$y' = e^x(C_1 \cos 3x + C_2 \sin 3x) + e^x(-3C_1 \sin 3x + 3C_2 \cos 3x)$$

$$= e^x(C_1 \cos 3x + C_2 \sin 3x - 3C_1 \sin 3x + 3C_2 \cos 3x)$$

代入初值條件，得

$$y(0) = C_1 = 4$$

$$y'(0) = C_1 + 3C_2 = 1$$

故 $C_1 = 4$，$C_2 = -1$，其解為

$$y = e^x(4\cos 3x - \sin 3x)$$

例 9

解初值問題 $y'' + 2y' + 2y = 0$，$y(0) = 1$，$y'(0) = 1$

解 由上節例 3 可得通解及其導數

$$y = e^{-x}(C_1 \cos x + C_2 \sin x)$$

$$y' = -e^{-x}(C_1 \cos x + C_2 \sin x) + e^{-x}(-C_1 \sin x + C_2 \cos x)$$
$$= e^{-x}(-C_1 \sin x + C_2 \cos x - C_1 \cos x - C_2 \sin x)$$

代入初值，得

$$y(0) = C_1 = 1$$

$$y'(0) = C_2 - C_1 = 1$$

故 $C_1 = 1$，$C_2 = 2$，其解為

$$y = e^{-x}(\cos x + 2\sin x)$$

例 10

解初值問題 $y'' + 2y' + y = 0$，$y(0) = 1$，$y'(0) = 3$

解 由上節例 5 可得通解

$$y = C_1 e^{-x} + C_2 x e^{-x}$$

及其導數

$$y' = -C_1 e^{-x} + C_2 e^{-x} - C_2 x e^{-x}$$
$$= -C_1 e^{-x} + C_2 (e^{-x} - x e^{-x})$$

代入初值得

$$y(0) = C_1 = 1$$

$$y'(0) = -C_1 + C_2 = 3$$

故 $C_1 = 1$，$C_2 = 4$，其解為

$$y = e^{-x} + 4x e^{-x}$$

例 11

解初值問題 $y'' - 4y' + 4y = 0$，$y(0) = 2$，$y'(0) = 9$

解　因特性方程式為

$$\lambda^2 - 4\lambda + 4 = 0$$

或

$$(\lambda - 2)^2 = 0$$

為 $\lambda = 2$ 之重根，故微分方程式的通解為

$$y = C_1 e^{2x} + C_2 x e^{2x}$$

其導數

$$y' = 2C_1 e^{2x} + C_2(e^{2x} + 2x e^{2x})$$

代入初值條件，得

$$y(0) = C_1 = 2$$

$$y'(0) = 2C_1 + C_2 = 9$$

故 $C_1 = 2$，$C_2 = 5$，其解為

$$y = (2 + 5x)e^{2x}$$

在某些應用上，有時也需要用到**邊界條件**(boundary conditions)如

$$y(p_1) = k_1,\quad y(p_2) = k_2$$

式中 p_1，p_2 為某一區間之端點。舉例說明之

例 12

解邊界值問題 $y'' - 16y = 0$, $y(0) = 2$, $y\left(\dfrac{1}{4}\right) = 2e$

解 其特性方程為

$$\lambda^2 - 16 = (\lambda - 4)(\lambda + 4) = 0$$

為 $\lambda = \pm 4$ 之相異實根,故其通解為

$$y = C_1 e^{4x} + C_2 e^{-4x}$$

代入邊界值,得

$$y(0) = C_1 + C_2 = 2 \tag{1}$$

$$y\left(\frac{1}{4}\right) = C_1 e + C_2 e^{-1} = 2e \tag{2}$$

由(1)式乘 e 減(2)式,可得 $C_2 e + C_2 e^{-1} = 0$,故 $C_1 = 2$, $C_2 = 0$,其解為

$$y = 2e^{4x}$$

例 13

解 $y'' - 2y' = 0$, $y(0) = 0$, $y\left(\dfrac{1}{2}\right) = 2 - 2e$

解 因特性方程式為

$$\lambda^2 - 2\lambda = \lambda(\lambda - 2) = 0$$

$\lambda = 0$，$\lambda = 2$ 故通解為

$$y = C_1 + C_2 e^{2x}$$

代入邊界值，得

$$y(0) = C_1 + C_2 = 0$$

$$y\left(\frac{1}{2}\right) = C_1 + C_2 e = 2 - 2e$$

故 $C_1 = 2$，$C_2 = -2$，其解為

$$y = 2 - 2e^{2x}$$

例 14

解 $16y'' - 8y' + y = 0$，$y(1) = 0$，$y'(1) = -e^{\frac{1}{4}}$

解 原式整理可為標準式

$$y'' - \frac{1}{2}y' + \frac{1}{16}y = 0$$

其特性方程式

$$\left(\lambda^2 - \frac{1}{2}\lambda + \frac{1}{16}\right) = \left(\lambda - \frac{1}{4}\right)^2 = 0$$

為重根，$\lambda = \frac{1}{4}$，故其通解為

$$y = C_1 e^{\frac{1}{4}x} + C_2 x e^{\frac{1}{4}x}$$

微分，得其導數

$$y' = \frac{1}{4}C_1 e^{\frac{1}{4}x} + C_2\left(e^{\frac{1}{4}x} + \frac{1}{4}x e^{\frac{1}{4}x}\right)$$

代入邊界值，得

$$y(1) = C_1 e^{\frac{1}{4}} + C_2 e^{\frac{1}{4}} = (C_1 + C_2)e^{\frac{1}{4}} = 0$$

$$y'(1) = \frac{1}{4}C_1 e^{\frac{1}{4}} + C_2 \left(e^{\frac{1}{4}} + \frac{1}{4}e^{\frac{1}{4}} \right)$$

$$= \left(\frac{C_1}{4} + \frac{5C_2}{4} \right)e^{\frac{1}{4}} = -e^{\frac{1}{4}}$$

整理可得聯立方程式

$$(C_1 + C_2)e^{\frac{1}{4}} = 0$$

及

$$\left(\frac{C_1}{4} + \frac{5C_2}{4} \right)e^{\frac{1}{4}} = -e^{\frac{1}{4}}$$

解之，可得 $C_1 = 1$，$C_2 = -1$

$$y = e^{\frac{1}{4}x} - xe^{\frac{1}{4}x} = (1-x)e^{\frac{1}{4}x}$$

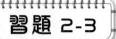

習題 2-3

解下列初值或邊界值問題

1. 解 $y'' - 16y = 0$ ， $y(0) = 1$ ， $y'(0) = -2$

　　Ans： $y = \dfrac{1}{4}e^{4x} + \dfrac{3}{4}e^{-4x}$

2. 解邊界值問題 $y'' + 16y = 0$ ， $y(\pi) = y'(\pi) = 2$

　　Ans： $y = 2\cos 4x + \dfrac{1}{2}\sin 4x$

3. 解初值問題 $y'' + 8y' + 16y = 0$ ， $y(0) = y'(0) = 1$

　　Ans： $y = e^{-4x} + 5xe^{-4x}$

4. 若 $y(0) = 0$ ， $y'(0) = 4$ ，重做 2-2 節習題 1,2,3

　　Ans： $y = 2e^{-x} - 2e^{-3x}$ ， $y = 4xe^{-2x}$ ， $y = 4e^{-2x}\sin x$

5. 解 $y'' + y' + 2y = 0$ ， $y\left(\dfrac{\pi}{2}\right) = 1$ ， $y'\left(\dfrac{\pi}{2}\right) = -1$

　　Ans： $e^{\frac{\pi}{2}-x}(\sin x)$

6. 解 $y'' - 5y' + 4y = 0$ ， $y(0) = 1$ ， $y'(0) = -4$

　　Ans： $y = \dfrac{8}{3}e^{x} - \dfrac{5}{3}e^{4x}$

7. $y'' - y' - 2y = 0$ ， $y(0) = 3$ ， $y'(0) = 2$

　　Ans： $y = \dfrac{4}{3}e^{-x} + \dfrac{5}{3}e^{2x}$

8. 解 $y''-8y'+16y=0$，$y(0)=y'(0)=1$

Ans：$y=e^{4x}(1-3x)$

9. $y''-6y'+9y=0$，$y(-1)=1$，$y'(-1)=4$

Ans：$y=e^{3(x+1)}(2+x)$

10. 解 $y''+3y'-2y=0$，$y(0)=2$，$y'(0)=-3$

Ans：$y=e^{(-3+\sqrt{17})\frac{x}{2}}+e^{(-3-\sqrt{17})\frac{x}{2}}$

11. 解 $y''+2y'-3y=0$，$y(0)=y'(-0)=2$

Ans：$y=2e^{x}$

12. 解 $y''+3y'+2y=0$，$y(0)=1$，$y'(0)=0$

Ans：$y=2e^{-x}-e^{-2x}$

13. 解 $y''-4y'+4y=0$，$y(0)=3$，$y'(0)=7$

Ans：$y=e^{2x}(3+x)$

14. 解 $y''-2y'+y=0$，$y(1)=0$，$y'(1)=5e$

Ans：$y=5e^{x}(-1+x)$

2-4 ◀ 模型化

　　任何物理系統只需寫出其相對應之微分方程即可利用微分方程式之技巧來得其系統之解，舉例如下：

例 15

無阻尼系統：自由振盪

解 考慮一機械系統如圖 2.1，為一物體於無阻尼彈簧的運動狀態

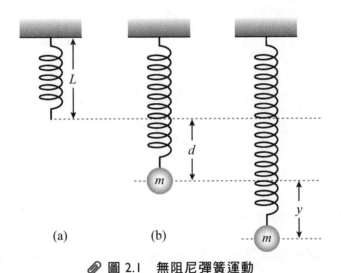

(a)　　　　　(b)

🔖 圖 2.1　無阻尼彈簧運動

　　圖 2.1(a)中彈簧未受力之前其長度為 L，圖 2.1(b)中一質量為 m 的物體懸垂於彈簧上，而彈簧被拉長 d 距離，在靜態平衡時，由虎克定律及地心引力可得。

$$mg - kd = 0$$

其中 g 為重力加速度，約為 980 cm/sec^2，k 為彈簧虎克係數。現若施一作用力於彈簧時，彈簧從靜態平衡被拉長了 y 距離，則可得

$$F = mg - kd - ky = -ky$$

再由牛頓第二運動定律可得

$$F = ma = m\frac{d^2y}{dt^2} = -ky$$

整理可得二階微分方程

$$m\frac{d^2y}{dt^2} + ky = 0$$

或寫成二階常係數齊次微分方程型態

$$y'' + \frac{k}{m}y = 0$$

因 $k > 0$，$m > 0$ 故由 2-2 節討論可得其通解為

$$y(t) = C_1 \cos\left(\sqrt{\frac{k}{m}}t\right) + C_2 \sin\left(\sqrt{\frac{k}{m}}t\right)$$
$$= d\cos(\omega_0 t - \delta)$$

式中 $d = \sqrt{C_1^2 + C_2^2}$，$\delta = \tan^{-1}(C_2/C_1)$，$\omega_0 = \sqrt{\frac{k}{m}}$。故可得上式為一週期性上下振動。此運動稱之為諧振(harmonic oscillation)，其頻率為 $f = \frac{\omega_0}{2\pi}$，而常數 C_1，C_2 可由初值條件決定為

$$y(0) = C_1 \quad 及 \quad y'(0) = C_2\sqrt{\frac{k}{m}} = C_2\omega_0$$

例 16

阻尼系統：若上例之系統連接一阻尼器如圖 2.2，其中 c 為阻尼常數

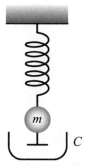

📎 圖 2.2 含阻尼裝置之彈簧運動

解 因阻尼器會產生一 cy' 的阻力（阻力與速度成正比）其中 c 為阻尼係數，則上列之二階微分方程式可改成

$$m^2 \frac{d^2 y}{dt^2} + ky + cy' = 0$$

或為二階常係數齊次微分方程型態

$$y'' + \frac{c}{m} y' + \frac{k}{m} y = 0$$

上式的特性方程式及其根分別為

$$\lambda^2 + \frac{c}{m} \lambda + \frac{k}{m} = 0$$

$$\lambda = -\frac{c}{2m} \pm \frac{1}{2m} \sqrt{c^2 - 4km}$$

其中對根之情況可分以下三種情況討論

(1) $c^2 - 4km > 0$，或稱為**過阻尼**(overdamping)。

因特性方程式為兩相異實根，即

$$\lambda_1 = -\frac{c}{2m} + \frac{1}{2m}\sqrt{c^2 - 4km}$$

$$\lambda_2 = -\frac{c}{2m} - \frac{1}{2m}\sqrt{c^2 - 4km}$$

故其通解為

$$y(t) = C_1 e^{\lambda_1 t} + C_2 e^{\lambda_2 t}$$

上式中因 λ_1，$\lambda_2 < 0$，（因 $\frac{c}{2m} > \frac{1}{2m}\sqrt{c^2 - 4km}$ ），故當 $t \to \infty$，則

$y(t) \to 0$，即物體到最後會到達靜態平衡位置上（或稱穩態）。

(2) $c^2 - 4km < 0$，或稱為**欠阻尼**(underdamping)。

在此情況，特性方程式可獲得一對共軛複數根

$$-\frac{c}{2m} + i\frac{1}{2m}\sqrt{4km - c^2} \quad \text{和} \quad -\frac{c}{2m} - i\frac{1}{2m}\sqrt{4km - c^2}$$

其解為

$$y(t) = e^{-\frac{ct}{2m}}\left[C_1 \cos\left(\sqrt{4km - c^2}\,\frac{t}{2m} \right) + C_2 \sin\left(\sqrt{4km - c^2}\,\frac{t}{2m} \right) \right]$$

或

$$y(t) = A_0 e^{-ct/2m} \cos(\omega t - \theta)$$

其中

$$A_0 = \sqrt{C_1^2 + C_2^2} \ , \quad \theta = \tan^{-1}\left(\frac{C_2}{C_1} \right) \ , \quad \omega = \frac{\sqrt{4km - c^2}}{2m}$$

因 $c, m > 0$，故 $t \to \infty$，$e^{-ct/2m} \to 0$，$y(t) \to 0$。故雖然上式存在一振盪但當時間增加時，其最後亦會到達靜態平衡。當然若 $c \to 0$，則上式可得與前例相同的結果，為一自由振盪。

(3) $c^2 - 4km = 0$，或稱為**臨界阻尼**(critical damping)。

在此情況，特性方程式的根為一重根 $\lambda = \dfrac{-c}{2m}$，其通解為

$$y(t) = e^{-\frac{ct}{2m}}(C_1 + C_2 t)$$

最後當時間 t 增加，上式亦會趨近於平衡狀況。上述三種情況對相同的 $y(0)$ 可大致畫一圖形如圖 2.3，而可看出其收斂情形。

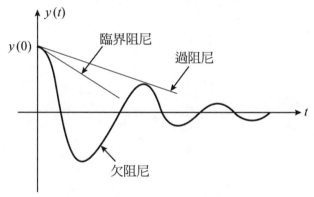

◎ 圖 2.3　各種不同阻尼的彈簧運動狀態

LC 自由振盪：考慮一系統如圖 2.4，試求其電流變化。

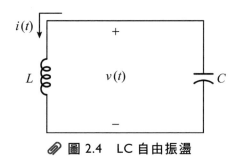

🖇 圖 2.4　LC 自由振盪

解 由電路理論中上式可得方程式

$$v(t) = L\frac{di}{dt} = \frac{-1}{C}\int_0^\tau i(\tau)d\tau$$

或

$$L\frac{di(t)}{dt} + \frac{1}{C}\int_0^\tau i(\tau)d\tau = 0$$

微分可得

$$Li'' + \frac{1}{C}i(t) = 0$$

或整理可得二階常係數微分方程式

$$i'' + \frac{1}{LC}i = 0$$

因特性方程式為

$$\lambda^2 + \frac{1}{LC} = 0$$

上式可得通解

$$i(t) = A_1 \cos \frac{1}{\sqrt{LC}} t + A_2 \sin \frac{1}{\sqrt{LC}} t$$
$$= d \cos(\omega_0 t - \delta)$$

式中 $d = \sqrt{A_1^2 + A_2^2}$，$\delta = \tan^{-1} \frac{A_2}{A_1}$，$\omega_0 = \frac{1}{\sqrt{LC}}$，為一 LC 振盪電路，

其振盪頻率為 $f = \frac{1}{2\pi} \frac{1}{\sqrt{LC}}$。為一電子電路中常用之 LC 並聯諧振電

路，事實上它就類似例 15 中機械系統的無阻尼振盪。當然其它之 RLC
之串並聯諧振亦可整理出類似例 16 之二階微分方程式，讀者可由習
題中求證。

習題 2-4

1. 一電路系統圖，V_0，I_0代表電容初值電壓及電感初值電流

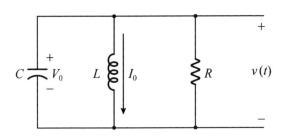

(a) 試證其二階微分程如下

$$\frac{d^2v}{dt^2} + \frac{1}{RC}\frac{dv}{dt} + \frac{v}{LC} = 0$$

(b) 若 $R = \frac{1}{4}\Omega$，$C = 1$，$L = \frac{1}{3}$，求 $t \geq 0$ 之響應 $v(t)$

(c) 若 $L = \frac{1}{4}$ 重作(b)

(d) 若 $L = \frac{1}{5}$ 重作(b)

Ans：

(b) $v(t) = A_1 e^{-t} + A_2 e^{-3t}$，$t \geq 0$

(c) $v(t) = A_1 e^{-2t} + A_2 t e^{-2t}$，$t \geq 0$

(d) $v(t) = e^{-2t}(A_1 \cos t + A_2 \sin t)$，$t \geq 0$

2. 電路如下圖，且初值 $V_0 = v(0) = 5$，$v'(0) = 5$，求 $t \geq 0$ 之 $v(t)$

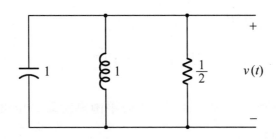

Ans：$v(t) = 5e^{-t} + 10te^{-t}$

3. 解以下電路

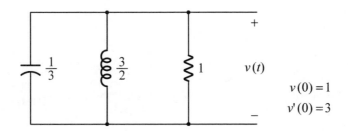

$v(0) = 1$

$v'(0) = 3$

Ans：$v(t) = 5e^{-t} - 4e^{-2t}$

4. 試證下列電路可得微分方程式

$$\frac{d^2i}{dt^2} + \frac{R}{L}\frac{di}{dt} + \frac{1}{LC}i = 0$$

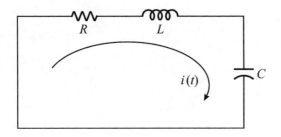

5. 證明單擺方程式

$$\theta'' + \frac{g}{L}\sin\theta = 0$$

在 θ 很小時，其運動為週期性，且週期為 $2\pi\sqrt{\dfrac{L}{g}}$。

6. 考慮一自由無阻尼的彈簧運動，其與平衡點距離 d 位置的加速度 a，證明其運動週期為 $2\pi\sqrt{\dfrac{d}{a}}$。

2-5 ◀ 尤拉—柯西方程式

所謂尤拉—柯西方程式(Euler-Cauchy equation)如下式所示

$$x^2 y'' + axy' + by = 0 \ , \ x > 0 \quad （a, b \text{ 為常數}）\tag{2.12}$$

觀察上式，可得其解亦為一指數型態

$$y = x^m \tag{2.13}$$

將上式及其導數 $y' = mx^{m-1}$ ， $y'' = m(m-1)x^{m-2}$ 代入(2.12)式，得

$$x^2 m(m-1)x^{m-2} + axmx^{m-1} + bx^m = 0$$

或提出 x^m ，可得

$$x^m \big[m(m-1) + am + b \big] = 0$$

因 $x \neq 0$ ，可得**輔助方程式**

$$m(m-1) + am + b = 0 \tag{2.14}$$

若此方程式之根 $m_1,\ m_2$ 可得，則可得其通解。

與 2-2 節討論相同的(2.14)式之根亦有三種情況，分別說明如下。

⚙ 情況 I：相異實根

若(2.14)式之根為相異實根，即 $m_1 \neq m_2$ ，且都為實數，則由(2.13)式可得通解

$$y = C_1 x^{m_1} + C_2 x^{m_2} \quad （C_1,\ C_2 \text{ 為任意常數}）\tag{2.15}$$

例 18

解 $x^2 y'' + 4xy' + 2y = 0$

解 以 $y = x^m$ 代入，由式(2.14)可得輔助方程式

$$m(m-1) + 4m + 2 = 0$$

$$m^2 + 3m + 2 = 0$$

$$\Rightarrow (m+1)(m+2) = 0$$

其根為 $m_1 = -1$，$m_2 = -2$，故通解由(2.15)式為

$$y = C_1 x^{-1} + C_2 x^{-2}$$

情況 II：共軛複根

若(2.14)式之根為共軛複數，即

$$m_1 = p + iq，m_2 = p - iq$$

參考(2.15)式可得其解

$$y = C_1 x^{p+iq} + C_2 x^{p-iq} = x^p (C_1 x^{iq} + C_2 x^{-iq})$$

利用 $x^k = e^{\ln x^k} = e^{k \ln x}$，及尤拉公式可得

$$x^{iq} = e^{iq \ln x} = \cos(q \ln x) + i \sin(q \ln x)$$

$$x^{-iq} = e^{iq \ln x} = \cos(q \ln x) - i \sin(q \ln x)$$

代入原式，可得

$$y = x^p \left\{ C_1 \left[\cos(q \ln x) + i \sin(q \ln x) \right] + C_2 \left[\cos(q \ln x) - i \sin(q \ln x) \right] \right\}$$
$$= x^p \left\{ (C_1 + C_2) \left[\cos(q \ln x) \right] + i(C_1 - C_2) \left[\sin(q \ln x) \right] \right\}$$

或寫成

$$y = x^p \left[C_1^* \cos(q \ln x) + C_2^* \sin(q \ln x) \right] \quad C_1^*，C_2^* \text{為任意常數} \qquad (2.16)$$

例 19

解 $x^2 y'' + 7xy' + 10y = 0$

解 因 $a = 7$，$b = 10$ 代入 (2.14) 式得輔助方程式

$$m^2 + 6m + 10 = 0$$

其根為共軛複數如

$$m_{1,2} = \frac{-6 \pm \sqrt{36 - 40}}{2} = -3 \pm i$$

由 (2.16) 式可得其解為

$$y = x^{-3} \left[C_1 \cos(\ln x) + C_2 \sin(\ln x) \right]$$

情況 III：重根

若 (2.14) 式為重根，即 $m_1 = m_2 = m$，可知一解為 $y_1 = x^m$，另一解可利用 2-2 節之降階法可得為 y_1 乘 $\ln x$，即

$$y_2 = u(x)y_1 = (\ln x)y_1$$

因此，其通解為

$$y = (C_1 + C_2 \ln x)x^m \quad (C_1,\ C_2 為任意常數) \tag{2.17}$$

例 20

解 $x^2 y'' + 3xy' + y = 0$

解 因 $a=3$，$b=1$代入(2.14)得輔助方程式為

$$m^2+2m+1=0$$

或

$$(m+1)^2=0$$

故為 $m=-1$ 之重根，由(2.17)式得其通解為

$$y=(C_1+C_2\ln x)x^{-1}$$

對於尤拉方程式之任意常數 C_1、C_2 亦可由邊界條件求得。

例 21

解邊界問題 $x^2y''-xy'-3y=0$，$y(2)=-2$，$y'(2)=1$

解 因 $a=-1$，$b=-3$，其輔助方程式為

$$m^2-2m-3=(m-3)(m+1)=0$$

因 $m_1=3$，$m_2=-1$ 可得通解

$$y=C_1x^3+C_2x^{-1}$$

微分得其導數

$$y'=3C_1x^2-C_2x^{-2}$$

代入邊界條件，得

$$y(2)=8C_1+\frac{C_2}{2}=-2$$

$$y'(2) = 12C_1 - \frac{C_2}{4} = 1$$

故 $C_1 = 0$，$C_2 = -4$，其解為

$$y = -4x^{-1}$$

例 22

解 $x^2 y'' + xy' + 9y = 0$，$y(1) = 5$，$y'(1) = 0$

解 因 $a = 1$，$b = 9$，輔助方程式為

$$m^2 + 9 = 0$$

故 $m_1 = 3i$，$m_2 = -3i$ 為共軛複根，通解為

$$y = C_1 \cos(3\ln x) + C_2 \sin(3\ln x)$$

微分，得其導數

$$y' = -\frac{3}{x}C_1 \sin(3\ln x) + \frac{3}{x}C_2 \cos(3\ln x)$$

代入邊界值，得

$$y(1) = C_1 = 5$$

$$y'(1) = 3C_2 = 0$$

得 $C_1 = 5$，$C_2 = 0$，其解為

$$y = 5\cos(3\ln x)$$

習題 2-5

1. 解 $x^2y'' + 2xy' - 20y = 0$

   Ans： $y = C_1x^{-5} + C_2x^4$

2. $x^2y'' + 4xy' + 2y = 0$

   Ans： $y = C_1x^{-1} + C_2x^{-2}$

3. $x^2y'' + 3xy' + 3y = 0$

   Ans： $y = x^{-1}\left[C_1\cos(\sqrt{2}\ln x) + C_2\sin(\sqrt{2}\ln x) \right]$

4. 解邊界值問題 $x^2y'' + 6xy' + 4y = 0$，$y(1) = 0$，$y'(1) = 3$

   Ans： $y = x^{-1} - x^{-4}$

5. 解邊界值問題 $x^2y'' + 3xy' + y = 0$，$y(1) = 2$，$y'(1) = 4$

   Ans： $y = (2 + 6\ln x)x^{-1}$

6. 解邊界值問題 $x^2y'' - 2y = 0$，$y(2) = 8$，$y'(2) = 8$

   Ans： $y = 2x^2$

7. 解 $x^2y'' - 4xy' - 14y = 0$

   Ans： $y = C_1x^{-2} + C_2x^7$

8. 解 $x^2y'' + 3xy' - 8y = 0$

   Ans： $y = C_1x^{-4} + C_2x^2$

9. 解 $x^2y'' - 4xy' - 6y = 0$

   Ans： $y = C_1x^6 + C_2x^{-1}$

10. 解 $x^2y'' + xy' - 4y = 0$

　　Ans：$y = C_1x^2 + C_2x^{-2}$

11. 解 $x^2y'' + xy' + 4y = 0$

　　Ans：$y = C_1\cos(2\ln x) + C_2\sin(2\ln x)$

12. 解 $x^2y'' + 5xy' + 3y = 0$

　　Ans：$y = C_1x^{-1} + C_2x^{-3}$

13. 解 $x^2y'' - 2xy' + 2y = 0$

　　Ans：$y = C_1x + C_2x^2$

14. 解 $x^2y'' - xy' + 10y = 0$

　　Ans：$y = x(C_1\cos 3\ln x + C_2\sin 3\ln x)$

2-6 ◀ 二階線性非齊次方程式

若一二階微分方程可寫成

$$y'' + p(x)y' + q(x)y = r(x) \tag{2.18}$$

其中 $r(x) \neq 0$，則稱之為非齊次微分方程，則其解的型式應分為兩部分

$$y = y_h + y_p \tag{2.19}$$

式中 y_h 為**齊次解**(homogenous solution)，其代入(2.18)式為零，而 y_p 則稱之為**特解**(particular solution)。亦即，y_p 為因應 $r(x)$ 而產生之解。對於二階常係數微分方程式而言 y_h 可由 2-3 節齊次方程式求得，而 y_p 係因應 $r(x)$ 而產生，須由**未定係數法**求解。說明如下：

例 23

解非齊次方程式 $y'' - 4y' + 3y = 15e^{-2x}$

解 由其齊次方程式 $y'' - 4y' + 3y = 0$，得特性方程式及其解為

$$\lambda^2 - 4\lambda + 3 = 0 \ , \ \lambda = 1,3$$

可得齊次解

$$y_h = C_1 e^x + C_2 e^{3x}$$

對於 y_p 可觀察 $r(x) = 15e^{-2x}$ 之型式，令

$$y_p = Ae^{-2x}$$

其一階及二階導數分別為

$$y_p' = -2Ae^{-2x} \ , \ y_p'' = 4Ae^{-2x}$$

代入原式可得

$$4Ae^{-2x} - 4(-2Ae^{-2x}) + 3Ae^{-2x} = 15e^{-2x}$$

整理可得 $4A + 8A + 3A = 15$，或 $A = 1$，故其特解為 $y_p = e^{-2x}$ 而整個方程式之解由(2.19)式為

$$y = y_h + y_p = C_1e^x + C_2e^{3x} + e^{-2x}$$

例 24

解 $y'' - 4y' + 3y = 3x^2 + 4x$

解 由例 23 可知，$y_h = C_1e^x + C_2e^{3x}$，觀察其 $r(x) = 3x^2 + 4x$ 之型態可令

$$y_p = Ax^2 + Bx + C$$

其一階導數，二階導數分別為

$$y_p' = 2Ax + B \text{，} y_p'' = 2A$$

代入原式得

$$2A - 4(2Ax + B) + 3(Ax^2 + Bx + C) = 3x^2 + 4x$$

比較係數得 $A = 1$，$B = 4$，$C = \dfrac{14}{3}$ 故其完整解為

$$y = y_h + y_p = C_1e^x + C_2e^{3x} + x^2 + 4x + \frac{14}{3}$$

例 25

解 $y'' - 4y' + 3y = 2\cos x$

解 其 y_h 同例 23，觀察其 $r(x) = 2\cos x$ 可令 $y_p = A\cos x + B\sin x$，由

$$y'_p = -A\sin x + B\cos x$$

及

$$y''_p = -A\cos x - B\sin x$$

代入可得

$$(-A\cos x - B\sin x) - 4(-A\sin x + B\cos x) + 3(A\cos x + B\sin x)$$
$$= 2\cos x$$

整理可得

$$(-A - 4B + 3A)\cos x + (-B + 4A + 3B)\sin x = 2\cos x$$

可得聯立方程式

$$2A - 4B = 2$$

$$4A + 2B = 0$$

解聯立方程式得 $A = \dfrac{1}{5}$，$B = \dfrac{-2}{5}$，其解為

$$y = y_h + y_p = C_1 e^x + C_2 e^{3x} + \frac{1}{5}\cos x - \frac{2}{5}\sin x$$

注意在例 23, 24, 25 中其齊次解 y_h 皆相同，但 y_p 隨 $r(x)$ 之不同而有所改變，此種依 $r(x)$ 形態而改變 y_p 令法的方法稱之為未定係數法，常見的 $r(x)$ 及 y_p 之令法可整理成表 2-2。

📓 表 2-2　未定係數法

$$y'' + ay' + by = r(x)$$

$r(x)$ 之型式		y_p 之令法
指數型	ke^{px}	Ae^{px}
弦波型	$\begin{cases} k\cos qx \\ k\sin qx \end{cases}$	$A\cos qx + B\sin qx$
x 之多項式	$kx^n\,(n=0,1,\cdots)$	$A_n x^n + A_{n-1}x^{n-1} + \cdots + A_1 x + A_0$

💡 **注意** 在表 2-2 中必須針對以下狀況加以修正。

1. 若 $r(x)$ 包含 y_h 中，則 y_p 須依上表以類似重根方式修正，即以 x 乘上表之 y_p。

2. 若 $r(x)$ 同時包含上表兩種以上組合(含指數及弦波等)則其即把其相對應的 y_p 相加即可。

例 26

解 $y'' + 2y' + y = 2e^{3x}$

解 因特性方程 $(\lambda^2 + 2\lambda + 1) = 0$ 為 $\lambda = -1$ 的重根，得通解

$$y_h = C_1 e^{-x} + C_2 x e^{-x}$$

由於 $r(x) = 2e^{3x}$，令 $y_p = Ae^{3x}$，得 $y_p' = 3Ae^{3x}$，$y_p'' = 9Ae^{3x}$，代入原式得

$$9Ae^{3x} + 6Ae^{3x} + Ae^{3x} = 2e^{3x}$$

故 $A = \dfrac{1}{8}$，$y_p = \dfrac{1}{8}e^{3x}$，其解為

$$y = y_h + y_p = C_1 e^{-x} + C_2 x e^{-x} + \frac{1}{8}e^{3x}$$

例 27

解 $y'' + 3y' + 2y = 2e^{-x}$

解 原式之齊次解為

$$y_h = C_1 e^{-x} + C_2 e^{-2x}$$

由於 $r(x) = 2e^{-x}$，故令 $y_p = Ae^{-x}$，$y'_p = -Ae^{-x}$，$y'' = Ae^{-x}$ 代入原式

得

$$Ae^{-x} - 3Ae^{-x} + 2Ae^{-x} = 2e^{-x}$$

上式似乎為無解，為何會產生此種情況呢？觀察可得 $r(x)$ 似乎屬於 y_h 之內，因此造成重根現象，故修正 y_p 之令法為

$$y_p = Axe^{-x}$$

及其導數為

$$y' = Ae^{-x} - Axe^{-x}$$

$$y'' = -Ae^{-x} - Ae^{-x} + Axe^{-x} = -2Ae^{-x} + Axe^{-x}$$

代入原式可得

$$-2Ae^{-x} + Axe^{-x} + 3(Ae^{-x} - Axe^{-x}) + 2Axe^{-x} = 2e^{-x}$$

解之得 $A = 2$，即 $y_p = 2xe^{-x}$。而其完整解為

$$y = y_h + y_p = C_1 e^{-x} + C_2 e^{-2x} + 2xe^{-x}$$

例 28

解 $y'' + 2y' + y = 2e^{-x}$

解 由於 $r(x) = 2e^{-x}$，令 $y_p = Ae^{-x}$，$y_p' = -Ae^{-x}$，$y_p'' = Ae^{-x}$ 代入原式得

$$Ae^{-x} - 2Ae^{-x} + Ae^{-x} = 2e^{-x}$$

為無解。為何會產生此種情況呢？回想原式之通解為

$$y_h = C_1 e^{-x} + C_2 x e^{-x}$$

其中亦包含了 e^{-x} 之成分，故而 $r(x) = 2e^{-x}$ 似乎亦是 y_h 之重根形態，由 2-2 節降階公式，可令 y_p 為 xe^{-x} 再乘 x，即

$$y_p = Ax^2 e^{-x}$$

及其導數

$$y_p' = 2Axe^{-x} - Ax^2 e^{-x}$$

$$y_p'' = 2Ae^{-x} - 4Axe^{-x} + Ax^2 e^{x}$$

代入原式得

$$2Ae^{-x} - 4Axe^{-x} + Ax^2 e^{-x} + 2(2Axe^{-x} - Ax^2 e^{-x}) + Ax^2 e^{-x}$$
$$= 2e^{-x}$$

故 $A = 1$，$y_p = x^2 e^{-x}$，因此其解為

$$y_p = C_1 e^{-x} + C_2 x e^{-x} + x^2 e^{-x}$$

為一三重根之型態。

例 29

解 $y'' + y = 2\cos x$

解 其特性方程式 $\lambda^2 + 1 = 0$，可得 $\lambda = \pm i$，故其通解

$$y_h = C_1 \cos x + C_2 \sin x$$

觀察其 $r(x) = 2\cos x$，亦包含在 y_h 之中，故令

$$y_p = x(A\cos x + B\sin x)$$

其導數

$$y'_p = (A\cos x + B\sin x) + x(-A\sin x + B\cos x)$$

$$y''_p = (-A\sin x + B\cos x) + (-A\sin x + B\cos x) + x(-A\cos x - B\sin x)$$
$$= -2A\sin x + 2B\cos x - x(A\cos x + B\sin x)$$

代入原式，得

$$-2A\sin x + 2B\cos x - x(A\cos x + B\sin x) + x(A\cos x + B\sin x) = 2\cos x$$

或

$$-2A\sin x + 2B\cos x = 2\cos x$$

比較係數，得 $A = 0$，$B = 1$，$y_p = x\sin x$，其解為

$$y = C_1 \cos x + C_2 \sin x + x\sin x$$

例 30

解 $y'' - 3y' + 2y = 4x + e^{3x}$

解 由特性方程式，可得其齊次解

$$y_h = C_1 e^x + C_2 e^{2x}$$

觀察 $r(x) = 4x + e^{3x}$ 型態，令

$$y_p = Ax + B + Ce^{3x}$$

$$y_p' = A + 3Ce^{3x}$$

$$y_p'' = 9Ce^{3x}$$

代入原式得

$$9Ce^{3x} - 3(A + 3Ce^{3x}) + 2(Ax + B + Ce^{3x}) = 4x + e^{3x}$$

比較係數得 $A = 2$，$B = 3$，$C = \dfrac{1}{2}$。故其解為

$$y = y_h + y_p = C_1 e^x + C_2 e^{2x} + 2x + 3 + \frac{1}{2} e^{3x}$$

例 31

解 $y'' - 3y' + 2y = 3e^x$

解 由上例得

$$y_h = C_1 e^x + C_2 e^{2x}$$

因 $r(x) = 3e^x$ 乃包含在 y_h 中，故 y_p 修正為

$$y_p = Axe^x$$

$$y_p' = Ae^x + Axe^x$$

$$y_p'' = 2Ae^x + Axe^x$$

代入原式得

$$2Ae^x + Axe^x - 3(Ae^x + Axe^x) + 2Axe^x = 3e^x$$

比較係數，得 $-A = 3$ 或 $A = -3$。故其解為

$$y = y_h + y_p = C_1 e^x + C_2 e^{2x} - 3xe^x$$

例 32

解初值問題 $y'' - 3y' + 2y = 2x + 3$，$y(0) = 4$，$y'(0) = 5$

解 令 $y_p = Ax + B$，$y'_p = A$，$y''_p = 0$ 代入原式得

$$-3(A) + 2(Ax + B) = 2x + 3$$

比較係數得 $A = 1$，$B = 3$。故其解為

$$y = y_h + y_p = C_1 e^x + C_2 e^{2x} + x + 3$$

$$y' = C_1 e^x + 2C_2 e^{2x} + 1$$

代入初值得

$$y(0) = C_1 + C_2 + 3 = 4$$

$$y'(0) = C_1 + 2C_2 + 1 = 5$$

$$\therefore C_1 = -2 \quad 及 \quad C_2 = 3$$

故其解為

$$y = -2e^x + 3e^{2x} + x + 3$$

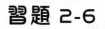

習題 2-6

1. 解 $y'' + 3y' + 2y = 10$

   Ans： $y = C_1 e^{-x} + C_2 e^{-2x} + 5$

2. 解 $y'' + 3y' + 2y = 12e^x$

   Ans： $y = C_1 e^{-x} + C_2 e^{-2x} + 2e^x$

3. 解 $y'' + 3y' + 2y = 4x + 4$

   Ans： $y = C_1 e^{-x} + C_2 e^{-2x} + 2x - 1$

4. 解 $y'' + 4y = 2x$

   Ans： $y = C_1 \cos 2x + C_2 \sin 2x + \dfrac{1}{2}x$

5. 解 $y'' - 7y' + 12y = e^x$

   Ans： $y = C_1 e^{3x} + C_2 e^{4x} + \dfrac{1}{6}e^x$

6. 解 $y'' + y' - 12y = 24x + 10$

   Ans： $y = C_1 e^{3x} + C_2 e^{-4x} - 2x - 1$

7. 求 $y'' + 2y' + 3y = \sin x$ 的特解 y_p

   Ans： $y_p = \dfrac{1}{4}(\sin x + \cos x)$

8. 解 $y'' - 2y' + y = e^x$

   Ans： $y = C_1 e^x + C_2 x e^x + \dfrac{1}{2}x^2 e^x$

9. 解 $y'' - y' - 6y = 8x^3 - 5$

   Ans： $y = C_1 e^{3x} + C_2 e^{-2x} - \dfrac{4}{3}x^3 + \dfrac{2}{3}x^2 - \dfrac{14}{9}x + \dfrac{71}{54}$

10. 解 $y'' + 4y = -7\cos(3x) + \sin(2x)$

   Ans：$y = C_1\cos(2x) + C_2\sin(2x) + \dfrac{7}{5}\cos(3x) - \dfrac{1}{4}x\cos(2x)$

11. 解 $y'' - 6y' + 8y = 2e^x$

   Ans：$y = C_1e^{2x} + C_2e^{4x} + \dfrac{2}{3}e^x$

12. 解 $y'' + 10y' + 24y = 24$，$y(0) = 6$，$y'(0) = -26$

   Ans：$y = 2e^{-4x} + 3e^{-6x} + 1$

13. 解 $y'' - 4y' + 3y = 4e^{3x}$

   Ans：$y = C_1e^x + C_2e^{3x} + 2xe^{3x}$

14. 解 $y'' - 2y' + 7y = e^x$，$y(0) = y'(0) = -2$

   Ans：$y = -\dfrac{13}{6}e^x\cos(\sqrt{6}x) + \dfrac{1}{6}e^x$

15. 解 $y'' - y' - 20y = x^2 - 1$

   Ans：$y = C_1e^{5x} + C_2e^{-4x} - \dfrac{1}{20}x^2 + \dfrac{1}{200}x + \dfrac{179}{4000}$

16. 解 $y'' - 2y' + y = 2\sin(3x)$

   Ans：$y = e^x(C_1 + C_2x) + \dfrac{3}{25}\cos(3x) - \dfrac{4}{25}\sin(3x)$

17. 若 $y(0) = 2$，$y'(0) = 1$，求 16 題之特解

   Ans：$y = e^x\left(\dfrac{47}{25} - \dfrac{2}{5}x\right) + \dfrac{3}{25}\cos(3x) - \dfrac{4}{25}\sin(3x)$

18. 解 $y'' + y' - 12y = -72x^2 - 11$

   Ans：$y = C_1e^{3x} + C_2e^{-4x} + 6x^2 + x + 2$

19. 若 $y(0) = 11$，$y'(0) = 0$，求 18 題之特解

   Ans：$y = 5e^{3x} + 4e^{-4x} + 6x^2 + x + 2$

03 微分方程式的級數解

本章將發展以冪級數來解線性微分方程式的技巧。因冪級數在對計算微分方程式的數值解及解的特性化都具有實際上的重要性,首先先回顧簡單的冪級數理論。

3-1 ◀ 冪級數的回顧

A 定義 3.1

冪級數:

一冪級數為具有以下形式的級數

$$\sum_{n=0}^{\infty} C_n(x-a)^n = C_0 + C_1(x-a) + C_2(x-a)^2 + \cdots \tag{3.1}$$

式中, $C_0, C_1, C_2, \cdots C_n$ 為冪級數的係數。a 為常數稱為中心,而 x 為變數,在實用上我們常令 $z = x - a$,則上述冪級數可得較簡單的形式

$$\sum_{n=0}^{\infty} C_n z^n = C_0 + C_1 z + C_2 z^2 + C_3 z^3 \cdots \tag{3.2}$$

定義 3.2

收斂半徑：

對 $\sum_{n=0}^{\infty} C_n(x-a)^n$ 而言，在基本微積分中可看到若 x 在區間 R 內使得 $|x-a| < R$ 時使級數收驗，而在 $|x-a| > R$ 使得級數發散，則稱 R 為收斂半徑，並可以例用檢比法(ratio test)或檢根法(ratio test)得到下列兩式而可求其收斂半徑。

$$R = \frac{1}{\lim_{n \to \infty} \sqrt[n]{|C_n|}} \quad 或 \quad R = \lim_{n \to \infty} \left| \frac{C_n}{C_{n+1}} \right| \tag{3.3}$$

性質 3.1

冪級數運算：

(1) 逐項相加（減）

兩收斂冪級數可以逐項相加（減）如

$$\sum_{n=0}^{\infty} b_n(x-a)^n + \sum_{n=0}^{\infty} C_n(x-a)^n = \sum_{n=0}^{\infty} (b_n + C_n)(x-a)^n$$

其和的收斂半徑為已知級數中之任一收斂區間。

(2) 逐項乘法

兩收斂冪級數的乘法可逐項相乘，即第一個級數的每一項乘第二個級數的每一項，並且將 $(x-a)$ 的相同乘冪次方歸納之，可得

$$\sum_{n=0}^{\infty} b_n(x-a)^n \cdot \sum_{n=0}^{\infty} C_n(x-a)^n$$
$$= b_0 C_0 + (b_0 C_1 + b_1 C_0)(x-a) + \cdots$$
$$= \sum_{n=0}^{\infty} (b_0 C_n + b_1 C_{n-1} + \cdots + b_0 C_0)(x-a)^n$$

(3) 逐項微分

　　冪級數可逐項求導數，即若

$$y(x) = \sum_{n=0}^{\infty} C_n (x-a)^n$$

　　則其導數為

$$y'(x) = \sum_{n=1}^{\infty} n C_n (x-a)^{n-1}$$

　　式中 $y'(x)$ 並具有與 $y(x)$ 相同的收斂半徑。

(4) 逐項積分

　　冪級數亦可逐項積分，即若

$$y(x) = \sum_{n=0}^{\infty} C_n (x-a)^n$$

　　則

$$\int y(x)\,dx = \sum_{n=0}^{\infty} \frac{C_n}{n+1} (x-a)^{n+1} + C$$

　　上述性質讀者可參閱本書第 11 章。

定義 3.3

冪級數展開式：

　　若一已知冪級數 $\sum_{n=0}^{\infty} C_n x^n$，且其對所有 x 皆收斂時，則可利用級數定

義函數如下，即

$$g(x) = \sum_{n=0}^{\infty} C_n x^n$$

反之，亦可將已知函數 $f(x)$ 寫成冪級數形式，如

$$f(x) = \sum_{n=0}^{\infty} C_n x^n = C_0 + C_1 x + C_2 x^2 + \cdots \tag{3.4}$$

式中 $f(x)$ 乃對以 0 為中心來展開，稱為**泰勒級數**，而各係數 C_n 稱之為泰勒係數可由下式得到

$$C_n = \frac{f^n(0)}{n!} \tag{3.5}$$

式中 $f^{(n)}$ 代表 $f(x)$ 之 n 次導數，在工程上一些常用的泰勒級數及其收斂範圍如下：

(a) $e^x = \sum_{n=0}^{\infty} \dfrac{x^n}{n!}$ ，對所有 x

(b) $\dfrac{1}{1-x} = \sum_{n=0}^{\infty} x^n$ ，$|x| < 1$

(c) $\sin x = \sum_{n=0}^{\infty} \dfrac{(-1)^n x^{2n+1}}{(2n+1)!}$ ，對所有 x

(d) $\cos x = \sum_{n=0}^{\infty} \dfrac{(-1)^n x^{2n}}{(2n)!}$ ，對所有 x

習題 3-1

求 1 至 10 題之收斂半徑 R

1. $\displaystyle\sum_{n=1}^{\infty}\frac{3n}{n!}x^n$

   Ans：∞

6. $\displaystyle\sum_{n=0}^{\infty}\frac{3^n}{n!}x^n$

   Ans：∞

2. $\displaystyle\sum_{n=0}^{\infty}n^3x^n$

   Ans：1

7. $\displaystyle\sum_{n=2}^{\infty}\left(\frac{n+1}{n}\right)^n x^n$

   Ans：1

3. $\displaystyle\sum_{n=0}^{\infty}\left(-\frac{3}{4}\right)^n x^n$

   Ans：$\dfrac{4}{3}$

8. $\displaystyle\sum_{n=1}^{\infty}\frac{\ln(n)}{n}x^n$

   Ans：1

4. $\displaystyle\sum_{n=0}^{\infty}\left(\frac{n}{n+1}\right)x^n$

   Ans：1

9. $\displaystyle\sum_{n=0}^{\infty}\frac{x^n}{n}$

   Ans：1

5. $\displaystyle\sum_{n=0}^{\infty}\left(\frac{1}{2}\right)^n x^n$

   Ans：2

10. $\displaystyle\sum_{n=1}^{\infty}(n+1)^n x^n$

   Ans：0

求 11 至 17 題對 0 的泰勒級數展開，並寫出前五項

11. x^2e^x

   Ans：$x^2+x^3+\dfrac{x^4}{2!}+\dfrac{x^5}{3!}+\dfrac{x^6}{4!}+\cdots$

12. $(x+1)^2$

   Ans：$1+2x+x^2$

13. $x\sin x$

　　Ans：$\displaystyle\sum_{n=0}^{\infty}\frac{(-1)^n x^{2n+2}}{(2n+1)!}=x^2-\frac{x^4}{3!}+\frac{x^6}{5!}-+\cdots$

14. $\ln(x+3)$

　　Ans：$\ln 3+\dfrac{1}{3}x-\dfrac{1}{9}x^2+\dfrac{2}{27}x^3-\dfrac{2}{27}x^4+\cdots$

15. $\cos x\sin x$

　　Ans：$\dfrac{1}{2}\displaystyle\sum_{n=0}^{\infty}\frac{(-1)^n(2x)^{2n+1}}{(2n+1)!}$

16. $\sin(x+2)$

　　Ans：$\sin(2)\left[\displaystyle\sum_{n=0}^{\infty}\frac{(-1)^n x^{2n}}{(2n)!}\right]+\cos(2)\left[\displaystyle\sum_{n=0}^{\infty}\frac{(-1)^n x^{2n+1}}{(2n+1)!}\right]$

17. $\cos^2 x$

　　Ans：$\dfrac{1}{2}+\dfrac{1}{2}\displaystyle\sum_{n=0}^{\infty}\left[\frac{(-1)^n(2x)^{2n}}{(2n)!}\right]=1-4x^2+\frac{16}{3}x^4-\cdots$

求 18 至 20 題對所給點的級數展開式

18. $(x+2)^2$；$-\dfrac{1}{2}$

　　Ans：$\dfrac{9}{4}+3\left(x+\dfrac{1}{2}\right)+\left(x+\dfrac{1}{2}\right)^2$

19. e^x；2

　　Ans：$e^2\left[1+(x-2)+\dfrac{(x-2)^2}{2!}+\dfrac{(x-2)^3}{3!}+\cdots\right]$

20. $\ln(1+x)$；1

　　Ans：$\ln 2+\dfrac{1}{2}(x-1)+\dfrac{1}{8}(x-1)^2+\dfrac{1}{24}(x-1)^3-\dfrac{1}{64}(x-1)^4\cdots$

3-2 ◀ 微分方程的冪級數解法

用冪級數解微分方程，簡單的講，就是把冪級數 $y(x) = \sum_{n=0}^{\infty} C_n x^n$ 代入微分方程中，再分別解出所有未知係數 C_n 的方法，說明如下：

例 1

試利用級數解微分方程式
$$y' - ky = 0$$

解 令 $y(x) = \sum_{n=0}^{\infty} C_n x^n$，則 $y'(x) = \sum_{n=1}^{\infty} nC_n x^{n-1}$ 代入原式，得

$$\sum_{n=1}^{\infty} nC_n x^{n-1} - k\sum_{n=0}^{\infty} C_n x^n = 0$$

利用指標移位

$$\sum_{n=1}^{\infty} nC_n x^{n-1} = \sum_{n=0}^{\infty} (n+1)C_{n+1} x^n$$

原式可得

$$\sum_{n=0}^{\infty} (n+1)C_{n+1} x^n - k\sum_{n=0}^{\infty} C_n x^n = 0$$

或整理成

$$\sum_{n=0}^{\infty} \left[(n+1)C_{n+1} - kC_n\right] x^n = 0$$

因上式對所有 x 皆成立，故可得

$$(n+1)C_{n+1} - kC_n = 0$$

或整理可得遞回關係(recurrence relation)

$$C_{n+1} = \frac{kC_n}{n+1} \text{，其中 } n = 0,1,2,\cdots$$

分別代入 n 值可得

$n = 0$， $C_1 = kC_0$

$n = 1$， $C_2 = k\dfrac{C_1}{2} = \dfrac{k^2}{2}C_0 = \dfrac{k^2}{2!}C_0$

$n = 2$， $C_3 = k\dfrac{C_2}{3} = \dfrac{k}{3}\cdot\dfrac{k^2}{2}C_0 = \dfrac{k^3}{6}C_0 = \dfrac{k^3}{3!}C_0$

歸納可得

$$C_n = \frac{k^n}{n!}C_0$$

即其解為

$$y = \sum_{n=0}^{\infty}\left(C_0\frac{k^n}{n!}\right)x^n = \sum_{n=0}^{\infty}\frac{C_0}{n!}(kx)^n$$

$$= C_0 e^{kx}$$

當然讀者可利用分離變數法自證之，而上式中之常數 C_0 亦可利用式 (3.1)及初值條件 $y(0)$，得到 $C_0 = y(0)$。

例 2

試利用級數解微分方程式

$$y' - 2xy = 0$$

解 代入

$$y = \sum_{n=0}^{\infty} C_n x^n$$

$$y' = \sum_{n=0}^{\infty} n C_n x^{n-1} = \sum_{n=1}^{\infty} n C_n x^{n-1}$$

原式可寫成 $y' = 2xy$，即利用級數展開可得

$$\sum_{n=1}^{\infty} n C_n x^{n-1} = 2x \sum_{n=0}^{\infty} C_n x^n$$

分別對兩側展開可得

$$C_1 + 2C_2 x + 3C_3 x^2 + 4C_4 x^3 + 5C_5 x^4 + 6C_6 x^5 + \cdots$$

$$= 2C_0 x + 2C_1 x^2 + 2C_2 x^3 + 2C_3 x^4 + 2C_4 x^5 + \cdots$$

因上式並無常數部分，故 $C_1 = 0$，再比較係數可得當 n 為奇次項（ x 之偶次方）時 $C_n = 0$，即

$$C_1 = C_3 = C_5 = C_7 = \cdots = 0$$

而當 n 為偶次項時，可得

$$C_2 = C_0$$

$$C_4 = \frac{C_2}{2} = \frac{C_0}{2!}$$

$$C_6 = \frac{C_4}{3} = \frac{1}{3} \times \frac{C_0}{2!} = \frac{C_0}{3!}$$

故其解為

$$y = \sum_{n=0}^{\infty} C_n x^n = C_0 + C_0 x^2 + \frac{C_0}{2!} x^4 + \frac{C_0}{3!} x^6 + \cdots$$

$$= C_0 \left(1 + x^2 + \frac{x^4}{2!} + \frac{x^6}{3!} + \cdots \right)$$

$$= C_0 \left(1 + x^2 + \frac{(x^2)^2}{2!} + \frac{(x^2)^3}{3!} + \cdots \right)$$

$$= C_0 e^{x^2}$$

上述之結果亦可利用分離變數法求證，在作了兩個例題之後，讀者應發現其實級數解就是類似比較係數法——求解未知係數之方法，而其中 C_0 可利用初值解即為 $y(0)$。

例 3

試解 $y'' + y = 0$

解 將 $y = \sum_{n=0}^{\infty} C_n x^n$ ， $y' = \sum_{n=1}^{\infty} n C_n x^{n-1}$ ， $y'' = \sum_{n=2}^{\infty} n(n-1) C_n x^{n-2}$ 代入原式

可得

$$\sum_{n=2}^{\infty} n(n-1) C_n x^{n-2} + \sum_{n=0}^{\infty} C_n x^n = 0$$

或利用移項得

$$\sum_{n=0}^{\infty} (n+2)(n+1) C_{n+2} x^n + \sum_{n=0}^{\infty} C_n x^n = 0$$

整理可得係數項

$$(n+2)(n+1) C_{n+2} + C_n = 0$$

或可得遞回公式

$$C_{n+2} = \frac{-C_n}{(n+2)(n+1)} \text{ ，其中 } n = 0,1,2,\cdots$$

對偶數 n 而言

$$C_2 = \frac{-C_0}{2 \cdot 1} = -\frac{C_0}{2!}$$

$$C_4 = \frac{-C_2}{4 \cdot 3} = -\frac{C_0}{4 \cdot 3 \cdot 2 \cdot 1} = \frac{C_0}{4!}$$

$$C_6 = \frac{-C_4}{6 \cdot 5} = -\frac{C_0}{6 \cdot 5 \cdot 4 \cdot 3 \cdot 2 \cdot 1} = \frac{-C_0}{6!}$$

所以可得

$$C_{2n} = \frac{(-1)^n C_0}{(2n)!}$$

同理對奇數 n 而言，可得

$$C_{2n+1} = \frac{(-1)^n C_1}{(2n+1)!}$$

故其解可分成奇次項及偶次項兩大部分，如下所示

$$y = \sum_{n=0}^{\infty} C_n x^n$$

$$= \sum_{n=0}^{\infty} C_{2n} x^{2n} + \sum_{n=0}^{\infty} C_{2n+1} x^{2n+1}$$

$$= C_0 \sum_{n=0}^{\infty} \frac{(-1)^n x^{2n}}{(2n)!} + C_1 \sum_{n=0}^{\infty} \frac{(-1)^n x^{2n+1}}{(2n+1)!}$$

$$= C_0 \cos x + C_1 \sin x$$

讀者可與第 2 章例 4 比較，而冪級數法對非齊次線性微分方程亦有效，舉例如下

例 4

解 $y'' - y = 2x$

解 原式變成

$$\sum_{n=2}^{\infty} n(n-1)C_n x^{n-2} - \sum_{n=0}^{\infty} C_n x^n = 2x$$

$$\sum_{n=2}^{\infty} (n+2)(n+1)C_{n+2} x^n - \sum_{n=0}^{\infty} C_n x^n - 2x = 0$$

在 x 零次方項時，可得 $2C_2 - C_0 = 0$，或

$$C_2 = \frac{C_0}{2}$$

在 x 壹次方項時，可得 $6C_3 - C_1 - 2 = 0$，或

$$C_3 = \frac{C_1 + 2}{6} = \frac{C_1 + 2}{3 \cdot 2 \cdot 1} = \frac{C_1 + 2}{3!}$$

在 $n \geq 2$ 時可得遞回公式

$$C_{n+2} = \frac{C_n}{(n+2)(n+1)} \ , \ n \geq 2$$

對於 C_n 之係數依其內含 C_0 或 C_1 成分可列一表以方便說明

n	$C_{n+2} = \dfrac{C_n}{(n+2)(n+1)}$	含 C_0 部分 C_{n+2}	含 C_1 部分 C_{n+2}
2	$C_4 = \dfrac{C_2}{4 \times 3}$	$C_4 = \dfrac{1}{4!}C_0$	
3	$C_5 = \dfrac{1}{5 \times 4}C_3$		$C_5 = \dfrac{C_1 + 2}{5!}$
4	$C_6 = \dfrac{1}{6 \times 5}C_4$	$C_6 = \dfrac{1}{6!}C_0$	
5	$C_7 = \dfrac{1}{7 \times 6}C_5$		$C_7 = \dfrac{C_1 + 2}{7!}$
⋮	⋮	⋮	⋮

將級數表成 C_0 及 C_1 兩部分可得其解為

$$y = C_0 \left(1 + \frac{x^2}{2!} + \frac{x^4}{4!} + \frac{x^6}{6!} + \cdots \right)$$

$$+ (C_1 + 2) \left(x + \frac{x^3}{3!} + \frac{x^5}{5!} + \frac{x^7}{7!} + \cdots \right) - 2x$$

再經適當整理可得

$$y = \frac{C_0}{2} \left(1 + x + \frac{x^2}{2!} + \frac{x^3}{3!} + \frac{x^4}{4!} + \cdots \right)$$

$$+ \frac{C_0}{2} \left(1 - x + \frac{x^2}{2!} - \frac{x^3}{3!} + \frac{x^4}{4!} - \cdots \right)$$

$$+ \frac{C_1 + 2}{2} \left(1 + x + \frac{x^2}{2!} + \frac{x^3}{3!} + \frac{x^4}{4!} + \cdots \right) - 2x$$

$$- \frac{C_1 + 2}{2} \left(1 - x + \frac{x^2}{2!} - \frac{x^3}{3!} + \frac{x^4}{4!} - \cdots \right)$$

$$= \frac{C_0 + C_1 + 2}{2} \left(1 + x + \frac{x^2}{2!} + \frac{x^3}{3!} + \frac{x^4}{4!} + \cdots \right)$$

$$+ \frac{C_0 - C_1 - 2}{2} \left(1 - x + \frac{x^2}{2!} - \frac{x^3}{3!} + \frac{x^4}{4!} - \cdots \right) - 2x$$

$$= A_0 e^x + A_1 e^{-x} - 2x$$

式中 $A_0 = \dfrac{C_0 + C_1 + 2}{2}$ ， $A_1 = \dfrac{C_0 + C_1 + 2}{2}$ 為任意兩常數

當然對某些微分方程式並不一定能寫出通解之一般式，對於此種方程式若已知初值則吾人可僅寫出其冪級數解之前幾項，而可獲得一極好之數值解。

例 5

解 $y'' + 2y' = 4x^2 y$ ， $y(0) = 2$ ， $y'(0) = 1$ 寫出其前五項。

解 由級數定義(3.4)式可得 $C_0 = y(0) = 2$ ， $C_1 = y'(0) = 1$

令

$$y = \sum_{n=0}^{\infty} C_n x^n$$

$$y' = \sum_{n=0}^{\infty} n C_n x^{n-1} = \sum_{n=1}^{\infty} n C_n x^{n-1}$$

$$y'' = \sum_{n=0}^{\infty} n(n-1) C_n x^{n-2} = \sum_{n=2}^{\infty} n(n-1) C_n x^{n-2}$$

代入原式並利用移項原式變成

$$\sum_{n=2}^{\infty} n(n-1) C_n x^{n-2} + \sum_{n=1}^{\infty} 2n C_n x^{n-1} - \sum_{n=0}^{\infty} 4 C_n x^{n+2} = 0$$

利用指標移位可得

$$\sum_{n=0}^{\infty} (n+2)(n+1) C_{n+2} x^n + \sum_{n=0}^{\infty} 2(n+1) C_{n+1} x^n - \sum_{n=2}^{\infty} 4 C_{n-2} x^n = 0$$

比較係數可得

在 $n = 0$ 時，

$$2C_2 + 2C_1 = 0 ， \therefore C_2 = -C_1 = -1$$

$n = 1$ 時，

$$6C_3 + 4C_2 = 0 ， \therefore C_3 = -\frac{2}{3} C_2 = \frac{2}{3} C_1 = \frac{2}{3}$$

$n = 2$ 時，

$$12C_4 + 6C_3 - 4C_0 = 0$$

$$\therefore C_4 = -\frac{1}{2}C_3 + \frac{1}{3}C_0 = \frac{-1}{3}C_1 + \frac{1}{3}C_0 = \frac{1}{3}$$

故列其前四項可得

$$y = 2 + x - x^2 + \frac{2}{3}x^3 + \frac{1}{3}x^4 + \cdots$$

可得一極佳數值解。

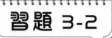

利用冪級數法解下列微分方程式，若無法歸納，請寫出其解的前五項。

1. $y' - y = 0$

   Ans：$y = C_0 e^x$

2. $y' + ky = 0$

   Ans：$y = C_0 e^{-kx}$

3. $y'' + k^2 y = 0$

   Ans：$y = C_0 \sin kx + C_1 \cos kx$

4. $y' = xy$

   Ans：$y = C_0 e^{\frac{x^2}{2}}$

5. $y'' - y' = 0$

   Ans：$y = C_0 e^x + C_1$

6. $(1-x)y' - y = 0$

   Ans：$y = \dfrac{C_0}{1-x}$，$|x| < 1$

7. $y'' + 2xy' = y$

   Ans：$y = C_0 + C_1 x + \dfrac{1}{2}C_0 x^2 - \dfrac{1}{6}C_1 x^3 - \dfrac{1}{8}C_0 x^4 + \cdots$

8. $y'' + 12y' + x^3 y = 0$

   Ans：$y = C_0 + C_1 x - 6C_1 x^2 + 24C_1 x^3 - 72C_1 x^4 + \cdots$

9. $y'' = 3x^3 y' - 4xy$

Ans：$y = C_0 + C_1 x - \dfrac{2}{3} C_0 x^3 - \dfrac{1}{3} C_1 x^4 + \dfrac{3}{20} C_1 x^5 + \cdots$

10. $y'' - y = 0$

Ans：$y = A_0 e^x + A_1 e^{-x}$，$A_0 = \dfrac{C_0 + C_1}{2}$，$A_1 = \dfrac{C_0 + C_1}{2}$

04 拉普拉斯轉換

4-1 ◀ 簡 介

在前幾章中，我們直接在時間軸上以微積分的技巧來解微分方程式，本章中將介紹以拉普拉斯轉換法來解微分方程式。「拉普拉斯轉換」(Laplace transform)，或稱「拉氏轉換」係一種時間軸 t 到 s 軸之轉換，主要可分為三個步驟：

1. 將已知「困難的」問題（t 軸），例如微分、積分、利用拉氏轉換轉換成「簡單的」乘法、除法，而得到輔助方程式（s 軸）。

2. 利用純代數運算此輔助方程式。

3. 再將輔助方程式（s 軸）的解轉換回已知問題的解（t 軸）。

4-2 ◀ 拉普拉斯轉換

定義 4.1

拉普拉斯轉換：

若 $f(t)$ 為一對所有 $t \geq 0$ 皆有定義的函數，則其拉氏轉換定義為

$$F(s) = \mathscr{L}\{f(t)\} = \int_0^\infty f(t)e^{-st}dt \tag{4.1}$$

式中，「$\mathscr{L}$」為拉式轉換之符號，觀察上式可知：$f(t)$ 乘上 e^{-st} 後再對 t 作零到無限大之積分，故其積分值必為 s 之函數。在此也可看出一極重要之結論，亦即拉氏轉換可使 $f(t)$ 由時間函數轉變為 s 之函數 $F(s)$。在(4.1)式中，亦可把 $f(t)$ 寫成 $F(s)$ 之反函數，如(4.2)式，

$$f(t) = \mathscr{L}^{-1}\{F(s)\} \tag{4.2}$$

稱之為拉普拉斯反轉換。在此我們通常以大寫字母如 $F(s)$，$Y(s)$ 來表示其為小寫字母 $f(t)$，$y(t)$ 之拉氏轉換，因拉氏轉換為一對一，故熟記其轉換對的公式對其運算有極大幫助。故以下先說明各常見時間軸信號到 s 軸之轉換對。

例 1 （階波函數之拉氏轉換）

求如圖 4.1，$f(t) = u(t) = 1$，$t \geq 0$ 之拉氏轉換 $F(s)$。

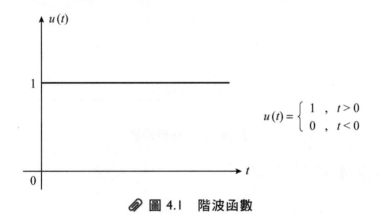

$$u(t) = \begin{cases} 1 & , \quad t > 0 \\ 0 & , \quad t < 0 \end{cases}$$

📎 圖 4.1　階波函數

解 由圖 4.1 及(4.1)式之定義，經積分得

$$F(s) = \mathscr{L}\{1\} = \int_0^\infty e^{-st} dt$$

$$= -\frac{1}{s} e^{-st} \Big|_0^\infty$$

$$= \frac{1}{s}$$

或可直接寫成

$$\mathscr{L}\{u(t)\} = \mathscr{L}\{1\} = \frac{1}{s} \tag{4.3}$$

上式極為重要，讀者可視其為一基礎公式。

例 2 （指數函數之拉氏轉換）

求如圖 4.2，$f(t)=e^{-at}$，$t \geq 0$ 之拉氏轉換

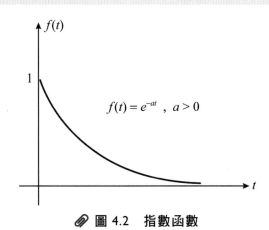

圖 4.2　指數函數

解　由定義得

$$F(s) = \mathscr{L}\left\{e^{-at}\right\} = \int_0^\infty e^{-at}e^{-st}dt$$

$$= \int_0^\infty e^{-(s+a)t}dt$$

$$= -\frac{1}{s+a}e^{(s+a)t}\Bigg|_0^\infty$$

$$= \frac{1}{s+a}$$

故可得常用公式

$$\mathscr{L}\left\{e^{-at}\right\} = \frac{1}{s+a} \tag{4.4}$$

例 3

若 $f(t)=t$ ， $t>0$ 。試求其拉氏轉換

解　由定義得

$$F(s)=\mathscr{L}\left\{t\right\}=\int_0^\infty te^{-st}dt$$

$$=\frac{1}{s^2}(-st-1)e^{-st}\bigg|_0^\infty \quad （請參照附錄積分表公式）$$

$$=\frac{1}{s^2}$$

故可得一常用轉換公式

$$\mathscr{L}\left\{t\right\}=\frac{1}{s^2} \tag{4.5}$$

例 4

若 $f(t)=\sin\omega t$ ， $t>0$ 。試求其拉式轉換

解　由定義得

$$F(s)=\mathscr{L}\left\{\sin\omega t\right\}=\int_0^\infty \sin\omega te^{-st}dt$$

$$=\frac{1}{s^2+\omega^2}(-s\sin\omega t-\omega\cos\omega t)e^{-st}\bigg|_0^\infty$$

$$=\frac{\omega}{s^2+\omega^2}$$

可得一常用之正弦波函數轉換公式

$$\mathscr{L}\left\{\sin\omega t\right\} = \frac{\omega}{s^2 + \omega^2} \tag{4.6}$$

在作了幾個例題之後是不是應該繼續由定義來求其它時間函數之拉氏轉換呢。答案應該是否定的。因為拉氏轉換的重要性就是：它有很多一般化的性質來幫助我們達到此目的。例如下列所介紹的線性運算法則。

定理 4.1

線性運算法則

拉氏轉換為線性運算，即對任意有拉氏轉換存在之函數 $f(t)$ 和 $g(t)$ 和對任意常數 a，b 而言，它滿足

$$\mathscr{L}\left\{af(t) + bg(t)\right\} = a\mathscr{L}\left\{f(t)\right\} + b\mathscr{L}\left\{g(t)\right\}$$

即拉氏轉換為線性運算。

證明
　　由定義得

$$\mathscr{L}\left\{af(t) + bg(t)\right\} = \int_0^\infty \left[af(t) + bg(t)\right]e^{-st}dt$$

$$= a\int_0^\infty f(t)e^{-st}dt + b\int_0^\infty g(t)e^{-st}dt$$

$$= a\mathscr{L}\left\{f(t)\right\} + b\mathscr{L}\left\{g(t)\right\}$$

$$= aF(s) + bG(s) \qquad\qquad 得證$$

由定理 4-1，可得許多有用的公式，如以下說明。

例 5

若 $f(t) = \cosh at$，求 $\mathscr{L}\{f(t)\}$，注意其中 $\cosh at$ 為超越函數

解　由本例開始所看到的 $f(t)$ 實際上乃是 $f(t) \cdot u(t)$，$t \geq 0$，但因拉氏轉換所定義之積分為零到無限大，故式中省略了 $u(t)$ 及 $t \geq 0$ 之表示。

由超越函數定義，得 $\cosh at = \dfrac{1}{2}(e^{at} + e^{-at})$，由例2(4.4)式及定理4-1可得

$$\mathscr{L}\{\cosh at\} = \frac{1}{2}\mathscr{L}\{e^{at}\} + \frac{1}{2}\mathscr{L}\{e^{-at}\}$$

$$= \frac{1}{2}\left(\frac{1}{s-a} + \frac{1}{s+a}\right)$$

整理可得

$$\mathscr{L}\{\cosh at\} = \frac{s}{s^2 - a^2} \tag{4.7}$$

例 6

若已知 $\sin \omega t = \dfrac{e^{i\omega t} - e^{-i\omega t}}{2i}$，試利用定理 4.1 求 $\mathscr{L}\{\sin \omega t\}$。

解

$$\mathscr{L}\{\sin \omega t\} = \frac{1}{2i}\mathscr{L}\{e^{j\omega t} - e^{-j\omega t}\}$$

$$= \frac{1}{2i}\left(\frac{1}{s - i\omega} - \frac{1}{s + j\omega}\right)$$

$$= \frac{\omega}{s^2 + \omega^2}$$

故可得與例 4 相同結果。

習題 4-2

1. 利用定義證明 $\mathscr{L}\{\cos\omega t\} = \dfrac{s}{s^2+\omega^2}$

2. 利用定義證明 $\mathscr{L}\{\sinh at\} = \dfrac{a}{s^2-a^2}$

3. 利用定義證明 $\mathscr{L}\{t^2\} = \dfrac{2}{s^2}$

4. 求下列函數之拉氏轉換

   (a) $\dfrac{1}{2}\sin 4t$

      Ans : $\dfrac{2}{s^2+16}$

   (b) $\dfrac{1}{a-b}(e^{at}-e^{bt})$, $a\neq b$

      Ans : $\dfrac{1}{(s-a)(s-b)}$

   (c) $5e^{-3t}$

      Ans : $\dfrac{5}{s+3}$

   (d) $5\cos 5t$

      Ans : $\dfrac{5s}{s^2+25}$

   (e) $4e^{-t}-4e^{-2t}$

      Ans : $\dfrac{4}{(s+1)(s+2)}$

   (f) $\sin t + e^{-t}$

      Ans : $\dfrac{s^2+s+2}{(s^2+1)(s+1)}$

5. 試求下列函數之拉氏轉換

   (a) $3e^{-2t}$

      Ans : $\dfrac{3}{s+2}$

   (b) $4\cos 2t$

      Ans : $\dfrac{4s}{s^2+4}$

   (c) $\cos 2t + 2\sin 2t$

      Ans : $\dfrac{s+4}{s^2+4}$

   (d) $4-\sin 3t$

      Ans : $\dfrac{4}{s}-\dfrac{3}{s^2+9}$

6. 求下列函數之反轉換

(a) $\dfrac{3}{s^2}+\dfrac{4}{s}$

Ans：$3t+4$

(b) $\dfrac{e^b}{s-a}$

Ans：e^{at+b}

(c) $\dfrac{2n\pi}{T\left[s^2+\left(\dfrac{2n\pi}{T}\right)^2\right]}$

Ans：$\sin\dfrac{2n\pi}{T}t$

(d) $\dfrac{1}{2s}+\dfrac{s}{2s^2+8}$

Ans：$\dfrac{1}{2}(1+\cos 2t)=\cos^2 t$

(e) $\dfrac{4}{s^2+9}$

Ans：$\dfrac{4}{3}\sin 3t$

(f) $\dfrac{10s}{s^2+25}$

Ans：$10\cos 5t$

(g) $\dfrac{4}{s}+\dfrac{1}{s^2}+\dfrac{3}{s^2+1}$

Ans：$4+t+3\sin t$

7. 求下列函數之反轉換

(a) $F(s)=\dfrac{4s}{s^2+4}+\dfrac{1}{s^2}$

Ans：$4\cos 2t+t$

(b) $F(s)=\dfrac{4}{s+1}+\dfrac{3}{s+2}+\dfrac{4}{s^2+1}$

Ans：$4e^{-t}+3e^{-2t}+4\sin t$

(c) $F(s)=\dfrac{4s+4}{s^2+4}$

Ans：$4\cos 2t+2\sin 2t$

4-3 ◀ 導數和積分的拉氏轉換

🌐 **定理 4.2**

函數導數的拉氏轉換

若一函數 $f(t)$ 及其導數 $f'(t)$ 的拉氏轉換皆存在，則 $f'(t)$ 的拉氏轉換可寫成

$$\mathcal{L}\left\{f'(t)\right\} = s\mathcal{L}\left\{f(t) - f(0)\right\}$$

$$= sF(s) - f(0) \tag{4.8}$$

證明　由定義及部分積分法

$$\int u\,dv = uv - \int v\,du$$

令 $u = e^{-st}$，$du = -se^{-st}dt$，$dv = f'(t)dt$，$v = f(t)$，可得

$$\mathcal{L}\left\{f'(t)\right\} = \int_0^\infty f'(t)e^{-st}dt = e^{-st}f(t)\Big|_0^\infty + s\int_0^\infty f(t)e^{-st}dt$$

$$= -f(0) + s\mathcal{L}\left\{f(t)\right\}$$

$$= -f(0) + sF(s) \qquad\qquad 得證$$

此定理的重要結論為：若已知一時間函數 $f(t)$ 的拉氏轉換 $F(s)$ 及其初值 $f(0)$，則其導數 $f'(t)$ 的拉氏轉換可以由 s 直接乘原來函數 $f(t)$ 之拉氏轉換 $F(s)$ 再減 $f(0)$ 即可，而 s 亦可想像成一微分運算子。

例 7

若 $g(t) = \omega\cos\omega t$，求 $\mathscr{L}\{g(t)\}$

解　由上節例 4，令 $f(t) = \sin\omega t$，得 $\mathscr{L}\{\sin\omega t\} = \dfrac{\omega}{s^2 + \omega^2}$

且 $f'(t) = \omega\cos\omega t = g(t)$，故利用定理 4.2 導數性質，可得

$$\mathscr{L}\{\omega\cos\omega t\} = s \cdot F(s) - f(0)$$

$$= s \cdot \frac{\omega}{s^2 + \omega^2} - 0 = \omega \cdot \frac{s}{s^2 + \omega^2}$$

所以，可得餘弦函數轉換公式

$$\mathscr{L}\{\cos\omega t\} = \frac{s}{s^2 + \omega^2} \tag{4.9}$$

當然，讀者亦可利用 $\cos\omega t = \dfrac{1}{2}(e^{i\omega t} + e^{-i\omega t})$，參考上節例 6 來驗證，如下說明：

$$\mathscr{L}\{\cos\omega t\} = \frac{1}{2}\mathscr{L}(e^{i\omega t} + e^{-i\omega t})$$

$$= \frac{1}{2}\left(\frac{1}{s - i\omega} + \frac{1}{s + i\omega}\right)$$

$$= \frac{1}{2}\frac{s + i\omega + s - i\omega}{s^2 + \omega^2}$$

$$= \frac{s}{s^2 + \omega^2}$$

拉氏轉換之導數性質最適合用於解線性常微分方程式，如下例。

例 8

試解 $y' + y = 0$ ， $y(0) = 4$

解 若設 $\mathscr{L}\{y\} = Y(s) = Y$

則由定理 4.2 得

$$\mathscr{L}\{y'\} = sY(s) - y(0) = sY - 4$$

故若原式取拉氏轉換得

$$sY - 4 + Y = 0$$

解 Y 得

$$Y = \frac{4}{s+1}$$

故由式(4.4)取反轉換可得微方程之解為

$$y(t) = 4e^{-t} ， t \geq 0$$

───────────────────────────────────────○

而定理 4-2 之結果亦可推廣於二階導數 $f''(t)$ 上，如下說明：

令 $g(t) = f'(t)$ ，則 $g'(t) = f''(t)$ ，及 $\mathscr{L}\{g(t)\} = s\mathscr{L}\{f(t)\} - f(0)$ ，利用定理 4-2 得

$$\mathscr{L}\{f''(t)\} = \mathscr{L}\{g'(t)\} = s\mathscr{L}\{g(t)\} - g(0)$$

$$= s\{s\mathscr{L}\{f(t)\} - f(0)\} - f'(0)$$

$$= s^2\mathscr{L}\{f(t)\} - sf(0) - f'(0)$$

$$= s^2F(s) - sf(0) - f'(0)$$

即可得二階導數之轉換式

$$\mathscr{L}\left\{f''(t)\right\} = s^2 F(s) - sf(0) - f'(0) \tag{4.10}$$

同理，可得高階導數性質

$$\mathscr{L}\left\{f^n(t)\right\} = s^n F(s) - s^{n-1} f(0) - s^{n-2} f'(0) - \cdots - f^{(n-1)}(0) \tag{4.11}$$

式中 s^n 為 s 之 n 次方，而 $f^{(n)}(t)$ 為 $f(t)$ 之 n 階導數。

例 9

若 $f(t) = t^2$，求 $\mathscr{L}\left\{f(t)\right\}$

解 (1)直接用定義直接積分得

$$
\begin{aligned}
\mathscr{L}\left\{t^2\right\} &= \int_0^\infty t^2 e^{-st} dt \\
&= \left.\frac{-1}{s} t^2 e^{-st}\right|_0^\infty + \int_0^\infty 2t \frac{e^{-st}}{s} dt \\
&= \left.-\frac{1}{s^2} 2t e^{-st}\right|_0^\infty + \frac{1}{s^2} \int_0^\infty 2 e^{-st} dt \\
&= \left.\frac{-2}{s^3} e^{-st}\right|_0^\infty \\
&= \frac{2}{s^3}
\end{aligned}
$$

(2)利用定理 4.2 導數性質及(4.10)式，可得

$$f(t) = t^2，\quad f(0) = 0$$

$$f'(t) = 2t，\quad f'(0) = 0$$

$$f''(t) = 2$$

利用式(4.10)導數性質得

$$\mathscr{L}\left\{f''\right\} = s^2 F(s) - sf(0) - f'(0)$$

$$\mathscr{L}\left\{2\right\} = s^2 \mathscr{L}\left\{f(t)\right\} = s^2 \mathscr{L}\left\{t^2\right\} = \frac{2}{s}$$

故

$$\mathscr{L}\left\{t^2\right\} = \frac{2}{s^3} \tag{4.12}$$

拉氏轉換之導數性質對解二階常係數微分方程式亦為有效，如下例說明。

例 10

解初值問題 $y'' + 4y' + 3y = 0$ ， $y(0) = 3$ ， $y'(0) = 5$

解 設 $\mathscr{L}\left\{y(t)\right\} = Y(s) = Y$ ，利用(4.10)式及代入初值得

$$\mathscr{L}\left\{y'\right\} = sY - y(0) = sY - 3$$

及

$$\mathscr{L}\left\{y''\right\} = s^2 Y - sy(0) - y'(0) = s^2 Y - 3s - 5$$

代入原式得

$$s^2 Y - 3s - 5 + 4(sY - 3) + 3Y = 0$$

整理得

$$s^2 Y + 4sY + 3Y = 3s + 17$$

此式即原式之拉氏轉換輔助方程式，解 Y 得

$$Y = \frac{3s+17}{s^2+4s+3} = \frac{3s+17}{(s+3)(s+1)}$$

上式即為時間函數解 $y(t)$ 之拉氏轉換，若能求其反轉換則微分方程即可得解。利用部分分式可得

$$Y(s) = \frac{3s+17}{(s+3)(s+1)} = \frac{A}{s+3} + \frac{B}{s+1}$$

同乘 $(s+3)(s+1)$ 可得

$$A(s+1) + B(s+3) = 3s+17$$

令 $s=-3$，可得 $A=-4$，令 $s=-1$，可得 $B=7$，故可得：

$$Y(s) = \frac{-4}{s+3} + \frac{7}{s+1}$$

由(4.4)式可得反轉換

$$y(t) = -4e^{-3t} + 7e^{-t}，\ t \geq 0$$

由本例中可發現，利用拉氏轉換解微分方程，只需要使用到拉氏轉換之性質及一些代數運算和初值即可，根本不需利用到微積分技巧。而且可直接解出滿足初值條件的特解，此即拉氏轉換的特色。當然總結其法可得下列流程

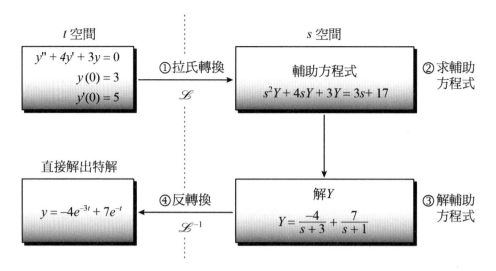

現再舉例說明如下：

例 11

解初值問題 $y'' + 3y' + 2y = 0$，$y(0) = 1$，$y'(0) = 0$

解 步驟 1. 將原式求拉氏轉換並代入初值可得

① $s^2 Y - s + 3(sY - 1) + 2Y = 0$

步驟 2. 整理可得輔助方程式

② $s^2 Y + 3sY + 2Y = s + 3$

步驟 3. 解 Y，得

③ $Y(s) = \dfrac{s+3}{s^2 + 3s + 2} = \dfrac{s+3}{(s+1)(s+2)}$

步驟 4. 求反轉換得 $y(t)$，上式 $Y(s)$ 可以用部分分式法寫成

④ $Y(s) = \dfrac{s+3}{(s+1)(s+2)} = \dfrac{A}{s+1} + \dfrac{B}{s+2}$

同乘 $(s+1)(s+2)$ 原式變成

$$A(s+2)+B(s+1)=s+3$$

令 $s=-1$，得 $A=2$。令 $s=-2$，得 $-B=1$。即 $A=2$ 及 $B=-1$。

故

$$Y(s)=\frac{2}{s+1}-\frac{1}{s+2}$$

取反轉換可得其解為

$$y(t)=2e^{-t}-e^{-2t}$$

讀者可與 2-3 節例 7 作一比較，另外在例 10 例 11 中我們乃利用部分分式求係數以得反轉換，在 4-6 節中會介紹更快速之方法以求反轉換。

 定理 4.3

函數積分的拉式轉換

由定理 4.2 可知若函數在 t 軸微分相對於其拉氏轉換是在 s 軸上乘以 s，而積分與微分互為反運算，故可知若函數在時間軸上積分，其轉換式在 s 軸上必為一除法，即

$$\mathscr{L}\left\{\int_0^t f(\tau)d\tau\right\}=\frac{1}{s}\mathscr{L}\left\{f(t)\right\}=\frac{F(s)}{s} \tag{4.13}$$

證明　由定義，令 $g(t)=\int_0^t f(\tau)d\tau$，得

$$\mathscr{L}\left\{g(t)\right\}=\int_0^\infty g(t)e^{-st}dt=\int_0^\infty \int_0^t f(\tau)d\tau\cdot e^{-st}dtp$$

由部分積分令 $u=\int_0^t f(\tau)d\tau$ 及 $dv=e^{-st}dt$ 可得 $du=f(t)dt$，及

$v=\dfrac{-1}{s}e^{-st}$，故可得

$$\mathscr{L}\{g(t)\}=-\frac{1}{s}\int_0^t f(\tau)d\tau\cdot e^{-st}\bigg|_0^\infty+\frac{1}{s}\int_0^\infty f(t)\cdot e^{-st}dt$$

因上式之前一項為零（$\because t\to\infty$，$e^{-st}\to0$），故得證。同時若 $\mathscr{L}\{f(t)\}=F(s)$ 亦可得其反轉換公式為

$$\mathscr{L}^{-1}\left\{\frac{1}{s}F(s)\right\}=\int_0^t f(\tau)d\tau \tag{4.14}$$

例 12

利用函數 1、t、t^2 之積分關係及定理 4.3 求 t 及 t^2 之拉氏轉換。

解 若令 $f_1(t)=1$，則 $F_1(s)=\dfrac{1}{s}$。因 $f_2(t)=t=\int_0^t 1d\tau$，故

$$\mathscr{L}\{t\}=\frac{F_1(s)}{s}=\frac{1}{s^2}=F_2(s)$$

再因 $f_3(t)=t^2=2\int_0^t \tau d\tau$。故

$$\mathscr{L}\{t^2\}=\frac{2F_2(s)}{s}=\frac{2}{s^3}$$

例 13

若 $G(s) = \dfrac{k}{s(s^2 + \omega^2)}$，求 $g(t)$

解 由例 4 因 $\mathscr{L}\{\sin \omega t\} = \dfrac{\omega}{s^2 + \omega^2}$，得 $\mathscr{L}^{-1} = \left\{\dfrac{k}{s^2 + \omega^2}\right\} = \dfrac{k}{\omega} \sin \omega t$

故利用積分性質得

$$g(t) = \mathscr{L}^{-1}\{G(s)\} = \int_0^t \frac{k}{\omega} \sin \omega \tau d\tau$$

$$= -\frac{k}{\omega^2} \cos \omega \tau \bigg|_0^t$$

$$= \frac{k}{\omega^2}(1 - \cos \omega t)$$

習題 4-3

1. 利用 $\mathscr{L}\{1\}=\dfrac{1}{s}$，及定理 4-3 函數的積分定理證明 $\mathscr{L}\{t^n\}=\dfrac{n!}{s^{n+1}}$

2. 若已知 $\mathscr{L}\{e^{-at}t^n\}=\dfrac{n!}{(s+a)^{n+1}}$ 求

(a) $\mathscr{L}\left\{\dfrac{d}{dt}e^{-at}t^n\right\}$

      Ans：$\dfrac{sn!}{(s+a)^{n+1}}$

(b) $\mathscr{L}\left\{\int_0^t e^{-at}\tau^n d\tau\right\}$

      Ans：$\dfrac{n!}{s(s+a)^{n+1}}$

3. 利用定理 4-3 求下列函數之反轉換

(a) $\dfrac{2}{s(s+1)}$

      Ans：$2(1-e^{-t})$

(c) $\dfrac{1}{s^2(s+1)}$

      Ans：$t+e^{-t}-1$

(b) $\dfrac{3}{s(s^2+9)}$

      Ans：$\dfrac{1}{3}(1-\cos 3t)$

(d) $\dfrac{1}{s^3(s-3)}$

      Ans：$\dfrac{1}{9}\left(\dfrac{3}{2}t^2-\dfrac{1}{3}e^{-3t}-t+\dfrac{1}{3}\right)$

利用拉氏轉換解下列初值問題

4. $y''-16y=0$，$y(0)=1$，$y'(0)=-2$

    Ans：$y=\dfrac{1}{4}e^{4t}+\dfrac{3}{4}e^{-4t}$

5. $y''+4y'+3y=0$，$y(0)=0$，$y'(0)=4$

    Ans：$y=2e^{-t}-2e^{-3t}$

6. $y''+16y=0$，$y(0)=3$，$y'(0)=4$

    Ans：$y=3\cos 4t+\sin 4t$

7. $y'' + 2y' - 8y = 0$，$y(0) = 1$，$y'(0) = 0$

　　Ans： $y = \dfrac{2}{3}e^{2t} + \dfrac{1}{3}e^{-4t}$

8. $y'' - 2y' - 3y = 0$，$y(0) = 1$，$y'(0) = 6$

　　Ans： $y = -\dfrac{3}{4}e^{-t} + \dfrac{7}{4}e^{3t}$

4-4 ◀ 移位性質

拉氏轉換之移位性質可分為在 t 軸移位及 s 軸之移位，分述如下：

定理 4.4

s 軸之移位性質

若 $f(t)$ 有拉氏轉換 $F(s)$，則 $e^{-at}f(t)$ 必有拉氏轉換 $F(s+a)$，如下式所示

$$\mathscr{L}\left\{f(t)\right\}=F(s)\text{，}\mathscr{L}\left\{e^{-at}f(t)\right\}=F(s+a) \tag{4.15}$$

上述定理可簡單說明如下：若函數 $f(t)$ 在時間軸上乘以 e^{-at}，其拉氏轉換相當於把 s 改成 $s+a$ 即可。

證明

由定義

$$\mathscr{L}\left\{e^{-at}f(t)\right\}=\int_0^\infty e^{-st}e^{-at}f(t)dt=\int_0^\infty e^{-(s+a)t}f(t)dt$$

比較定義

$$\mathscr{L}\left\{f(t)\right\}=\int_0^\infty f(t)e^{-st}dt=F(s)$$

可得證

例 14

求 $f(t)=e^{-at}\cos\omega t$ 之拉氏轉換

解 已知 $\mathscr{L}\left\{\cos \omega t\right\} = \dfrac{s}{s^2 + \omega^2}$ ，由移位定理(4.15)式只需把 s 改成 $s+a$ 即

可得

$$\mathscr{L}\left\{e^{-at}\cos \omega t\right\} = \frac{s+a}{(s+a)^2 + \omega^2} \tag{4-16}$$

💡 **注意**〉定理 4-4 使用極為方便，只需把 $(s+a)$ 代入 s 即可。

例 15

求 $f(t) = e^{-at}\sin \omega t$ 之拉氏轉換

解 已知

$$\mathscr{L}\left\{\sin \omega t\right\} = \frac{\omega}{s^2 + \omega^2}$$

則

$$\mathscr{L}\left\{e^{-at}\sin \omega t\right\} = \frac{\omega}{(s+a)^2 + \omega^2} \tag{4.17}$$

例 16

求 $f(t) = e^{-at}t^n$ 之拉氏轉換

解 若已知 $\mathscr{L}\left\{t^n\right\} = \dfrac{n!}{s^{n+1}}$（稍後證明），故由定理 4-4 得

$$\mathscr{L}\left\{e^{-at}t^n\right\} = \frac{n!}{(s+a)^{n+1}} \tag{4.18}$$

上述諸例可整理得表 4-1（詳細之拉氏轉換表於本章後）

▓ 表 4-1　常用拉氏轉換表

$f(t)$，$t > 0$	$F(s) = \mathscr{L}\{f(t)\}$
1	$\dfrac{1}{s}$
t	$\dfrac{1}{s^2}$
t^2	$\dfrac{2}{s^3}$
t^n	$\dfrac{n!}{s^{n+1}}$
$\sin \omega t$	$\dfrac{\omega}{s^2 + \omega^2}$
$\cos \omega t$	$\dfrac{s}{s^2 + \omega^2}$
$e^{-at} t^n$	$\dfrac{n!}{(s+a)^{n+1}}$
$e^{-at} \sin \omega t$	$\dfrac{\omega}{(s+a)^2 + \omega^2}$
$e^{-at} \cos \omega t$	$\dfrac{s+a}{(s+a)^2 + \omega^2}$

例 17

解初值問題 $y'' + 2y' + 5y = 0$，$y(0) = 2$，$y'(0) = -4$

解 步驟 1：（求拉氏轉換）得

$$\mathscr{L}\{y\} = Y$$

$$\mathscr{L}\{y'\} = sY - 2$$

$$\mathscr{L}\{y''\} = s^2Y - 2s + 4$$

代入得

$$s^2Y - 2s + 4 + 2(sY - 2) + 5Y = 0$$

步驟 2： 解 $Y(s)$，得

$$Y(s) = \frac{2s}{s^2 + 2s + 5} = \frac{2s}{(s+1)^2 + 2^2}$$

$$= \frac{2(s+1)}{(s+1)^2 + 2^2} - \frac{2}{(s+1)^2 + 2^2}$$

步驟 3： 求反轉 $y(t)$

由表一及移位性質，得

$$y(t) = \mathscr{L}^{-1}\{Y(s)\} = 2e^{-t}\cos 2t - e^{-t}\sin 2t$$

$$= e^{-t}(2\cos 2t - \sin 2t)$$

💡 **注意**〉 在步驟 2 之計算過程中，並沒有利用到部分分式而僅只是把分母配完全平方即可，讀者應活用此技巧。

例 18

求 $F(s) = \dfrac{2}{(s+4)^4}$ 之反轉換

解 由表一因 $\mathscr{L}\{t^n\} = \dfrac{n!}{s^{n+1}}$，可得 $\mathscr{L}\{t^3\} = \dfrac{3!}{s^4}$，利用移位定理得

$$f(t) = \mathscr{L}^{-1}\{F(s)\} = \frac{1}{3}e^{-3t} \cdot t^3 = \frac{1}{3}t^3 e^{-3t}$$

例 19

解初值問題 $y'' + 2y' + y = 0$，$y(0) = 1$，$y'(0) = 2$

解 因

$$\mathscr{L}\{y\} = Y$$

$$\mathscr{L}\{y'\} = sY - 1$$

$$\mathscr{L}\{y''\} = s^2Y - s - 2$$

步驟 1： 將原式拉氏轉換得

$$s^2Y - s - 2 + 2(sY - 1) + Y = 0$$

步驟 2： 解 $Y(s)$ 得

$$Y(s) = \frac{s+4}{s^2 + 2s + 1} = \frac{s+4}{(s+1)^2} = \frac{s+1+3}{(s+1)^2}$$

$$= \frac{1}{(s+1)} + \frac{3}{(s+1)^2}$$

步驟 3： 求反轉換 $y(t)$

$$y(t) = e^{-t} + 3te^{-t}$$

讀者可與第二章例 10 比較。同時讀者應注意到在例 17、19 中我們並未利用實際的部分分式去求函數之反轉換，而是配合分母型態利用配方或展開等用技巧而已。

定義 4.2

單位階波函數：

在介紹定理 4.5 t 軸之移位性質前，首先介紹單位階波函數(unit step function)，其表示如下

$$u(t) = \begin{cases} 1 & , \quad t > 0 \\ 0 & , \quad t < 0 \end{cases}$$

其圖形如圖 4.3(a)，若其間存在一位移量 a，如圖 4.3(b)所示，單位階波可寫成

$$u(t-a) = \begin{cases} 1 & , \quad t > a \\ 0 & , \quad t < a \end{cases}$$

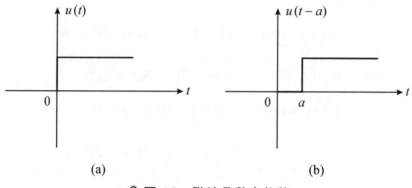

(a)　　　　　　　　　　　(b)

📎 圖 4.3　階波函數之位移

回憶拉氏轉換之定義為

$$\mathscr{L}\{f(t)\} = \int_0^\infty f(t)e^{-st}dt \,,\, t > 0$$

事實上為了方便起見，我們在其中省略了一 $u(t)$ 函數，即上式可寫成

$$\mathscr{L}\{f(t)\} = \mathscr{L}\{f(t)u(t)\} = \int_0^\infty f(t)u(t)e^{-st}dt$$

若有此瞭解，則拉氏轉換之 t 軸位移性質可敘述如下。

定理 4.5

拉氏轉換之 t 移位性質

若 $f(t)u(t)$ 函數有拉氏轉換 $F(s)$，則其位移 $f(t-a)u(t-a)$ 的拉氏轉換為 $F(s)$ 函數乘以 e^{-as}，如下式

$$\mathscr{L}\{f(t-a)u(t-a)\} = e^{-as}F(s) \, , \, t > a \tag{4.19}$$

而其反轉換為

$$\mathscr{L}^{-1}\{e^{-as}F(s)\} = f(t-a)u(t-a) \, , \, t > a$$

證明

由定義可得

$$\mathscr{L}\{f(t-a)u(t-a)\} = \int_0^\infty f(t-a)u(t-a)e^{-st}dt$$

令 $t-a=\tau$ ， $t=\tau+a$ ， $dt=d\tau$ ，則上式右側可為

$$\int_{-a}^\infty f(\tau)u(\tau)e^{-(a+\tau)s}d\tau = \int_0^\infty f(\tau)e^{-as}e^{-s\tau}d\tau$$

$$= e^{-as}\int_0^\infty f(\tau)e^{-s\tau}d\tau$$

$$= e^{-as}F(s)$$

式中利用了階波函數之性質，故上式之積分下限 $-a$ 變成零。

例 20

求 $\dfrac{e^{-as}}{s^3}$ 之反轉換

解 因 $\mathscr{L}\{t^n\}=\dfrac{n!}{s^{n+1}}$，及 $\mathscr{L}\{t^2\}=\dfrac{2}{s^3}$，故 $\mathscr{L}^{-1}\left\{\dfrac{1}{s^3}\right\}=\dfrac{t^2}{2}$，則利用 t 軸移位

定理 4-5 可得

$$\mathscr{L}^{-1}\left\{\frac{e^{-as}}{s^3}\right\}=\frac{1}{2}(t-a)^2 u(t-a)$$

其圖形如圖 4.4 所示。

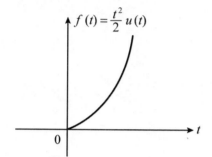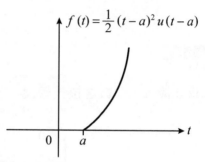

📎 圖 4.4　函數之位移

💡**注意** 〉 若轉換式中包含 e^{-as} 之因式，其必為一位移，可最後再處理。

例 21

求如圖 4.5 函數之拉氏轉換

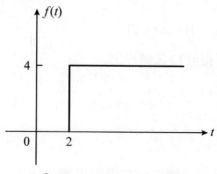

📎 圖 4.5　例 21 之函數

解 函數 $f(t)$ 可寫成階波之位移,即

$$f(t) = 4u(t-2)$$

故由定理 4.5 可得

$$F(s) = \frac{4}{s}e^{-2s}$$

例 22

求如圖 4.6 函數之拉氏轉換

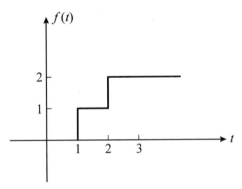

📎 圖 4.6　例 22 函數

解 函數方程可寫成

$$f(t) = u(t-1) + u(t-2)$$

利用定理 4-5 可得其拉氏轉換為

$$F(s) = \frac{1}{s}(e^{-s} + e^{-2s})$$

以下討論時間移位定理在一些電路模型之應用。

例 23 RC 電路對單一方波的響應

若一方波電壓 $v(t)$ 加於圖 4.7 的電路，試求其 $i(t)$，設加方波之前所有電路初值為零。

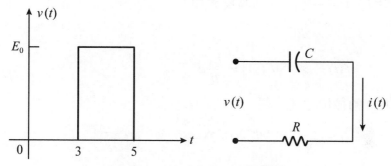

圖 4.7　RC 電路之階波響應

解 電路之微分方程式可參考第二章利用克希荷夫電壓定律，得

$$v(t) = iR + \frac{1}{C}\int_0^t i(\tau)d\tau$$

因

$$v(t) = E_0\big[u(t-3) - u(t-5)\big]$$

設 $\mathscr{L}\{i(t)\} = I(s)$，則

$$\mathscr{L}\left\{\int_0^t i(\tau)d\tau\right\} = \frac{I(s)}{s}$$

及

$$\mathscr{L}\{v(t)\} = \frac{E_0}{s}\big[e^{-3s} - e^{-5s}\big]$$

可得經拉氏轉換後之輔助方程式為

$$RI(s) + \frac{I(s)}{sC} = \frac{E_0}{s}\big[e^{-3s} - e^{-5s}\big]$$

解 $I(s)$，得

$$I(s) = \frac{\dfrac{E_0}{R}}{s + \dfrac{1}{RC}}\left[e^{-3s} - e^{-5s}\right]$$

若令 $F(s) = \dfrac{\dfrac{E_0}{R}}{s + \dfrac{1}{RC}}$ ，則其反轉換為

$$f(t) = \mathscr{L}^{-1}\{F(s)\} = \frac{E_0}{R}e^{-\frac{t}{RC}}$$

利用 t 軸移位性質，得

$$i(t) = \frac{E_0}{R}\left[e^{-(t-3)/RC}u(t-3) - e^{-(t-5)/RC}u(t-5)\right]$$

或寫成

$$i(t) = \begin{cases} \dfrac{E_0}{R}e^{-(t-3)/RC} & , \quad 3 < t < 5 \\[4mm] \dfrac{E_0}{R}(e^{-(t-3)/RC} - e^{-(t-5)/RC}) & , \quad t > 5 \end{cases}$$

其圖形如 4.8，可看出為一 RC 微分器。

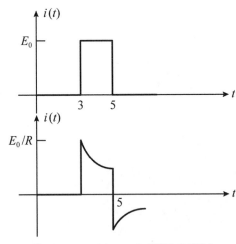

📎 圖 4.8　例 23 之電壓與電流

例 24

解初值問題 $y'' + 2y = u(t) - u(t-a)$ ， $y(0) = 0$ ， $y'(0) = 0$ 。

解 此問題可視為無阻尼系統對階波之響應，兩側取拉氏轉換得

$$s^2 Y + 2Y = \frac{1}{s}\left[1 - e^{-as}\right]$$

解 $Y(s)$ ，得

$$Y(s) = \frac{1}{s(s^2+2)} - \frac{e^{-as}}{s(s^2+2)}$$

利用部分分式，令

$$F(s) = \frac{1}{s(s^2+2)} = \frac{A}{s} + \frac{Bs+C}{s^2+2}$$

同乘 $s(s^2+2)$ 可得

$$A(s^2+2) + (Bs+C)s = 1$$

令 $s = 0$ ，可得 $2A = 1$ ，即 $A = \frac{1}{2}$ ，比較係數可得 $B = -\frac{1}{2}$ ， $C = 0$

即原式可寫成

$$F(s) = \frac{1}{s(s^2+2)} = \frac{1}{2}\left(\frac{1}{s} - \frac{s}{s^2+2}\right)$$

其反轉換為

$$f(t) = \frac{1}{2}(1 - \cos\sqrt{2}t)$$

利用移位性質，得

$$y(t) = \frac{1}{2}\left[1 - \cos\sqrt{2}t\right] - \frac{1}{2}\left[u(t-a) - \cos\sqrt{2}(t-a)u(t-a)\right]$$

或

$$y(t) = \begin{cases} \dfrac{1}{2} - \dfrac{1}{2}\cos\sqrt{2}t & , \quad 0 \leq t \leq a \\[2mm] \dfrac{1}{2}\cos\sqrt{2}(t-a) - \dfrac{1}{2}\cos\sqrt{2}t & , \quad t > a \end{cases}$$

習題 4-4

求下列函數之拉氏轉換

1. 解

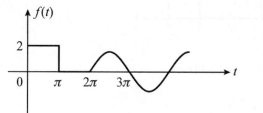

$, \ f(t) = \begin{cases} 2 & , \quad 0 < t < \pi \\ 0 & , \quad \pi < t < 2\pi \\ \sin t & , \qquad t > 2\pi \end{cases}$

Ans：$\dfrac{2}{s} - 2\dfrac{e^{-\pi s}}{s} + \dfrac{e^{-2\pi s}}{s^2 + 1}$

2. 解

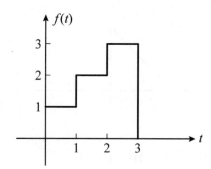

Ans：$f(t) = u(t) + u(t-1) + u(t-2) - 3u(t-3)$

$F(s) = \dfrac{1}{s}(1 + e^{-s} + e^{-2s} - 3e^{-3s})$

3. 解

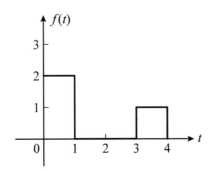

Ans： $f(t) = 2u(t) - 2u(t-1) + u(t-3) - u(t-4)$

$$F(s) = \frac{1}{s}(2 - 2e^{-s} + e^{-3s} - e^{-4s})$$

4. 解

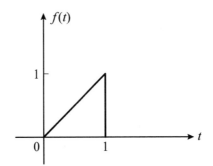

Ans： $f(t) = tu(t) - (t-1)u(t-1) - u(t-1)$

$$F(s) = \frac{1}{s^2}(1 - e^{-s}) - \frac{1}{s}e^{-s}$$

5. 利用 s 軸移位定理求下列函數之拉氏轉換

(a) $2te^{2t}$

　Ans：$\dfrac{2}{(s-2)^2}$

(b) $(t+2)e^{-2t}$

　Ans：$\dfrac{1}{(s+2)^2}+\dfrac{2}{s+2}=\dfrac{s+4}{(s+2)^2}$

(c) $e^{-t}(\cos\omega t-2\sin\omega t)$

　Ans：$\dfrac{(s+1)-2\omega}{(s+1)^2+\omega^2}$

(d) $3e^{-t}\sin t$

　Ans：$\dfrac{3}{(s+1)^2+1}$

6. 利用 s 軸移位定理求下列函數之拉氏轉換

(a) $e^{t}\cos t$

　Ans：$\dfrac{s-1}{(s-1)^2+1}$

(b) te^{-2t}

　Ans：$\dfrac{1}{(s+2)^2}$

(c) $e^{t}(m+nt)$

　Ans：$\dfrac{m}{s-1}+\dfrac{n}{(s-1)^2}$

利用拉氏轉換解下列初值問題

7. $y''-4y'+4y=0$，$y(0)=0$，$y'(0)=4$

　Ans：$4te^{2t}$

8. $y''+2y'+2y=0$，$y(0)=1$，$y'(0)=0$

　Ans：$e^{-t}(\cos t+\sin t)$

9. $y''+4y'+4y=0$，$y(0)=0$，$y'(0)=4$

　Ans：$4te^{-2t}$

10. $y''+4y'+5y=0$，$y(0)=0$，$y'(0)=4$

　Ans：$4e^{-2t}\sin t$

4-5 ◀ 拉氏轉換式的微分與積分性質

定理 4.6

轉換式的微分

若 $f(t)$ 有拉氏轉換 $F(s)$，則 $F(s)$ 導數 $\dfrac{dF(s)}{ds}$ 的反轉換相當於 $f(t)$ 乘上 $-t$，如

$$\mathscr{L}\{tf(t)\} = -F'(s) = -\frac{d}{ds}F(s) \tag{4.20}$$

證明

由定義

$$F(s) = \mathscr{L}\{f(t)\} = \int_0^\infty f(t)e^{-st}dt$$

上式對 s 求導數，得

$$\frac{d}{ds}F(s) = F'(s) = \int_0^\infty -tf(t)e^{-st}dt = \mathscr{L}\{-tf(t)\} \qquad \text{得證}$$

利用此一性質，吾人可以導出幾個常用之拉氏轉換對。

例 25

若已知 $\mathscr{L}\{1\} = \dfrac{1}{s}$，利用定理(4-6)證明 $\mathscr{L}\{t^n\} = \dfrac{n!}{s^{n+1}}$

解 已知 $\mathscr{L}\{1\} = \dfrac{1}{s}$，則

$$\mathscr{L}\{t \cdot 1\} = -\frac{d}{ds}\frac{1}{s} = \frac{1}{s^2}$$

$$\mathscr{L}\{t^2\} = \mathscr{L}\{t \cdot t\} = -\frac{d}{ds}\frac{1}{s^2} = \frac{2}{s^3} = \frac{2!}{s^3}$$

$$\mathscr{L}\{t^3\} = \mathscr{L}\{t \cdot t^2\} = -\frac{d}{ds}\frac{2}{s^3} = \frac{6}{s^4} = \frac{3!}{s^4}$$

由歸納法即可得以下公式

$$\mathscr{L}\{t^n\} = \frac{n!}{s^{n+1}} \tag{4.21}$$

例 26

求 $f(t) = \dfrac{t}{2\beta}\sin\beta t$ 之拉氏轉換

解 已知

$$\mathscr{L}\left\{\frac{1}{2\beta}\sin\beta t\right\} = \frac{\frac{1}{2}}{s^2 + \beta^2}$$

利用定理 4.6，則

$$\mathscr{L}\left\{t \cdot \frac{1}{2\beta}\sin\beta t\right\} = -\frac{d}{ds}\frac{\frac{1}{2}}{s^2 + \beta^2} = \frac{s}{(s^2 + \beta^2)^2} \tag{4.22}$$

同理讀者亦可導出下式

$$\mathscr{L}\{t\cos\beta t\} = -\frac{d}{ds}\frac{s}{s^2 + \beta^2} = \frac{s^2 - \beta^2}{(s^2 + \beta^2)^2} \tag{4.23}$$

 定理 4.7

轉換式之積分

若 $f(t)$ 與 $F(s)$ 互為拉氏轉換對，且 $\lim\limits_{t \to 0} \dfrac{f(t)}{t}$ 存在，則

$$\mathscr{L}\left\{\frac{f(t)}{t}\right\} = \int_s^\infty F(\tilde{s})d\tilde{s} \tag{4.24}$$

證明

$$\int_s^\infty F(\tilde{s})d\tilde{s} = \int_s^\infty \left[\int_0^\infty e^{\tilde{s}t} f(t)dt\right]d\tilde{s}$$

互換積分順序得

$$\int_s^\infty F(\tilde{s})d\tilde{s} = \int_0^\infty \left[\int_s^\infty e^{-\tilde{s}t} f(t)d\tilde{s}\right]dt = \int_0^\infty f(t)\left[\int_s^\infty e^{-\tilde{s}t}d\tilde{s}\right]dt$$

$$= \int_0^\infty \frac{f(t)}{t}e^{-st}dt = \mathscr{L}\left\{\frac{f(t)}{t}\right\}$$

式中利用了 $\int_0^\infty e^{-\tilde{s}t}d\tilde{s} = \dfrac{e^{-st}}{t}$

 例 27

若 $f(t) = \dfrac{\sin t}{t}$，試求其拉氏轉換。

解 因

$$\lim_{t \to 0} \frac{\sin t}{t} = 1$$

故其拉氏轉換存在，由式(4.24)可得

$$\mathscr{L}\left\{\frac{\sin t}{t}\right\} = \int_s^\infty \frac{1}{\tilde{s}^2+1}d\tilde{s}$$

$$= \tan^{-1}\tilde{s}\Big|_s^\infty$$

$$= \frac{\pi}{2} - \tan^{-1}s$$

例 28

求函數 $F(s) = \ln\dfrac{s}{s+1}$ 之反轉換

解 原式可寫成

$$F(s) = \ln\frac{s}{s+1} = \ln s - \ln(s+1)$$

對 s 求導數得

$$F'(s) = \frac{d}{ds}F(s) = \frac{1}{s} - \frac{1}{s+1} = G(s)$$

則 $G(s)$ 的反轉換為

$$g(t) = 1 - e^{-t}$$

利用定理 4-6 可得

$$f(t) = \frac{-1}{t}\left[1 - e^{-t}\right] = \frac{1}{t}\left[e^{-t} - 1\right]$$

習題 4-5

求 1 至 6 題函數之拉氏轉換（利用拉氏轉換微分性質）

1. $t^3 \sin t$

   Ans：$\dfrac{24s(s^2-1)}{(s^2+1)^4}$

2. $2t \sinh 3t$

   Ans：$\dfrac{12s}{(s^2-9)^2}$

3. $(t-1)\cos 3t$

   Ans：$\dfrac{s^2-9}{(s^2+9)^2}-\dfrac{s}{s^2+9}$

4. $te^t \cosh 2t$

   Ans：$\dfrac{s^2-2s+5}{(s^2-2s-3)^2}$

5. $\dfrac{1}{2}t^2 \cos \omega t$

   Ans：$\dfrac{s(s^2-3\omega^2)}{(s^2+\omega^2)^3}$

6. $t^2 e^t$

   Ans：$\dfrac{2}{(s-1)^3}$

求下列函數之反轉換

7. $\dfrac{s}{(s^2+1)^2}$

   Ans：$\dfrac{t}{2}\sin t$

8. $\dfrac{9s}{(s^2-9)^2}$

   Ans：$\dfrac{3}{2}t\sin 3t$

9. $\ln\dfrac{s+2}{s-2}$

   Ans：$\dfrac{-1}{t}(e^{-2t}-e^{2t})=\dfrac{2}{t}\sinh 2t$

10. $\ln\dfrac{s+3}{s+4}$

    Ans：$-\dfrac{1}{t}(e^{-3t}-e^{-4t})$

11. $2t^2 e^{-2t}$

    Ans：$\dfrac{4}{(s+2)^3}$

12. $4t\sin 3t$

    Ans：$\dfrac{24s}{(s^2+9)^2}$

4-6 反轉換技巧

在前幾節中，我們常常需要解輔助方程式，而其解的型式歸納為

$$Y(s)=\frac{F(s)}{G(s)} \tag{4.25}$$

其中 $F(s)$ 與 $G(s)$ 為 s 之多項式且 $G(s)$ 之次方大於 $F(s)$。為了求反轉換 $y(t)=\mathscr{L}^{-1}\{Y(s)\}$ 則必須將上式部分分式。若 $G(s)$ 之次方不高，則部分分式相當容易。若不然，則部分分式法亦極為不便。本節中吾人將介紹一種專解部分分式之方法。而對 $G(s)$ 的內容將分下列四種情況討論

情況Ⅰ：不重複因式。

情況Ⅱ：有重複因式。

情況Ⅲ：複數因式。

情況Ⅳ：重複複數因式。

分別說明如下：

情況Ⅰ：$G(s)$ 包含不重複因式 $(s-a)$

若 $Y(s)=\dfrac{F(s)}{G(s)}$ 有不重複因式，即

$$G(s)=(s-a_1)(s-a_2)(s-a_3)\cdots(s-a_m)$$

則(4-25)式根據部分分式可拆成

$$Y(s)=\frac{F(s)}{G(s)}=\frac{A_1}{s-a_1}+\frac{A_2}{s-a_2}+\frac{A_3}{s-a_3}+\cdots+\frac{A_m}{s-a_m} \tag{4.26}$$

而

$$y(t)=\mathscr{L}^{-1}\{Y(s)\}=A_1e^{a_1t}+A_2e^{a_2t}+\cdots+A_me^{a_mt}$$

其中第 n 項係數為

$$A_n = \lim_{s \to a_n} \frac{(s-a_n)F(s)}{G(s)} \tag{4.27}$$

證明

若原式同乘 $(s-a_n)$，則變成

$$\frac{(s-a_n)F(s)}{G(s)} = (s-a_n)\frac{A_1}{s-a_1} + (s-a_n)\frac{A_2}{s-a_2} + \cdots + (s-a_n)\frac{A_{n-1}}{s-a_{n-1}}$$

$$+A_n + (s-a_n)\frac{A_{n+1}}{s-a_{n+1}} + \cdots + (s-a_n)\frac{A_m}{s-a_m}$$

上式的右側除了 A_n 之項外，每項中都包含了 $(s-a_n)$，故取極限 $(s-a_n)$ 趨近於零可得

$$\lim_{s \to a_n} \frac{(s-a_n)F(s)}{G(s)} = A_n$$

例 29

若 $F(s) = \dfrac{4}{(s+1)(s+2)}$ ；試求反轉換 $f(t)$。

解 分母分解成(4.26)式形態得

$$F(s) = \frac{A_1}{s+1} + \frac{A_2}{s+2}$$

利用(4.27)式得

$$A_1 = \lim_{s \to -1}(s+1)F(s) = \lim_{s \to -1}\frac{4}{s+2} = 4$$

$$A_2 = \lim_{s \to -2}(s+2)F(s) = \lim_{s \to -2}\frac{4}{s+1} = -4$$

故可得反轉換

$$f(t) = 4e^{-t} - 4e^{-2t}$$

例 30

若 $F(s) = \dfrac{6s}{(s+1)(s+2)(s+3)}$ ；試求反轉換 $f(t)$ 。

解 原式寫成(4.26)式形態得

$$F(s) = \frac{A_1}{s+1} + \frac{A_2}{s+2} + \frac{A_3}{s+3}$$

利用(4.27)式得

$$A_1 = \lim_{s \to -1}(s+1)F(s) = \lim_{s \to -1} \frac{6s}{(s+2)(s+3)} = -3$$

$$A_2 = \lim_{s \to -2}(s+2)F(s) = \lim_{s \to -2} \frac{6s}{(s+1)(s+3)} = 12$$

$$A_3 = \lim_{s \to -3}(s+3)F(s) = \lim_{s \to -3} \frac{6s}{(s+1)(s+2)} = -9$$

故可得反轉換

$$f(t) = -3e^{-t} + 12e^{-2t} - 9e^{-3t}$$

例 31

求下式之反轉換

$$Y(s) = \frac{s+2}{s^3 + s^2 - 6s}$$

解 $\because\ Y(s)=\dfrac{F(s)}{G(s)}=\dfrac{s+2}{s^3+s^2-6s}$

$$=\dfrac{s+2}{s(s-2)(s+3)}$$

$$=\dfrac{A_1}{s}+\dfrac{A_2}{s-2}+\dfrac{A_3}{s+3}$$

因分母為不重複因子，故

$$A_1=\lim_{s\to0}s\cdot\dfrac{F(s)}{G(s)}=\lim_{s\to0}\dfrac{s+2}{(s-2)(s+3)}=\dfrac{-1}{3}$$

$$A_2=\lim_{s\to2}(s-2)\dfrac{F(s)}{G(s)}=\lim_{s\to2}\dfrac{s+2}{s(s+3)}=\dfrac{2}{5}$$

$$A_3=\lim_{s\to-3}(s+3)\dfrac{F(s)}{G(s)}=\lim_{s\to-3}\dfrac{s+2}{s(s-2)}=\dfrac{-1}{15}$$

當然讀者亦可利用部分分式驗證，如同乘 $s(s-2)(s+3)$ 可得

$$A_1(s-2)(s+3)+A_2(s)(s+3)+A_3(s)(s-2)=s+2$$

令 $s=0$，可得

$$A_1(-6)=2\ ,\ \therefore\ A_1=\dfrac{-1}{3}$$

令 $s=2$，可得

$$A_2\times2\times5=4\ ,\ \therefore\ A_2=\dfrac{2}{5}$$

令 $s=-3$，可得

$$A_3(-3)(-5)=-1\ ,\ A_3=\dfrac{-1}{15}$$

故其反轉換為

$$y(t) = \mathscr{L}^{-1}\{Y(s)\} = \mathscr{L}^{-1}\left\{ \frac{-\dfrac{1}{3}}{s} + \frac{\dfrac{3}{5}}{s-2} + \frac{-\dfrac{1}{15}}{s+3} \right\}$$

$$= -\frac{1}{3} + \frac{2}{5}e^{2t} - \frac{1}{15}e^{-3t}$$

情況 II：$G(s)$ 包含重複因子 $(s-a)^n$ 時

若 $G(s)$ 中包含一 $(s-a)$ 的 n 次因式，則(4.25)式可寫成下式，其中 $H(s)$ 為不包含 $(s-a)$ 因式之其他項。

$$Y(s) = \frac{F(s)}{G(s)}$$

$$= \frac{A_0}{(s-a)^n} + \frac{A_1}{(s-a)^{n-1}} + \frac{A_2}{(s-a)^{n-2}} + \cdots + \frac{A_{n-1}}{s-a} + H(s)$$

其中重複因式 $(s-a)$ 的第 k 項係數為

$$A_k = \frac{1}{k!}\lim_{s \to a}\frac{d^k}{ds^k}(s-a)^n F(s)\ ;\ k = 0,1,2,\cdots,n-1 \tag{4.28}$$

若原式同乘 $(s-a)^n$，則可得

$$\frac{(s-a)^n F(s)}{G(s)}$$

$$= A_0 + A_1(s-a) + A_2(s-a)^2 + \cdots + A_{n-1}(s-a)^{n-1} + H(s)(s-a)^n$$ 上式除了 A_0 項外其它都包含了 $(s-a)$ 之因式，故當 $(s-a)$ 趨近於零時可得

$$\lim_{s \to a}\frac{(s-a)^n F(s)}{G(s)} = \lim_{s \to a}(s-a)^n Y(s) = A_0$$

而若欲求 A_1 時由觀察可得將 $\dfrac{(s-a)^n F(s)}{G(s)}$ 對 s 求導數即可，如

$$\frac{d}{ds}\frac{(s-a)^n F(s)}{G(s)}$$

$$= A_1 + 2A_2(s-a) + \cdots + (n-1)A_{n-1}(s-a)^{n-2} + \frac{d}{ds}(s-a)^n H(s)$$

上式中可看到最後一項為 $\dfrac{d}{ds}(s-a)^n H(s)$ 若 $(s-a)\to 0$，則其必

為零，而整式中除了 A_1 項外也都包含了 $(s-a)$ 之因式，故可得

$$\lim_{s\to a}\frac{d}{ds}\frac{(s-a)^n F(s)}{G(s)} = \lim_{s\to a}\frac{d}{ds}(s-a)^n Y(s) = A_1$$

讀者可依此類推，歸納可得

$$A_k = \frac{1}{k!}\lim_{s\to a}\frac{d^k}{ds^k}(s-a)^n F(s) \ ; \ k = 0,1,2,\cdots,n-1$$

例 32

求下列函數之反轉換
$$F(s) = \frac{s^2}{(s+1)^3}$$

解 原式可寫成

$$F(s) = \frac{A_0}{(s+1)^3} + \frac{A_1}{(s+1)^2} + \frac{A_2}{s+1}$$

由(4.28)式可得

$$A_0 = \lim_{s\to -1}(s+1)^3 F(s) = \lim_{s\to -1} s^2 = 1$$

$$A_1 = \lim_{s \to -1} \frac{d}{ds}(s+1)^3 F(s) = \lim_{s \to -1} \frac{d}{ds} s^2 = \lim_{s \to -1} 2s = -2$$

$$A_2 = \frac{1}{2} \lim_{s \to -1} \frac{d^2}{ds^2}(s+1)^3 F(s) = \frac{1}{2} \lim_{s \to -1} \frac{d^2}{ds^2} s^2 = 1$$

故可得反轉換為

$$f(t) = \frac{1}{2} t^2 e^{-t} - 2te^{-t} + e^{-t}$$

例 33

求下列函數之反轉換

$$F(s) = \frac{s+2}{s(s+1)^2}$$

解 原式可寫成

$$F(s) = \frac{A}{s} + \frac{B_0}{(s+1)^2} + \frac{B_1}{s+1}$$

由式(4.27)及(4.28)得

$$A = \lim_{s \to 0} sF(s) = \lim_{s \to 0} \frac{s+2}{(s+1)^2} = 2$$

$$B_0 = \lim_{s \to -1}(s+1)^2 F(s) = \lim_{s \to -1} \frac{s+2}{s} = -1$$

$$B_1 = \lim_{s \to -1} \frac{d}{ds}(s+1)^2 F(s) = \lim_{s \to -1} \frac{d}{ds} \frac{s+2}{s} = \lim_{s \to -1} \frac{-2}{s^2} = -2$$

故可得

$$F(s) = \frac{2}{s} - \frac{1}{(s+1)^2} - \frac{2}{s+1}$$

及反轉換為

$$f(t) = 2 - te^{-t} - 2e^{-t}$$

例 34

求下列函數之反轉換

$$Y(s) = \frac{F(s)}{G(s)} = \frac{s^3 - 4s^2 + 4}{s^2(s-2)(s-1)}$$

解 $G(s)$ 中包含了重複因式 s^2，及不重複因子 $(s-2)$，$(s-1)$ 故

$$Y(s) = \frac{A_0}{s^2} + \frac{A_1}{s} + \frac{B}{s-2} + \frac{C}{s-1}$$

$$A_0 = \lim_{s \to 0} s^2 Y(s) = \lim_{s \to 0} \frac{s^3 - 4s^2 + 4}{(s-2)(s-1)} = 2$$

$$A_1 = \lim_{s \to 0} \frac{d}{ds} s^2 Y(s) = \lim_{s \to 0} \frac{d}{ds} \frac{s^3 - 4s^2 + 4}{(s-2)(s-1)} = 3$$

$$B = \lim_{s \to 2} (s-2) Y(s) = \lim_{s \to 2} \frac{s^3 - 4s^2 + 4}{s^2(s-1)} = -1$$

$$C = \lim_{s \to 1} (s-1) Y(s) = \lim_{s \to 1} \frac{s^3 - 4s^2 + 4}{s^2(s-2)} = -1$$

故反轉換為

$$y(t) = \mathscr{L}^{-1}\{Y(s)\} = 2t + 3 - e^{2t} - e^{t}$$

情況 III：$G(s)$ 中包含了不重複共軛複數因子 $(s-a)(s-\overline{a})$

若 $G(s)$ 中包含了 $(s-a)(s-\overline{a})$ 之因式，其中 $a=\alpha+i\beta$，$\overline{a}=\alpha-i\beta$，且 $a+\overline{a}=2\alpha$，$a\cdot\overline{a}=\alpha^2+\beta^2$，令

$$P(s)=(s-a)(s-\overline{a})=s^2-(a+\overline{a})s+a\overline{a}$$

$$=s^2-2\alpha s+\alpha^2+\beta^2$$

$$=(s-\alpha)^2+\beta^2$$

則原式可寫成

$$Y(s)=\frac{F(s)}{G(s)}=\frac{As+B}{P(s)}+W(s)，A、B 為實數$$

同乘 $P(s)$ 得

$$P(s)Y(s)=As+B+W(s)P(s)$$

若取 $s-a$ 極限，則 $W(s)P(s)\to 0$，則可得一常數（複數）

$$K_a=\lim_{s\to a}P(s)\frac{F(s)}{G(s)}=\lim_{s\to a}As+B$$

$$=Aa+B=\alpha A+B+i\beta A \tag{4.29}$$

或同除 β 得

$$Q_a=\frac{1}{\beta}K_a=\frac{\alpha A+B}{\beta}+iA \tag{4.30}$$

由上式可得 $A=I_m(Q_a)$，而 $B=\beta R_e(Q_a)-\alpha A$，式中 I_m 代表虛部，R_e 代表實部。而原式中共軛因式之項為

$$H(s)=\frac{As+B}{P(s)}=\frac{As+B}{(s-\alpha)^2+\beta^2}=\frac{A(s-\alpha)+\alpha A+B}{(s-\alpha)^2+\beta^2}$$

可得相對應的反轉換

$$h(t) = e^{\alpha t}\left(A\cos\beta t + \frac{\alpha A + B}{\beta}\sin\beta t \right) \tag{4.31}$$

故上式亦可在(4.29)式 K_a 計算完後即可得到。

例 35

試求下列函數之反轉換
$$F(s) = \frac{s+4}{s^2 + 2s + 2}$$

解 因分母 $P(s) = s^2 + 2s + 2$ ，可得 $s = -1 \pm i$ ，故 $\alpha = -1$ ， $\beta = 1$

由(4.29)式得

$$K_a = \lim_{s \to -1+i} (s^2 + 2s + 2)F(s) = \lim_{s \to -1+i} (s+4) = 3+i$$

故由(4.31)反轉換可得

$$f(t) = e^{-t}(\cos t + 3\sin t)$$

另法：

在實用上有關共軛複數分母之反轉換亦可利用技巧將分子函數寫成類似分母形式而求解，例如原式可寫成

$$F(s) = \frac{s+4}{(s+1)^2 + 1} = \frac{(s+1)+3}{(s+1)^2 + 1}$$

$$= \frac{s+1}{(s+1)^2 + 1} + \frac{3}{(s+1)^2 + 1}$$

故利用移位性質可得反轉換

$$f(t) = e^{-t}\cos t + 3e^{-t}\sin t$$

例 36

解一彈簧共振系統如下，其初值 $y(0)$，$y'(0)$皆為零

$$my'' + ky = A\sin pt$$

其中 m 為物體質量，k 為虎克係數，而 $A\sin pt$ 為作用力

解 原式同除 m 可寫成

$$y'' + \frac{k}{m}y = \frac{A}{m}\sin pt$$

令 $\omega_0 = \sqrt{\dfrac{k}{m}}$ 則可得

$$y'' + \omega_0^2 y = K\sin pt \ , \ K = \frac{A}{m}$$

取拉氏轉換可得輔助方程式

$$s^2 Y + \omega_0^2 Y = K\frac{p}{s^2 + p^2}$$

或

$$Y(s) = \frac{Kp}{(s^2 + \omega_0^2)(s^2 + p^2)} = \frac{As + B}{s^2 + \omega_0^2} + \frac{Ms + N}{s^2 + p^2}$$

令 $a_1 = i\omega_0$，$\overline{a_1} = -i\omega_0$ 則 $\alpha = 0$，$\beta = \omega_0$ 則由(4.30)式得

$$Q_{a_1} = \frac{1}{\omega_0}\lim_{s \to i\omega_0}\frac{(s^2 + \omega_0^2)Kp}{(s^2 + \omega_0^2)(s^2 + p^2)} = \frac{1}{\omega_0}\frac{Kp}{p^2 - \omega_0^2}$$

為實數，故可得 $A = 0$，$B = \dfrac{Kp}{p^2 - \omega_0^2}$，而其相對應的轉換對為

$$\frac{As + B}{s^2 + \omega_0^2} = \frac{Kp}{(p^2 - \omega_0^2)(s^2 + \omega_0^2)} \leftrightarrow \frac{Kp}{\omega_0(p^2 - \omega_0^2)}\sin \omega_0 t$$

同理亦可得 $M = 0$，$N = \dfrac{Kp}{\omega_0^2 - p^2}$ 及轉換對

$$\frac{Ms + N}{s^2 + p^2} = \frac{Kp}{(\omega_0^2 - p^2)(s^2 + p^2)} \leftrightarrow \frac{Kp}{(\omega_0^2 - p^2)} \sin pt$$

合併可得

$$y(t) = \mathscr{L}^{-1}\{Y\} = \frac{K}{p^2 - \omega_0^2}\left(\frac{p}{\omega_0}\sin \omega_0 t - \sin pt\right)$$

---

⑦ 情況 Ⅳ： $G(s)$ 中包含重複共軛複數因式 $\left[(s-a)(s-\bar{a})^2\right]$

若 $G(s)$ 中包含重複共軛複數因式 $\left[(s-a)(s-\bar{a})^2\right]$ 時，在 $Y(s) = \dfrac{F(s)}{G(s)}$ 中對應於此因式的部分分式為

$$\frac{As + B}{\left[(s-\alpha)^2 + \beta^2\right]^2} + \frac{Ms + N}{(s-\alpha)^2 + \beta^2}$$

若令

$$R(s) = \left[(s-\alpha)^2 + \beta^2\right]^2 \frac{F(s)}{G(s)}$$

$$R_a = \lim_{s \to a} R(s) \text{，} R_a' = \lim_{s \to a} R'(s)$$

則

$$A = I_m\left(\frac{R_a}{\beta}\right) \text{，} \alpha A + B = R_e(R_a)$$

$$M = A - \frac{R_e(R_a')}{2\beta^2} \text{，} \alpha M + N = \frac{I_m(R_a')}{2\beta} \tag{4.32}$$

其中 R_e 代表實部，而 I_m 代表虛部。

而其相對應的解為

$$e^{at}\left[\frac{A}{2\beta}t\sin\beta t+\frac{\alpha A+\beta}{2\beta^3}(\sin\beta t-\beta t\cos\beta t)\right]$$

$$+e^{at}\left[M\cos\beta t+\frac{\alpha M+N}{\beta}\sin\beta t\right] \qquad (4.33)$$

例 37

求 $Y(s)=\dfrac{F(s)}{G(s)}=\dfrac{K}{s^4-\omega^4}$，$K$ 為常數

解　∵ $Y(s)=\dfrac{K}{s^4-\omega^4}=\dfrac{K}{(s^2-\omega^2)(s^2+\omega^2)}$

$$=\frac{K}{2\omega^2}\left(\frac{1}{s^2-\omega^2}-\frac{1}{s^2+\omega^2}\right)$$

由本章後所附常用拉氏轉換表可得反轉換

$$y(t)=\frac{K}{2\omega^3}(\sinh\omega t-\sin\omega t)$$

習題 4-6

求下列函數之反轉換

1. $\dfrac{2s-5}{s^2+s-2}$

Ans：$3e^{-2t}-e^t$

2. $\dfrac{s+1}{(s-1)^4}$

Ans：$\dfrac{1}{3}t^3e^t+\dfrac{1}{2}t^2e^t$

3. $\dfrac{s+2}{s^2-4s+8}$

Ans：$e^{2t}(\cos 2t+2\sin 2t)$

4. $\dfrac{s+3}{s^2+6s+15}$

Ans：$e^{-3t}\cos\sqrt{6}t$

5. $\dfrac{s^2+3s-2}{(s+2)^2(s^2-1)}$

Ans：$-\dfrac{19}{9}e^{-2t}-\dfrac{4}{3}te^{-2t}+\dfrac{1}{9}e^t+2e^{-t}$

6. $\dfrac{1}{s(s^2+9)}$

Ans：$\dfrac{1}{9}-\dfrac{1}{9}\cos 3t$

7. $\dfrac{s(s+2)}{(s^2+2s+2)^2}$

Ans：$e^{-t}(t\cos t)$

8. $\dfrac{14}{(s-3)(s^2+5)}$

Ans：$e^{3t}-\cos\sqrt{5}t-\dfrac{3}{\sqrt{5}}\sin\sqrt{5}t$

9. $\dfrac{2s}{(s^2+a^2)(s^2+b^2)}$

Ans：$\dfrac{2}{a^2-b^2}\left[\cos bt-\cos at\right]$

10. $\dfrac{s^2+2s+5}{(s^2+2s-3)^2}$

Ans：$te^{-t}\cosh 2t$

11. $\dfrac{2s}{(s^2-9)^2}$

Ans：$\dfrac{1}{3}t\sinh 3t$

12. $\dfrac{s+1-2\omega}{s^2+2s+\omega^2+1}$

Ans：$e^{-t}(\cos\omega t-2\sin\omega t)$

4-7 ◀ 週期函數之拉氏轉換

若 $f(t)$ 為一週期函數且有週期 T，則其滿足

$$f(t+NT)=f(t)，t \geq 0，N 為整數$$

其拉氏轉換由定義可得為

$$\mathscr{L}\{f(t)\}=\int_0^\infty f(t)e^{-st}dt$$

$$=\int_0^T f(t)e^{-st}dt+\int_T^{2T} f(t)e^{-st}dt+\int_{2T}^{3T} f(t)e^{-st}dt+\cdots$$

若在第二個積分中令 $t=\tau+T$，第三個積分中令 $t=\tau+2T$，…第 n 個積分令 $t=\tau+(n-1)T$，…則因其為週期函數，故

$$f(\tau)=f(\tau+T)=f(\tau+2T)=\cdots=f(\tau+NT)$$

原式變成

$$\mathscr{L}\{f(t)\}=\int_0^T f(\tau)e^{-s\tau}d\tau+\int_0^T f(\tau)e^{-s(\tau+T)}d\tau+\int_0^T f(\tau)e^{-s(\tau+2T)}d\tau+\cdots$$

$$=\left[1+e^{-sT}+e^{-2sT}+\cdots\right]\int_0^T f(\tau)e^{-s\tau}d\tau$$

$$=\frac{1}{1-e^{-Ts}}\int_0^T f(\tau)e^{-s\tau}d\tau$$

上式利用了 $\dfrac{1}{1-x}=1+x+x^2+x^3+\cdots$，即週期函數 $f(t)$ 的拉氏轉換為

$$\mathscr{L}\{f(t)\}=\frac{1}{1-e^{-Ts}}\int_0^T e^{-st}f(t)dt，T 為週期，s>0 \tag{4.34}$$

例 38

求圖 4.9 中週期方波之拉氏轉換

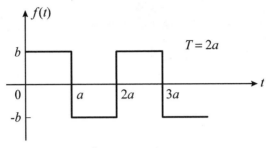

$$\text{圖 4.9 例 38}$$

解 因週期 $T = 2a$，利用(4.34)式直接積分得

$$\mathcal{L}\{f(t)\} = \frac{1}{1-e^{-2as}}\left(\int_0^a be^{-st}dt + \int_a^{2a}(-b)e^{-st}dt\right)$$

$$= \frac{b}{1-e^{-2as}}\left[-\frac{1}{s}e^{-st}\Big|_0^a - \frac{-1}{s}e^{-st}\Big|_a^{2a}\right]$$

$$= \frac{b}{s(1-e^{-2as})}\left[1-e^{-as}+e^{-2as}-e^{-as}\right]$$

$$= \frac{b}{s}\frac{1-2e^{-as}+e^{-2as}}{(1+e^{-as})(1-e^{-as})}$$

$$= \frac{b}{s}\frac{1-e^{-as}}{1+e^{-as}} = \frac{b}{s}\left(1-\frac{2e^{-as}}{1+e^{-as}}\right)$$

$$= \frac{b}{s}\left(1-\frac{2}{e^{as}+1}\right)$$

當然讀者亦可整理得另一較精緻之解

$$F(s) = \mathcal{L}\{f(t)\} = \frac{b}{s}\left(\frac{1-e^{-as}}{1+e^{-as}}\right)$$

$$= \frac{b}{s}\frac{e^{-\frac{as}{2}}(e^{\frac{as}{2}}-e^{-\frac{as}{2}})}{e^{-\frac{as}{2}}(e^{\frac{as}{2}}+e^{-\frac{as}{2}})}$$

$$= \frac{b}{s} \frac{\sinh(as/2)}{\cosh(as/2)}$$

$$= \frac{b}{s} \tanh \frac{as}{2}$$

例 39

求圖 4.10 中鋸齒波之拉氏轉換

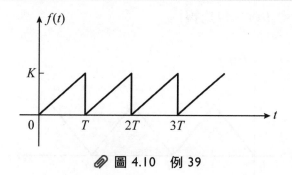

📎 圖 4.10   例 39

解

$$\because f(t) = \frac{K}{T} t \text{ , } 0 < t < T \text{ , 且 } f(t + NT) = f(t)$$

$$\therefore \int_0^T f(t) e^{-st} dt = \frac{K}{T} \int_0^T t e^{-st} dt$$

令 $du = e^{-st} dt$ ， $u = -\frac{1}{s} e^{-st}$ ， $v = t$ ， $dv = dt$ ，因此原式寫成

$$\frac{K}{T} \int_0^T t e^{-st} dt = \frac{K}{T} \left[-\frac{t}{s} \Big|_0^T + \frac{1}{s} \int_0^T e^{-st} dt \right]$$

$$= \frac{K}{T} \left[-\frac{T}{s} e^{-sT} - \frac{1}{s^2} (e^{-sT} - 1) \right]$$

利用(4.34)式得拉氏轉換

$$F(s) = \frac{K/T}{1-e^{-Ts}} \left[-\frac{T}{s}e^{-sT} - \frac{1}{s^2}(e^{-sT}-1) \right]$$

$$= \frac{K}{Ts^2} - \frac{Ke^{-Ts}}{s(1-e^{-Ts})} \quad , \quad s > 0$$

例 40

求圖 4.11 中函數之拉氏轉換

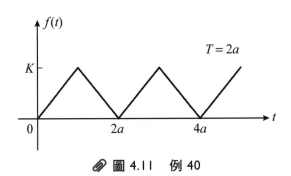

@ 圖 4.11　例 40

解 ∵ 本例為例 38 在 $b=1$ 之積分波型，故利用定理 4-3 函數積分的拉氏轉換，可得

$$\mathscr{L}\{f(t)\} = \frac{1}{s^2}\tanh\frac{as}{2}$$

習題 4-7

求下列週期函數之拉氏轉換

1. 求如圖半波整流之拉氏轉換

$$f(t) = \begin{cases} K \sin \omega t & , \ 在 0 < t < \dfrac{\pi}{\omega} \\ 0 & , \ 在 \dfrac{\pi}{\omega} < t < \dfrac{2\pi}{\omega} \end{cases} , \quad T = \dfrac{2\pi}{\omega}$$

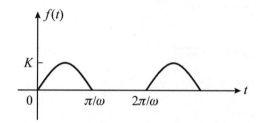

Ans：$\dfrac{K\omega}{(s^2 + \omega^2)(1 - e^{-\pi \frac{s}{\omega}})}$

2. 求下圖週期函數之拉氏轉換

$$f(t) = t \ , \ 0 < t < 2 \ , \ T = 2$$

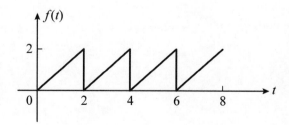

Ans：$\dfrac{1}{s^2} - \dfrac{2e^{-2s}}{s(1 - e^{-2s})}$

3. 求下圖週期函數之拉氏轉換

$$f(t) = e^t \text{ , } 0 < t < 2\pi \text{ , } T = 2\pi$$

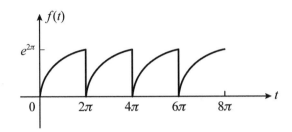

Ans：$\dfrac{1}{(1-e^{-2\pi s})(s-1)}\left[1-e^{-2(s-1)\pi}\right]$

4. 求下圖全波整流的拉氏轉換

$$f(t) = k\sin\omega t \text{ , } 0 < t < \dfrac{\pi}{\omega} \text{ , } T = \dfrac{\pi}{\omega}$$

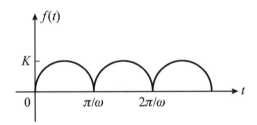

Ans：$\dfrac{k\omega}{s^2+\omega^2}\coth\dfrac{\pi s}{2\omega}$

4-8　摺合積分

在拉氏轉換中若有 $H(s)=F(s)\cdot G(s)$，其中 $F(s)$、$G(s)$ 分別為 $f(t)$ 及 $g(t)$ 之拉氏轉換，是不是會存在 $h(t)=\mathscr{L}^{-1}\{H(s)\}=f(t)\cdot g(t)$ 呢？答案應是否定的。在本節中將介紹若兩拉氏轉換函數在 s 軸中為乘積則其反轉換函數在時間軸 t 軸中應為一摺合積分(convolution)，或稱迴旋積分。

定理 4.8

摺合積分定理

若 $f(t)$ 及 $g(t)$ 之拉氏轉換分別為 $F(s)$ 及 $G(s)$，且存在 $H(s)=F(s)\cdot G(s)$ 則 $H(s)$ 之反轉換 $h(t)$ 應為 $f(t)$ 與 $g(t)$ 之摺合積分，亦即

$$h(t)=f(t)*g(t)=\int_0^t f(\tau)g(t-\tau)d\tau \tag{4.35}$$

其中「 $*$ 」為摺合積分符號

證明

$$\because G(s)=\mathscr{L}\{g(t)\}=\int_0^\infty g(t)e^{-st}dt$$

利用移位定理

$$e^{-s\tau}G(s)=\int_0^\infty g(t-\tau)u(t-\tau)e^{-st}dt=\int_\tau^\infty g(t-\tau)e^{-st}dt$$

$$\because H(s)=F(s)\cdot G(s)=\int_0^\infty f(\tau)e^{-s\tau}G(s)d\tau$$

$$=\int_0^\infty f(\tau)\int_\tau^\infty e^{-st}g(t-\tau)dtd\tau$$

更改積分順序則

$$H(s) = \int_0^\infty \int_0^t f(\tau)g(t-\tau)d\tau e^{-st}dt$$

$$= \int_0^\infty h(t)e^{-st}dt$$

其中，$h(t) = \int_0^t f(\tau)g(t-\tau)d\tau$，故得證。

而讀者可自證摺合積分滿足以下性質

(i) $f*g = g*f$ 交換律

(ii) $f*(g_1+g_2) = f*g_1 + f*g_2$ 分配律

(iii) $(f*g)*v = f*(g*v)$ 結合律

例 41

試求下列迴旋積分
$$f(t) = u(t)*t$$

解 由(4.35)式得

$$f(t) = \int_0^t u(\tau)(t-\tau)d\tau = \int_0^\infty (t-\tau)d\tau$$

$$= \left(t\tau - \frac{\tau^2}{2} \right) \Bigg|_0^t = t^2 - \frac{t^2}{2}$$

$$= \frac{t^2}{2}$$

讀者亦可利用拉氏轉換法求證上式結果，若將原式兩側同時取拉氏轉換得

$$F(s) = \frac{1}{s} \cdot \frac{1}{s^2} = \frac{1}{s^3}$$

故可得反轉換

$$f(t) = \frac{1}{2}t^2$$

例 42

若 $f_1(t) = t$，$f_2(t) = e^{at}$，求 $h(t) = f_1(t) * f_2(t)$ 及 $H(s)$

解

$$h(t) = t * e^{at} = \int_0^t \tau e^{a(t-\tau)} d\tau$$

$$= e^{at} \int_0^t \tau e^{-a\tau} d\tau$$

$$= \frac{1}{a^2}(e^{at} - at - 1) \text{（利用本書附錄積分表公式）}$$

$$H(s) = \mathscr{L}\{h(t)\} = \frac{1}{a^2}\left[\frac{1}{s-a} - \frac{a}{s^2} - \frac{1}{s}\right]$$

$$= \frac{1}{s^2(s-a)}$$

讀者亦可由 $F_1(s) = \mathscr{L}\{f_1\} = \frac{1}{s^2}$ 及 $F_2(s) = \mathscr{L}\{f_2\} = \frac{1}{s-a}$

得 $H(s) = F_1(s) \cdot F_2(s) = \frac{1}{s^2(s-a)}$

例 43

利用摺合積分求 $\dfrac{4}{s(s-4)^2}$ 之反轉換

解 若令 $F(s) = \dfrac{4}{s}$ 則 $f(t) = 4$，$G(s) = \dfrac{1}{(s-4)^2}$，則 $g(t) = 4e^{4t}$，故可得

$$\mathscr{L}^{-1}\left\{\frac{4}{s(s-4)^2}\right\} = f(t) * g(t) = 4 * te^{4t}$$

$$= 4\int_0^t \tau e^{4\tau} d\tau$$

$$= e^{4t}\left(t - \frac{1}{4}\right) + \frac{1}{4}$$

例 44

$H(s) = \dfrac{1}{(s+2)(s^2-9)}$，利用摺合積分求 $h(t)$。

解 令

$$F(s) = \frac{1}{s+2}, \quad f(t) = e^{-2t}$$

$$G(s) = \frac{1}{s^2-9}, \quad g(t) = \frac{1}{3}\sinh 3t$$

$$h(t) = e^{-2t} * \frac{1}{3}\sinh 3t$$

$$= \frac{1}{3}\int_0^t e^{-2(t-\tau)}\sinh(3\tau)d\tau$$

$$= \frac{1}{6}\int_0^t e^{-2(t-\tau)}(e^{3\tau} - e^{-3\tau})d\tau$$

$$= \frac{e^{3t}}{30} + \frac{e^{-3t}}{6} - \frac{1}{5}e^{-2t}$$

習題 4-8

以摺合積分求下列函數 $f(t)$

1. $f(t) = u(t) * u(t)$

   Ans：$t, t > 0$

2. $f(t) = u(t) * t$

   Ans：$\dfrac{1}{2}t^2$，$t > 0$

3. $f(t) = t * t$

   Ans：$\dfrac{t^3}{6}$，$t > 0$

利用摺合積分求下列函數之反轉換

4. $H(s) = \dfrac{2s}{(s^2 + a^2)(s^2 + b^2)}$

   Ans：$\dfrac{2}{a^2 - b^2}\left[\cos bt - \cos at\right]$

5. $H(s) = \dfrac{14}{(s-3)(s^2+5)}$

   Ans：$e^{3t} - \cos t\sqrt{5}t - \dfrac{3}{\sqrt{5}}\sin\sqrt{5}t$

6. $H(s) = \dfrac{1}{(s+1)^2}$

   Ans：te^{-t}

📖 常用拉氏轉換表

$f(t)$	$F(s) = \mathscr{L}\{\, f(t)\,\}$
1	$\dfrac{1}{s}$
t	$\dfrac{1}{s^2}$
t^n	$\dfrac{n!}{s^{n+1}}$
$\dfrac{1}{\sqrt{t}}$	$\sqrt{\dfrac{\pi}{s}}$
e^{at}	$\dfrac{1}{s-a}$
te^{at}	$\dfrac{1}{(s-a)^2}$
$t^n e^{at}$	$\dfrac{n!}{(s-a)^{n+1}}$
$\dfrac{1}{a-b}(e^{at}-e^{bt})$	$\dfrac{1}{(s-a)(s-b)}$
$\dfrac{1}{a-b}(ae^{at}-be^{bt})$	$\dfrac{s}{(s-a)(s-b)}$
$\sin(at)$	$\dfrac{a}{s^2+a^2}$
$\cos(at)$	$\dfrac{s}{s^2+a^2}$
$1-\cos(at)$	$\dfrac{a^2}{s(s^2+a^2)}$
$at-\sin(at)$	$\dfrac{a^2}{s^2(s^2+a^2)}$
$\sin(at)-at\cos(at)$	$\dfrac{2a^3}{(s^2+a^2)^2}$
$t\sin(at)$	$\dfrac{2as}{(s^2+a^2)^2}$

▉ 常用拉氏轉換表（續）

$t\cos(at)$	$\dfrac{(s-a)(s+a)}{(s^2+a^2)^2}$
$\dfrac{\cos(at)-\cos(bt)}{(b-a)(b+a)}$	$\dfrac{s}{(s^2+a^2)(s^2+b^2)}$
$e^{at}\sin(bt)$	$\dfrac{b}{(s-a)^2+b^2}$
$e^{at}\cos(bt)$	$\dfrac{s-a}{(s-a)^2+b^2}$
$\sinh(at)$	$\dfrac{a}{s^2-a^2}$
$\cosh(at)$	$\dfrac{s}{s^2-a^2}$
$\sin(at)\cosh(at)-\cos(at)\sinh(at)$	$\dfrac{4a^3}{s^4+4a^4}$
$\sin(at)\sinh(at)$	$\dfrac{2a^2 s}{s^4+4a^4}$
$\sinh(at)-\sin(at)$	$\dfrac{2a^3}{s^4-a^4}$
$\cosh(at)-\cos(at)$	$\dfrac{2a^2 s}{s^4-a^4}$
$\dfrac{e^{at}(1+2at)}{\sqrt{\pi t}}$	$\dfrac{s}{(s-a)^{\frac{3}{2}}}$
$\dfrac{1}{t}\sin(at)$	$\arctan\left(\dfrac{a}{s}\right)$
$\dfrac{2}{t}\left[\,1-\cos(at)\,\right]$	$\ln\left(\dfrac{s^2+a^2}{s^2}\right)$
$\dfrac{2}{t}\left[\,1-\cosh(at)\,\right]$	$\ln\left(\dfrac{s^2-a^2}{s^2}\right)$
$\dfrac{1}{\sqrt{\pi t}}e^{-\frac{a^2}{4t}}$	$\dfrac{1}{\sqrt{s}}e^{-a\sqrt{s}}$
$f\left(\dfrac{t}{a}\right)$	$aF(as)$

常用拉氏轉換表（續）

$e^{bt/a} f\left(\dfrac{t}{a}\right)$	$aF(as-b)$
$f^{(n)}(t)$	$s^n F(s) - s^{n-1} f(0) - s^{n-2} f'(0) - \cdots$ $-sf^{(n-2)}(0) - f^{(n-1)}(0)$

05 矩陣與行列式

5-1 ◀ 矩陣的基本觀念

A 定義 5.1

矩陣：

若將一組數目以長方形陣列方式規則排列，並以括號[ ]，或( )包圍，則稱其為矩陣(matrix)，通常以大寫黑體字表示

$$\mathbf{A} = \begin{bmatrix} a_{ij} \end{bmatrix} = \begin{bmatrix} a_{11} & a_{12} & \cdots & \cdots & a_{1n} \\ a_{21} & a_{22} & \cdots & \cdots & a_{2n} \\ \vdots & \vdots & & & \vdots \\ a_{m1} & a_{m2} & \cdots & \cdots & a_{mn} \end{bmatrix} \tag{5.1}$$

其中 $a_{11}, a_{12}, \cdots, a_{mn}$ 稱之為矩陣的元素 (elememt)，而 a_{ij}，$i = 1, 2, \cdots, m$，$j = 1, 2, \cdots, n$ 為矩陣中第 i 列 j 行的元素。而水平線上的元素所成的集合稱為矩陣的列(rows)或列向量(row vector)，垂直線上的元素則稱之為行(columns)或行向量(columns vector)。而若如式(5.1)所示具有 m 列及 n 行則可稱其為 $m \times n$ 矩陣。

一些簡單矩陣可定義如下：

1. **行矩陣：** 僅由一行元素所組成的矩陣，稱為行矩陣，或行向量，一般可標記為 $m \times 1$ 矩陣，如

$$\begin{bmatrix} a_1 \\ a_2 \\ \vdots \\ a_m \end{bmatrix}$$

2. **列矩陣：**由一列元素所組成的矩陣，稱為列矩陣，或列向量，一般可標記為$1 \times n$矩陣，如

$$\begin{bmatrix} b_1 & b_2 & \cdots & b_n \end{bmatrix}$$

3. **實數矩陣：**矩陣內所有元素皆為實數，則稱其為實數矩陣(real matrix)。

4. **零矩陣：**矩陣內所有元素皆為零，則稱其為零矩陣(zero matrix)。

5. **方矩陣：**具有相同行與列數目的矩陣，則稱其為方矩陣(square matrix)，而其行（或列）的數目則為該方矩陣的階(oorder)如

$$\begin{bmatrix} a \end{bmatrix}, \begin{bmatrix} a_{11} & a_{12} \\ a_{21} & a_{22} \end{bmatrix}, \begin{bmatrix} a_{11} & a_{12} & a_{13} \\ a_{21} & a_{22} & a_{23} \\ a_{31} & a_{32} & a_{33} \end{bmatrix}, \begin{bmatrix} a_{11} & a_{12} & \cdots & a_{1n} \\ a_{21} & a_{22} & \cdots & a_{2n} \\ \vdots & \vdots & & \vdots \\ a_{n1} & a_{n2} & \cdots & a_{nn} \end{bmatrix}$$

6. **主對角線矩陣：**一方陣中的對角元素$a_{11}, a_{22}, \cdots, a_{nn}$稱其為主對角線(principal diagonal)，而一僅由主對角線元素所成的矩陣，則稱之為主對角矩陣(diagonal matrix)，如

$$\begin{bmatrix} a_{11} & \cdots & 0 \\ \vdots & a_{22} & \vdots \\ 0 & \cdots & a_{nn} \end{bmatrix}; 式中 a_{ij} = 0 \quad 對所有 \quad i \neq j$$

7. **上三角矩陣：**一方陣中其主要對角線以下元素為零，則稱為上三角矩陣，如

$$\begin{bmatrix} a_{11} & a_{12} & \cdots & a_{1n} \\ & a_{22} & a_{23} & \vdots \\ & & \cdots & \vdots \\ 0 & & & a_{mn} \end{bmatrix}, 式中 a_{ij} = 0 \quad 對所有 \quad i > j$$

8. **下三角矩陣**：一方陣中其主對角線以上元素為零，則為下三角矩陣。

9. **子矩陣**：一已知 $m \times n$ 的矩陣 $\mathbf{A}$，去掉某些列或行元素所成的矩陣稱之為矩陣 $\mathbf{A}$ 的子矩陣(submatrix)。

10. **單位矩陣**：一主對角線元素皆為 1 的主對角矩陣稱為單位矩陣，標示為 $\mathbf{I}$。

例 1

試寫出下列 2×3 矩陣的所有子矩陣

$$\mathbf{B} = \begin{bmatrix} 1 & 0 & 4 \\ -2 & 4 & 3 \end{bmatrix}$$

解 (1) 其具有三個 2×2 的子矩陣，如

$$\begin{bmatrix} 1 & 0 \\ -2 & 4 \end{bmatrix}, \begin{bmatrix} 1 & 4 \\ -2 & 3 \end{bmatrix}, \begin{bmatrix} 0 & 4 \\ 4 & 3 \end{bmatrix}$$

(2) 兩個 1×3 的列向量子矩陣

$$\begin{bmatrix} 1 & 0 & 4 \end{bmatrix} \quad \begin{bmatrix} -2 & 4 & 3 \end{bmatrix}$$

(3) 三個 2×1 的行向量子矩陣

$$\begin{bmatrix} 1 \\ -2 \end{bmatrix}, \begin{bmatrix} 0 \\ 4 \end{bmatrix}, \begin{bmatrix} 4 \\ 3 \end{bmatrix}$$

(4) 六個 1×1 的子矩陣

$$\begin{bmatrix} 1 \end{bmatrix}, \begin{bmatrix} 0 \end{bmatrix}, \begin{bmatrix} 4 \end{bmatrix}, \begin{bmatrix} -2 \end{bmatrix}, \begin{bmatrix} 4 \end{bmatrix}, \begin{bmatrix} 3 \end{bmatrix}$$

5-2 矩陣基本運算

定義 5.2

矩陣相等：

若兩矩陣 $\mathbf{A} = \begin{bmatrix} a_{ij} \end{bmatrix}$ 及 $\mathbf{B} = \begin{bmatrix} b_{ij} \end{bmatrix}$ 相等，若且唯若兩陣列具有相同行與列數目，而且其相對應的元素皆相等，即

$$a_{ij} = b_{ij} \qquad 對所有\ i\ 及\ j$$

而可寫成

$$\mathbf{A} = \mathbf{B}$$

定義 5.3

矩陣加法：

若兩矩陣具有相同數目的行與列，則可進行矩陣相加，兩個 $m \times n$ 的矩陣相可寫成

$$\mathbf{C} = \begin{bmatrix} c_{ij} \end{bmatrix} = \mathbf{A} + \mathbf{B}$$

其中 $\mathbf{C}$ 為兩矩陣相加後所產生的新矩陣，其內之每一元素為兩矩陣各為對應位置元素將加之和，如下表示

$$c_{ij} = a_{ij} + b_{ij}\ ,\ \begin{matrix} i = 1, 2, \cdots m \\ j = 1, 2, \cdots n \end{matrix} \tag{5.2}$$

例 2

試求下列兩矩陣相加之結果

$$A = \begin{bmatrix} 1 & 2 & 3 \\ 0 & 2 & 1 \end{bmatrix}, \quad B = \begin{bmatrix} -1 & 0 & 4 \\ 2 & 1 & 3 \end{bmatrix}$$

解

$$C = A + B = \begin{bmatrix} 0 & 2 & 7 \\ 2 & 3 & 4 \end{bmatrix}$$

注意 上式仍為 2×3 矩陣。

性質 5.1

由定義看出矩陣相加應滿足以下性質

(a) $A + B = B + A$

(b) $(A + B) + C = A + (B + C)$

(c) $A + 0 = A$

(d) $A + (-A) = 0$

其中 0 為一零矩陣，與純量 0 物理意義不同。讀者可自證上述之性質。

定義 5.4

純量乘矩陣：

以一純量 k 乘一 $m \times n$ 的矩陣 A 的乘積可寫成 kA，即把 k 乘 A 內的每一個元素，如

$$kA = Ak = \begin{bmatrix} ka_{11} & ka_{12} & \cdots & ka_{1n} \\ ka_{21} & ka_{22} & \cdots & ka_{2n} \\ \vdots & \vdots & & \vdots \\ ka_{m1} & ka_{m2} & \cdots & ka_{mn} \end{bmatrix} \tag{5.3}$$

例 3

若 $A = \begin{bmatrix} 2 & 1 & 0 \\ -1 & 3 & 2 \end{bmatrix}$，$B = \begin{bmatrix} -1 & 1 & -1 \\ 2 & 0 & 3 \end{bmatrix}$，(a)求 $2A$，(b)求 $-2B$

解　$2A = \begin{bmatrix} 4 & 2 & 0 \\ -2 & 6 & 4 \end{bmatrix}$，$2B = \begin{bmatrix} 2 & -2 & 2 \\ -4 & 0 & -6 \end{bmatrix}$

性質 5.2

由定義可知，對於純量 c，k 乘矩陣可得以下性質

(a)　$k(A + B) = kA + kB$

(b)　$(k + c)A = kA + cA$

(c)　$c(kA) = (ck)A$　　　（c，k 為常數）

(d)　$1 \cdot A = A$
　　　讀者可自證之。

定義 5.5

矩陣乘法：

若 $A = \begin{bmatrix} a_{ij} \end{bmatrix}$ 為 $m \times n$ 矩陣，而 $B = \begin{bmatrix} b_{ij} \end{bmatrix}$ 為 $r \times p$ 矩陣，則其乘積 AB 只能在 $n = r$ 時成立，而其乘積結果為一 $m \times p$ 矩陣 C，即

$$C = \begin{bmatrix} c_{ij} \end{bmatrix} = AB$$

而其中矩陣 **C** 內之元素可由下式求得

$$c_{ij} = \sum_{k=1}^{n} a_{ik}b_{kj}$$

$$= a_{i1}b_{1j} + a_{i2}b_{2j} + \cdots + a_{in}b_{nj} \qquad \begin{matrix} i = 1,2,\cdots m \\ j = 1,2,\cdots p \end{matrix} \qquad (5.4)$$

性質 5.3

乘法之基本規則為

(a) $(AB)C = A(BC)$

(b) $A(B+C) = AB + AC$

(c) $(A+B)C = AC + BC$

(d) $k(AB) = (kA)B = A(kB)$ ，k 為純量

　　通常交換律在矩陣相乘時是不成立的，即 $AB \neq BA$；但是在兩種特殊情況下，矩陣的乘法具有交換性，如 $A \cdot I = I \cdot A = A$ 及 $A \cdot 0 = 0 \cdot A = 0$ 同時注意若 $AB = 0$，則並不表示 $A = 0$ 或 $B = 0$。

例 4

若兩矩陣分別為

$$A = \begin{bmatrix} 1 & 3 \\ 2 & -1 \end{bmatrix}, \quad B = \begin{bmatrix} 2 & 0 & -4 \\ 3 & -2 & 6 \end{bmatrix}$$

求 (a)AB，(b)BA

解 (a) 因 **A** 為 2×2 矩陣，**B** 為 2×3 矩陣，故 **AB** 應為 2×3 矩陣，由(5.4)
式可得

$$AB = \begin{bmatrix} 1 & 3 \\ 2 & -1 \end{bmatrix}\begin{bmatrix} 2 & 0 & -4 \\ 3 & -2 & 6 \end{bmatrix}$$

$$=\begin{bmatrix} 1\times2+3\times3 & 1\times0+3\times(-2) & 1\times(-4)+3\times6 \\ 2\times2+(-1)\times3 & 2\times0+(-1)\times(-2) & 2\times(-4)+(-1)\times6 \end{bmatrix}$$

$$=\begin{bmatrix} 11 & -6 & 14 \\ 1 & 2 & -14 \end{bmatrix}$$

(b) $\mathbf{BA}$ 矩陣不存在。因 $\mathbf{B}$ 為 2×3 矩陣，$\mathbf{A}$ 為 2×2 矩陣無法相乘，故由此結果亦可看出矩陣乘法交換律不存在。

例 5

若兩向量分別為
$$\mathbf{A}=\begin{bmatrix} 1 & 2 \\ -1 & 2 \end{bmatrix}\text{，}\mathbf{B}=\begin{bmatrix} -1 & 0 \\ 0 & 1 \end{bmatrix}$$
求 (a)$\mathbf{AB}$，(b)$\mathbf{BA}$

解 (a) $\mathbf{AB}=\begin{bmatrix} 1 & 2 \\ -1 & 2 \end{bmatrix}\begin{bmatrix} -1 & 0 \\ 0 & 1 \end{bmatrix}$

$$=\begin{bmatrix} 1\times(-1)+2\times0 & 1\times0+2\times1 \\ -1\times(-1)+2\times0 & -1\times0+2\times1 \end{bmatrix}$$

$$=\begin{bmatrix} -1 & 2 \\ 1 & 2 \end{bmatrix}$$

(b) $\mathbf{BA}=\begin{bmatrix} -1 & 0 \\ 0 & 1 \end{bmatrix}\begin{bmatrix} 1 & 2 \\ -1 & 2 \end{bmatrix}$

$$=\begin{bmatrix} (-1)\times1+0\times(-1) & -1\times2+0\times2 \\ 0\times1+1\times(-1) & 0\times2+1\times2 \end{bmatrix}$$

$$=\begin{bmatrix} -1 & -2 \\ -1 & 2 \end{bmatrix}$$

> 💡 **注意** 〉 雖然上例中 **AB** 及 **BA** 都存在，但 $\mathbf{AB} \neq \mathbf{BA}$，即交換律在矩
> 陣乘法中不存在。

例 6

若 $\mathbf{A} = \begin{bmatrix} 1 & 1 \\ 3 & 3 \end{bmatrix}$，$\mathbf{B} = \begin{bmatrix} -1 & 1 \\ 1 & -1 \end{bmatrix}$，試求 **AB**

解

$$\mathbf{AB} = \begin{bmatrix} 1 & 1 \\ 3 & 3 \end{bmatrix} \begin{bmatrix} -1 & 1 \\ 1 & -1 \end{bmatrix} = \begin{bmatrix} 0 & 0 \\ 0 & 0 \end{bmatrix}$$

> 💡 **注意** 〉 在上例中 $\mathbf{AB} = \mathbf{0}$，但 $\mathbf{A} \neq \mathbf{0}$，且 $\mathbf{B} \neq \mathbf{0}$，同時
>
> $$\mathbf{BA} = \begin{bmatrix} -1 & 1 \\ 1 & -1 \end{bmatrix} \begin{bmatrix} 1 & 1 \\ 3 & 3 \end{bmatrix} = \begin{bmatrix} 2 & 2 \\ -2 & -2 \end{bmatrix}$$ 亦不為零
>
> 因此若兩矩陣相乘為零並不代表其中一矩陣必定為零。

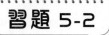

1. 若 $\mathbf{A} = \begin{bmatrix} 1 & 2 & -1 \\ 3 & 0 & 2 \end{bmatrix}$，$\mathbf{B} = \begin{bmatrix} 3 & 1 \\ 1 & 3 \\ 2 & 0 \end{bmatrix}$

   試求：(a)$\mathbf{AB}$，(b)$\mathbf{BA}$

   Ans：(a)$\begin{bmatrix} 3 & 7 \\ 13 & 3 \end{bmatrix}$，(b)$\begin{bmatrix} 6 & 6 & -1 \\ 10 & 2 & 5 \\ 2 & 4 & -2 \end{bmatrix}$

2. 若 $\mathbf{A} = \begin{bmatrix} 2 & -1 \\ 4 & 3 \end{bmatrix}$，$\mathbf{B} = \begin{bmatrix} -1 & 1 \\ 2 & -4 \end{bmatrix}$，$\mathbf{C} = \begin{bmatrix} 1 & 4 \\ -2 & -1 \end{bmatrix}$

   試求(a) $\mathbf{A} + \mathbf{B}$　(b) $\mathbf{A} - \mathbf{B}$　(c) $3\mathbf{A} + 2\mathbf{B} - 4\mathbf{C}$

   Ans：(a)$\begin{bmatrix} 1 & 0 \\ 6 & -1 \end{bmatrix}$，(b)$\begin{bmatrix} 3 & -2 \\ 2 & 7 \end{bmatrix}$，(c)$\begin{bmatrix} 0 & -17 \\ 24 & 5 \end{bmatrix}$

3. 矩陣 $\mathbf{A},\mathbf{B}$ 同題 2，試求(a)$\mathbf{AB}$，(b)$\mathbf{BA}$

   Ans：(a)$\begin{bmatrix} -4 & 6 \\ 2 & -8 \end{bmatrix}$，(b)$\begin{bmatrix} 2 & 4 \\ -12 & -14 \end{bmatrix}$

4. 若 $\mathbf{A}$、$\mathbf{B}$、$\mathbf{C}$ 同題 2，求(a) $(\mathbf{AB}) \cdot \mathbf{C}$，(b) $\mathbf{A}(\mathbf{BC})$，(c)證明 $(\mathbf{AB})\mathbf{C} = \mathbf{A}(\mathbf{BC})$

   Ans：(a)$\begin{bmatrix} -16 & 22 \\ 18 & 16 \end{bmatrix}$，(b)$\begin{bmatrix} -16 & 22 \\ 18 & 16 \end{bmatrix}$

5. 若 $\mathbf{A} = \begin{bmatrix} 1 & 2 \\ 3 & 4 \\ 5 & 6 \end{bmatrix}$，$\mathbf{B} = \begin{bmatrix} 1 & 2 \\ -2 & -3 \end{bmatrix}$

   試求(a)$\mathbf{AB}$，(b)$\mathbf{BA}$

   Ans：(a)$\begin{bmatrix} -3 & -4 \\ -5 & -6 \\ -7 & -8 \end{bmatrix}$，(b)$\mathbf{BA}$ 不存在

6. 若 $(\mathbf{AB})\mathbf{C}$ 及 $\mathbf{A}(\mathbf{BC})$ 存在，試證 $(\mathbf{AB})\mathbf{C} = \mathbf{A}(\mathbf{BC})$

7. 若 $\mathbf{A} = \begin{bmatrix} 1 & 2 \\ 4 & -3 \end{bmatrix}$ 及 $\mathbf{A}^2 = \mathbf{A} \cdot \mathbf{A}$，$\mathbf{A}^3 = \mathbf{AAA}$

   試求(a) $\mathbf{A}^2$　(b) $\mathbf{A}^3$　(c) $\mathbf{A}^3 - \mathbf{A}^2 + 2\mathbf{A}$

   Ans：(a) $\begin{bmatrix} 9 & -4 \\ -18 & 17 \end{bmatrix}$，(b) $\begin{bmatrix} -7 & -30 \\ 60 & -67 \end{bmatrix}$，(c) $\begin{bmatrix} -14 & 42 \\ 76 & -90 \end{bmatrix}$

5-3　矩陣轉置

　定義 5.6

矩陣轉置：

　　若 $\mathbf{A}$ 為 $m \times n$ 矩陣，而其中之行與列互換所產生的一新的 $n \times m$ 矩陣，就稱為 $\mathbf{A}$ 的矩陣轉置(transposition of matrix)，記作 $\mathbf{A}^T$，如

$$\mathbf{A}_{m \times n} = \begin{bmatrix} a_{ij} \end{bmatrix} = \begin{bmatrix} a_{11} & a_{12} & \cdots & \cdots & a_{1n} \\ a_{21} & a_{22} & \cdots & \cdots & a_{2n} \\ \vdots & \vdots & & & \vdots \\ a_{m1} & a_{m2} & \cdots & \cdots & a_{mn} \end{bmatrix}_{m \times n}$$

$$\mathbf{A}^T = \begin{bmatrix} a_{ji} \end{bmatrix} = \begin{bmatrix} a_{11} & a_{21} & \cdots & a_{m1} \\ a_{12} & \vdots & & \vdots \\ \vdots & & & \vdots \\ a_{1n} & a_{2n} & \cdots & a_{nm} \end{bmatrix}_{n \times m} \tag{5.5}$$

　性質 5.4

矩陣轉置的基本運算規則為

(a)　$(\mathbf{A} + \mathbf{B})^T = \mathbf{A}^T + \mathbf{B}^T$

(b)　$(\mathbf{A}^T)^T = \mathbf{A}$

(c)　$(k\mathbf{A})^T = k\mathbf{A}^T$，$k$ 為一純量

(d)　$(\mathbf{AB})^T = \mathbf{B}^T \mathbf{A}^T$

　證明

(a)　若令 $\mathbf{A} = \begin{bmatrix} a_{ij} \end{bmatrix}_{m \times n}$，$\mathbf{B} = \begin{bmatrix} b_{ij} \end{bmatrix}_{m \times n}$

$(\mathbf{A} + \mathbf{B})^T = \begin{bmatrix} a_{ij} + b_{ij} \end{bmatrix}^T = \begin{bmatrix} a_{ij} \end{bmatrix}^T + \begin{bmatrix} b_{ij} \end{bmatrix}^T = \mathbf{A}^T + \mathbf{B}^T$

(b) 若 $\mathbf{A}_{m \times n} = \begin{bmatrix} a_{ij} \end{bmatrix}$, $\mathbf{B}_{n \times p} = \begin{bmatrix} b_{jk} \end{bmatrix}$

則 $\mathbf{C} = \mathbf{AB} = \begin{bmatrix} c_{ik} \end{bmatrix}_{m \times p}$, 其中 $c_{ik} = \displaystyle\sum_{j=1}^{n} a_{ij}b_{jk}$

因 $\mathbf{B}^T = \begin{bmatrix} b_{kj} \end{bmatrix}_{p \times n}$, $\mathbf{A}^T = \begin{bmatrix} a_{ji} \end{bmatrix}_{n \times m}$ 由矩陣乘法得

$\mathbf{B}^T \mathbf{A}^T = \mathbf{D} = \begin{bmatrix} d_{ki} \end{bmatrix}_{p \times m}$, 其中 $d_{ki} = \displaystyle\sum_{j=1}^{n} b_{kj}a_{ji}$

上式中若 k,i 互換則可得 $\begin{bmatrix} c_{ik} \end{bmatrix}^T = \begin{bmatrix} d_{ki} \end{bmatrix}$ 即 $(\mathbf{AB})^T = \mathbf{B}^T \mathbf{A}^T$

例 7

若 $\mathbf{A} = \begin{bmatrix} 1 & 2 & 3 \\ 4 & 5 & 6 \end{bmatrix}$, 試求其轉置矩陣。

解 由(5.5)式得其轉置矩陣為

$$\mathbf{A}^T = \begin{bmatrix} 1 & 4 \\ 2 & 5 \\ 3 & 6 \end{bmatrix}$$

例 8

若 $\mathbf{A} = \begin{bmatrix} 2 & -1 \\ 4 & 3 \end{bmatrix}$, $\mathbf{B} = \begin{bmatrix} -1 & 1 \\ 2 & -4 \end{bmatrix}$

試求(a)$\mathbf{AB}$,(b)$(\mathbf{AB})^T$,(c)$\mathbf{B}^T$,(d)$\mathbf{A}^T$,(e)$\mathbf{B}^T\mathbf{A}^T$,並比較(b),(e)。

解 (a) $\mathbf{AB} = \begin{bmatrix} 2 & -1 \\ 4 & 3 \end{bmatrix}\begin{bmatrix} -1 & 1 \\ 2 & -4 \end{bmatrix} = \begin{bmatrix} -4 & 6 \\ 2 & -8 \end{bmatrix}$

(b) $(\mathbf{AB})^T = \begin{bmatrix} -4 & 2 \\ 6 & -8 \end{bmatrix}$

(c) $(\mathbf{B})^T = \begin{bmatrix} -1 & 2 \\ 1 & -4 \end{bmatrix}$

(d) $\mathbf{A}^T = \begin{bmatrix} 2 & 4 \\ -1 & 3 \end{bmatrix}$

(e) $\mathbf{B}^T\mathbf{A}^T = \begin{bmatrix} -1 & 2 \\ 1 & -4 \end{bmatrix}\begin{bmatrix} 2 & 4 \\ -1 & 3 \end{bmatrix} = \begin{bmatrix} -4 & 2 \\ 6 & -8 \end{bmatrix} = (\mathbf{AB})^T$

定義 5.7

對稱矩陣與反對稱矩陣：

若一實數方矩陣 $\mathbf{A} = \begin{bmatrix} a_{ij} \end{bmatrix}$ 等於其轉置矩陣 $\mathbf{A}^T$，即

$$\mathbf{A} = \mathbf{A}^T \text{，或 } a_{ij} = a_{ji} \text{，}(i,j = 1,2,\cdots n)$$

則稱為對稱矩陣(symmetric matrix)。而若

$$\mathbf{A} = -\mathbf{A}^T \text{，或 } a_{ij} = -a_{ji} \text{，}(i,j = 1,2,\cdots n)$$

則稱為反對稱矩陣(skew-symmetric matrix)。

如下式中 $\mathbf{A}$ 與 $\mathbf{B}$ 分別為對稱矩陣及反對稱矩陣

$$\mathbf{A} = \begin{bmatrix} 0 & 2 & 4 \\ 2 & 0 & -1 \\ 4 & -1 & 0 \end{bmatrix}\text{，}\mathbf{B} = \begin{bmatrix} 0 & 2 & -4 \\ -2 & 0 & 1 \\ 4 & -1 & 0 \end{bmatrix}$$

任何一實數方矩陣都可寫成對稱矩陣 $\mathbf{R}$ 及反對稱矩陣 $\mathbf{S}$ 的和，如

$$\mathbf{A} = \frac{1}{2}(\mathbf{A} + \mathbf{A}^T) + \frac{1}{2}(\mathbf{A} - \mathbf{A}^T)$$

$$= \mathbf{R} + \mathbf{S} \tag{5-6}$$

其中對稱矩陣 $\mathbf{R} = \frac{1}{2}(\mathbf{A} + \mathbf{A}^T)$ 及反對稱矩陣 $\mathbf{S} = \frac{1}{2}(\mathbf{A} - \mathbf{A}^T)$

因

$$(\mathbf{A}+\mathbf{A}^T)^T = \mathbf{A}^T + (\mathbf{A}^T)^T = \mathbf{A}^T + \mathbf{A} = \mathbf{A} + \mathbf{A}^T$$

故 **R** 為一對稱矩陣

$$(\mathbf{A}-\mathbf{A}^T)^T = \mathbf{A}^T - (\mathbf{A}^T)^T = \mathbf{A}^T - \mathbf{A} = -(\mathbf{A}-\mathbf{A}^T)$$

故 **S** 為一反對稱矩陣

例 9

若 $\mathbf{A} = \begin{bmatrix} 1 & 3 & 4 \\ 5 & -2 & 0 \\ 1 & 5 & 6 \end{bmatrix}$ 試將其表成對稱矩陣及反對稱矩陣和

解 因

$$\mathbf{A}^T = \begin{bmatrix} 1 & 5 & 1 \\ 3 & -2 & 5 \\ 4 & 0 & 6 \end{bmatrix}$$

由(5.6)式可得對稱矩陣

$$\mathbf{R} = \frac{1}{2}(\mathbf{A}+\mathbf{A}^T) = \frac{1}{2}\begin{bmatrix} 2 & 8 & 5 \\ 8 & -4 & 5 \\ 5 & 5 & 12 \end{bmatrix} = \begin{bmatrix} 1 & 4 & \frac{5}{2} \\ 4 & -2 & \frac{5}{2} \\ \frac{5}{2} & \frac{5}{2} & 6 \end{bmatrix}$$

由(5.6)式亦可得反對稱矩陣

$$\mathbf{S} = \frac{1}{2}(\mathbf{A} - \mathbf{A}^T) = \frac{1}{2}\begin{bmatrix} 0 & -2 & 3 \\ 2 & 0 & -5 \\ -3 & 5 & 0 \end{bmatrix} = \begin{bmatrix} 0 & -1 & \dfrac{5}{2} \\ 1 & 0 & -\dfrac{5}{2} \\ -\dfrac{3}{2} & \dfrac{5}{2} & 0 \end{bmatrix}$$

故

$$\mathbf{A} = \mathbf{R} + \mathbf{S} = \begin{bmatrix} 1 & 4 & \dfrac{5}{2} \\ 4 & -2 & \dfrac{5}{2} \\ \dfrac{5}{2} & \dfrac{5}{2} & 6 \end{bmatrix} + \begin{bmatrix} 0 & -1 & \dfrac{5}{2} \\ 1 & 0 & -\dfrac{5}{2} \\ -\dfrac{3}{2} & \dfrac{5}{2} & 0 \end{bmatrix}$$

矩陣運算在解線性微分方程組時最為方便，下節即介紹此解法。

習題 5-3

1. 求下列矩陣之轉置矩陣

(a) $\mathbf{A} = \begin{bmatrix} 2 \end{bmatrix}$, (b) $\mathbf{B} = \begin{bmatrix} 1 & 2 \\ 3 & 4 \end{bmatrix}$, (c) $\mathbf{C} = \begin{bmatrix} 1 & 2 & 0 \\ 4 & 2 & 1 \\ -1 & 2 & -1 \end{bmatrix}$

Ans：(a) $\mathbf{A}^T = \begin{bmatrix} 2 \end{bmatrix}$ (b) $\mathbf{B}^T = \begin{bmatrix} 1 & 3 \\ 2 & 4 \end{bmatrix}$ (c) $\mathbf{C}^T = \begin{bmatrix} 1 & 4 & -1 \\ 2 & 2 & 2 \\ 0 & 1 & -1 \end{bmatrix}$

2. 將下列矩陣以對稱矩陣及反對稱矩陣之和表示

(a) $\mathbf{A} = \begin{bmatrix} 2 & 0 & 1 \\ -1 & 3 & 4 \\ 5 & 4 & -2 \end{bmatrix}$ (b) $\mathbf{B} = \begin{bmatrix} 1 & 0 & 0 \\ 2 & 0 & 1 \\ 1 & 1 & 0 \end{bmatrix}$

Ans：

(a) $\mathbf{A} = \mathbf{R} + \mathbf{S} = \begin{bmatrix} 2 & -\dfrac{1}{2} & 3 \\ -\dfrac{1}{2} & 3 & 4 \\ 3 & 4 & -2 \end{bmatrix} + \begin{bmatrix} 0 & \dfrac{1}{2} & -2 \\ -\dfrac{1}{2} & 0 & 0 \\ 2 & 0 & 0 \end{bmatrix}$

(b) $\mathbf{B} = \begin{bmatrix} 1 & 1 & \dfrac{1}{2} \\ 1 & 0 & 1 \\ \dfrac{1}{2} & 1 & 0 \end{bmatrix} + \begin{bmatrix} 0 & -1 & -\dfrac{1}{2} \\ 1 & 0 & 0 \\ \dfrac{1}{2} & 0 & 0 \end{bmatrix}$

3. 若 $\mathbf{A} = \begin{bmatrix} 1 & -1 \\ 1 & 2 \end{bmatrix}$, $\mathbf{B} = \begin{bmatrix} 2 & 0 \\ -1 & 2 \end{bmatrix}$

求(a) $\mathbf{A}^T$, (b) $\mathbf{B}^T$, (c) $\mathbf{B}^T\mathbf{A}^T$, (d) $(\mathbf{AB})^T$, (e) $(\mathbf{BA})^T$, (f) $\mathbf{A}^T\mathbf{B}^T$

Ans：

(a) $\mathbf{A}^T = \begin{bmatrix} 1 & 1 \\ -1 & 2 \end{bmatrix}$

(b) $\mathbf{B}^T = \begin{bmatrix} 2 & -1 \\ 0 & 2 \end{bmatrix}$

(c) $\mathbf{B}^T\mathbf{A}^T = \begin{bmatrix} 2 & -1 \\ 0 & 2 \end{bmatrix}\begin{bmatrix} 1 & 1 \\ -1 & 2 \end{bmatrix} = \begin{bmatrix} 3 & 0 \\ -2 & 4 \end{bmatrix}$

(d) $(\mathbf{AB})^T = \begin{bmatrix} 3 & -2 \\ 0 & 4 \end{bmatrix}^T = \begin{bmatrix} 3 & 0 \\ -2 & 4 \end{bmatrix}$

(e) $(\mathbf{BA})^T = \begin{bmatrix} 2 & 1 \\ -2 & 5 \end{bmatrix}$

(f) $\mathbf{A}^T\mathbf{B}^T = \begin{bmatrix} 2 & 1 \\ -2 & 5 \end{bmatrix}$

4. 將 $\mathbf{A} = \begin{bmatrix} 1 & 2 & 3 \\ 4 & 5 & 6 \\ 7 & 8 & 9 \end{bmatrix}$ 以對稱及反對稱矩陣和表示之

Ans： $\mathbf{A} = \begin{bmatrix} 1 & 3 & 5 \\ 3 & 5 & 7 \\ 5 & 7 & 9 \end{bmatrix} + \begin{bmatrix} 0 & -1 & -2 \\ 1 & 0 & -1 \\ 2 & 1 & 0 \end{bmatrix}$

5 試求下列矩陣之轉置矩陣

(a) $\mathbf{A} = \begin{bmatrix} 1 \end{bmatrix}$，(b) $\mathbf{B} = \begin{bmatrix} 1 & 2 & 3 \end{bmatrix}$，(c) $\mathbf{C} = \begin{bmatrix} 4 \\ 5 \\ 6 \end{bmatrix}$，(d) $\mathbf{D} = \begin{bmatrix} 1 & 2 \\ 3 & 4 \end{bmatrix}$

Ans：

(a) $\mathbf{A}^T = \begin{bmatrix} 1 \end{bmatrix}$

(b) $\mathbf{B}^{T} = \begin{bmatrix} 1 & 2 & 3 \end{bmatrix}^{T} = \begin{bmatrix} 1 \\ 2 \\ 3 \end{bmatrix}_{3\times1}$

(c) $\mathbf{C}^{T} = \begin{bmatrix} 4 \\ 5 \\ 6 \end{bmatrix}^{T} = \begin{bmatrix} 4 & 5 & 6 \end{bmatrix}_{1\times3} \mathbf{C}$

(d) $\mathbf{D}^{T} = \begin{bmatrix} 1 & 2 \\ 3 & 4 \end{bmatrix}^{T} = \begin{bmatrix} 1 & 3 \\ 2 & 4 \end{bmatrix}_{2\times2}$

6. 若 $\mathbf{A} = \begin{bmatrix} 0 & -1 & -2 \\ 1 & 0 & -1 \\ 2 & 1 & 0 \end{bmatrix}$

求(a) $\mathbf{A}^{T}$, (b) $\mathbf{AA}^{T}$, (c) $\mathbf{A}^{T}\mathbf{A}$, (d) $\mathbf{A}^{2}$

Ans：

(a) $\mathbf{A}^{T} = \begin{bmatrix} 0 & 1 & 2 \\ -1 & 0 & 1 \\ -2 & -1 & 0 \end{bmatrix}$

(b) $\mathbf{AA}^{T} = \begin{bmatrix} 0 & -1 & -2 \\ 1 & 0 & -1 \\ 2 & 1 & 0 \end{bmatrix}\begin{bmatrix} 0 & 1 & 2 \\ -1 & 0 & -1 \\ -2 & -1 & 0 \end{bmatrix} = \begin{bmatrix} 5 & 2 & -1 \\ 2 & 2 & 2 \\ -1 & 2 & 5 \end{bmatrix}$

(c) $\mathbf{A}^{T}\mathbf{A} = \begin{bmatrix} 0 & 1 & 2 \\ -1 & 0 & 1 \\ -2 & -1 & 0 \end{bmatrix}\begin{bmatrix} 0 & -1 & -2 \\ 1 & 0 & -1 \\ 2 & 1 & 0 \end{bmatrix} = \begin{bmatrix} 5 & 2 & -1 \\ 2 & 2 & 2 \\ -1 & 2 & 5 \end{bmatrix}$

(d) $\begin{bmatrix} -5 & -2 & 1 \\ -2 & -2 & -2 \\ 1 & -2 & -5 \end{bmatrix} = -\mathbf{A}^{T}\mathbf{A} = -\mathbf{AA}^{T}$

5-4 ◀ 線性方程式組：矩陣化

一個具有 n 個未知數 $x_1, x_2, \cdots x_n$ 之 m 個方程式的聯立方程組為

$$a_{11}x_1 + a_{12}x_2 + \cdots + a_{1n}x_n = b_1$$
$$a_{21}x_1 + a_{22}x_2 + \cdots + a_{2n}x_n = b_2$$
$$\cdots\cdots\cdots\cdots\cdots\cdots\cdots\cdots\cdots\cdots\cdots\cdots\cdots$$
$$a_{m1}x_1 + a_{m2}x_2 + \cdots + a_{mn}x_n = b_m$$

式中 a_{ij}，$i = 1, 2, \cdots m$，$j = 1, 2, \cdots n$ 為該方程組係數。而 $b_1, b_2, \cdots b_n$ 為已知值，若 $b_1, b_2, \cdots b_n$ 都為零則稱其為齊次系統，反之則為非齊次系統。上式可依矩陣乘法定義寫成

$$\mathbf{A}\mathbf{x} = \mathbf{b} \tag{5.7}$$

其中 $\mathbf{A}$ 為 $m \times n$ 矩陣，$\mathbf{x}$ 為 $n \times 1$ 向量，$\mathbf{b}$ 為 $m \times 1$ 向量如，

$$\mathbf{A} = \begin{bmatrix} a_{11} & a_{12} & \cdots & a_{1n} \\ a_{21} & a_{22} & \cdots & a_{2n} \\ \vdots & \vdots & & \vdots \\ a_{m1} & a_{m2} & \cdots & a_{mn} \end{bmatrix}, \quad \mathbf{x} = \begin{bmatrix} x_1 \\ x_2 \\ \vdots \\ x_n \end{bmatrix}, \quad \mathbf{b} = \begin{bmatrix} b_1 \\ b_2 \\ \vdots \\ b_m \end{bmatrix} \tag{5.8}$$

式(5.8)可稱式(5.7)聯立方程組矩陣化之結果，而若把 $\mathbf{A}$ 與 $\mathbf{b}$ 內元素合併形成一新 $m \times (n+1)$ 矩陣，如

$$\mathbf{B} = \begin{bmatrix} \mathbf{A}, \mathbf{b} \end{bmatrix} = \begin{bmatrix} a_{11} & \cdots & a_{1n} & b_1 \\ \vdots & & \vdots & \vdots \\ a_{m1} & \cdots & a_{mn} & b_m \end{bmatrix} \tag{5.9}$$

稱之為系統（如 5.8 式）的**擴張矩陣**(augmented matrix)，可涵蓋在式(5.8)中所有的已知數，而若能對 $\mathbf{B}$ 作適當代數運算則可解此線性方程式組。如以下說明：

✎ 5-4-1　線性方程式組求解（高斯消去法）

　　高斯消去法是解線性方程組的標準方法，乃利用方程組中第一個方程式去消掉第二到第 m 個方程式的第一個未知數 x_1。再利用第二個方程式法消掉第三個到第 m 個方程式的第二個未知數 x_2，並以此類推。若其中碰到第一個方程式的第一個未知數 x_1 前係數為零時，則將第一與第二方程式互換再進行高斯消去法，當然在其它列碰到變數前係數為零時亦是如此處理。最後利用反代換法即可求解，舉例說明如下。

例 10

試解下列線性聯立方程組
$$\begin{cases} x+\ y=2 \\ 4x+3y=7 \end{cases}$$

解　為使讀者明瞭起見，我們以原方程組與其擴張矩陣對照如下

　　　　　原方程組　　　　　　　　擴張矩陣

$$\begin{cases} x+\ y=2 \text{...........} L_1 \\ 4x+3y=7 \text{...........} L_2 \end{cases} \qquad \begin{bmatrix} 1 & 1 & 2 \\ 4 & 3 & 7 \end{bmatrix}$$

消去 x 　　　　$4L_1-L_2 \to L_2$

$$\begin{cases} x+y=2 \\ \quad y=1 \end{cases} \qquad \begin{bmatrix} 1 & 1 & 2 \\ 0 & 1 & 1 \end{bmatrix}$$

故可得 $y=1$，再代入原方程組得 $x=1$。

例 11

試解下列線性聯立方程組
$$x - 5y + 4z = -2$$
$$-2x - 3y + z = 5$$
$$3x + 4y - 5z = -19$$

解

原方程組　　　　　　　　　　　擴張矩陣

$$\begin{cases} x - 5y + 4z = -2 \cdots\cdots L_1 \\ -2x - 3y + z = 5 \cdots\cdots L_2 \\ 3x + 4y - 5z = -19 \cdots\cdots L_3 \end{cases} \qquad \begin{bmatrix} 1 & -5 & 4 & -2 \\ -2 & -3 & 1 & 5 \\ 3 & 4 & -5 & -19 \end{bmatrix}$$

消去第二及第三方程式之 x　　$2L_1 + L_2 \to L_2$，$-3L_1 + L_3 \to L_3$

$$\begin{cases} x - 5y + 4z = -2 \cdots\cdots L_1 \\ -13y + 9z = 1 \cdots\cdots L_2 \\ 19y - 17z = -13 \cdots\cdots L_3 \end{cases} \qquad \begin{bmatrix} 1 & -5 & 4 & -2 \\ 0 & -13 & 9 & 1 \\ 0 & 19 & -17 & -13 \end{bmatrix}$$

消去 y　　　　$19L_2 + 13L_3 \to L_3$

$$\begin{cases} x - 5y + 4z = -2 \cdots\cdots L_1 \\ -13y + 9z = 1 \cdots\cdots L_2 \\ -50z = -150 \cdots\cdots L_3 \end{cases} \qquad \begin{bmatrix} 1 & -5 & 4 & -2 \\ 0 & -13 & 9 & 1 \\ 0 & 0 & -50 & -150 \end{bmatrix}$$

由第三式可得 $z = 3$，代入第二式得 $y = 2$，再將 $z = 3$，$y = 2$ 代入第一式得 $x = -4$。故方程式存在唯一解 $x = -4$，$y = 2$，$z = 3$。

例 12

$$\begin{cases} x_1 + 12x_2 - 20x_3 + 11x_4 = 0 \\ x_1 + 3x_2 - 5x_3 + 4x_4 = 0 \\ 2x_1 - 3x_2 + 5x_3 + x_4 = 0 \end{cases} \qquad \begin{bmatrix} 1 & 12 & -20 & 11 & 0 \\ 1 & 3 & -5 & 4 & 0 \\ 2 & -3 & 5 & 1 & 0 \end{bmatrix}$$

解 ① 消去 x_1 $L_2 - L_1 \to L_2$, $L_3 - 2L_1 \to L_3$

$$\begin{cases} x_1 + 12x_2 - 20x_3 + 11x_4 = 0 \\ 0 - 9x_2 + 15x_3 - 7x_4 = 0 \\ 0 - 27x_2 + 45x_3 - 21x_4 = 0 \end{cases} \qquad \begin{bmatrix} 1 & 12 & -20 & 11 & 0 \\ 0 & -9 & 15 & -7 & 0 \\ 0 & -27 & 45 & -21 & 0 \end{bmatrix}$$

② 消去 x_2 $3L_2 - L_3 \to L_3$

$$\begin{cases} x_1 + 12x_2 - 20x_3 + 11x_4 = 0 \\ -9x_2 + 15x_3 - 7x_4 = 0 \\ 0 = 0 \end{cases} \qquad \begin{bmatrix} 1 & 12 & -20 & 11 & 0 \\ 0 & -9 & 15 & -7 & 0 \\ 0 & 0 & 0 & 0 & 0 \end{bmatrix}$$

③ 反代換　由上式知有 4 個未知數，但僅有 2 個線性獨立方程式，故有無窮多解，令 $x_3 = s$, $x_4 = t$ ，則代回前二式得

$$x_2 = \frac{5}{3}s - \frac{7}{9}t$$

及

$$x_1 = -12x_2 + 20x_3 - 11x_4 = -12\left(\frac{5}{3}s - \frac{7}{9}t \right) + 20s - 11t$$

$$= -\frac{5}{3}t$$

例 13

$$\begin{cases} x_1 + x_2 + 2x_3 + x_4 = 5 \\ 2x_1 + 3x_2 - x_3 - 2x_4 = 2 \\ 4x_1 + 5x_2 + 3x_3 = 7 \end{cases}$$

解 ① 消去 x_1

$$\begin{cases} x_1 + x_2 + 2x_3 + x_4 = 5 \\ x_2 - 5x_3 - 4x_4 = -8 \\ 5x_2 - 5x_3 - 4x_4 = -1 \end{cases} \qquad \begin{bmatrix} 1 & 1 & 2 & 1 & 5 \\ 0 & 1 & -5 & -4 & -8 \\ 0 & 1 & -5 & -4 & -13 \end{bmatrix}$$

② 消去 x_2

$$\begin{cases} x_1 + x_2 + 2x_3 + x_4 = 5 \\ x_2 - 5x_3 - 4x_4 = -8 \\ 0 = -5 \end{cases} \qquad \begin{bmatrix} 1 & 1 & 2 & 1 & 5 \\ 0 & 1 & -5 & -4 & -8 \\ 0 & 0 & 0 & 0 & -5 \end{bmatrix}$$

③ 反代換

由上式最後一列得此方程組矛盾為無解。

───────────────────────────────────────○

　　由前幾例中得知，一方程組的解有三種型式：無解、唯一解及無限多解。由高斯消去法如何判斷呢？

　　高斯消去法運算到最後未代換前必屬以下型式

$$a_{11}x_1 + a_{12}x_2 + \cdots\cdots + a_{1n}x_n = b_1$$
$$b_{22}x_2 + \cdots\cdots + b_{2n}x_n = b_2^*$$
$$c_{33}x_3 + \cdots\cdots + c_{3n}x_n = b_3^*$$
$$\vdots$$
$$k_{rr}x_r + \cdots\cdots + k_{rn}x_n = \tilde{b}_r$$
$$0 = \tilde{b}_{r+1}$$
$$0 = b_m$$

　　其中 $r \leq m$，且 $a_{11} \neq 0$，$b_{22} \neq 0$，$c_{33} \neq 0 \cdots$，$k_{rr} \neq 0$，其解的三個情況可分為

(a) 若 $r < m$，且 $\tilde{b}_{r+1}$，$\tilde{b}_{r+2}$，$\cdots \tilde{b}_m$ 中有一個以上不等於零則無解，如例 13。

(b) 若 $r = m$ 即為 $r(m)$ 個未知數有 $r(m)$ 個線性獨立方程式的情形故僅有一解，如例 11。

(c) 若 $r < n$，且 $b_{r+1} = b_{r+2} = \cdots = b_m = 0$，則為 n 個未知數僅有 r 個方程式的情形，則可有無窮多解，如例 12。

習題 5-4

利用高斯消去法解下列線性方程式組

1. $\begin{cases} -x_1 + x_2 + 2x_3 = 2 \\ 3x_1 - x_2 + x_3 = 6 \\ -x_1 + 3x_2 + 4x_3 = 4 \end{cases}$　　$\begin{bmatrix} -1 & 1 & 2 & 2 \\ 3 & -1 & 1 & 6 \\ -1 & 3 & 4 & 4 \end{bmatrix}$

Ans：$x_1 = 1$，$x_2 = -1$，$x_3 = 2$

2. $\begin{cases} 2x + y + 4z = 16 \\ 3x + 2y + z = 10 \\ x + 3y + 3z = 16 \end{cases}$　　$\begin{bmatrix} 2 & 1 & 4 & 16 \\ 3 & 2 & 1 & 10 \\ 1 & 3 & 3 & 16 \end{bmatrix}$

Ans：$x = 1$，$y = 2$，$z = 3$

3. $\begin{cases} 3x_1 + 2x_2 + x_3 = 3 \\ 2x_1 + x_2 + x_3 = 0 \\ 6x_1 + 2x_2 + 4x_3 = 3 \end{cases}$

Ans：無解

4. $\begin{cases} 3x_1 + 2x_2 + 2x_3 - 5x_4 = 8 \\ 0.6x_1 + 1.5x_2 + 1.5x_3 - 5.4x_4 = 2.7 \\ 1.2x_1 - 0.3x_2 - 0.3x_3 + 2.4x_4 = 2.1 \end{cases}$

Ans：$x_1 = 2 - x_4$，$x_2 = 1 - x_3 + 4x_4$，x_3，x_4為任意值

5. $\begin{cases} 7x - y - z = 0 \\ 10x - 2y + z = 8 \\ 6x + 3y - 2z = 7 \end{cases}$

Ans：$x = 1$，$y = 3$，$z = 4$

6. 試證下式中必須滿足 $a+b-3c=0$ 才有唯一解

$$\begin{cases} x+5y+2z=a \\ 2x+y+z=b \\ x+2y+z=c \end{cases}$$

Ans：$-a-b+3c=0$

7. 求下式之 a 值，使聯立方程組之解為(a)無解，(b)唯一解，(c)無窮多解

$$\begin{cases} x+y-z=1 \\ 2x+3y+az=3 \\ x+ay+3z=2 \end{cases}$$

Ans：(a)$a=-3$，為無解　(b)$a\neq 2$ 且，$a\neq -3$有唯一解　(c)$a=2$有無窮多解

8. 若聯立方程組 $\begin{cases} ax+by=1 \\ cx+dy=0 \end{cases}$ 中，試證 $ad-bc\neq 0$ 時恰有唯一解 $x=\dfrac{d}{(ad-bc)}$，$y=-\dfrac{c}{(ad-bc)}$；若 $ad-bc=0$，$c\neq 0$ 或 $d\neq 0$時為無解。

Ans：略

5-5 ◀ 矩陣的秩

定義 5.8

基本列運算：

在前節中的高斯消去法實際上用了以下的基本運算

1. 對於原方程組而言為

   (1) 兩方程式對調。

   (2) 以非零的常數乘方程式。

   (3) 以一方程式乘一係數再加於另一方程式。

2. 相對應於擴張矩陣則為以下基本列運算

   (1) 兩列對調。

   (2) 以非零常數乘某一列。

   (3)以一列的常數倍加於另一列。

一擴張矩陣經上述的基本運算可得一**等價矩陣**(equivalent rnatrix)，而其具有與原方程組相同的解。

定義 5.9

矩陣的秩：

在一矩陣 $\mathbf{A} = \begin{bmatrix} a_{ij} \end{bmatrix}$ 中，其線性獨立列的最大數目稱之為矩陣 A 的秩 (rank)，標記成

　　*rank***A**

一般而言，並不易直接以觀察方式看出一矩陣的秩，通常必須利用矩陣基本列運算得到其列等價矩陣，而等價矩陣中非零列的數目即為原矩陣的秩。

定理 5.1

1. 矩陣 **A** 的秩和矩陣 **A** 中的線性獨立行向量的最大數目相等，故 **A** 與 $\mathbf{A}^T$ 具有相同數目的秩。

2. **A** 與其列等價矩陣有相同數目的秩。

例 14

求擴張矩陣 $\mathbf{B} = [\mathbf{A},\mathbf{b}] = \begin{bmatrix} 1 & -1 & 2 & 1 \\ 2 & 0 & -1 & 2 \\ 1 & 1 & 1 & 3 \end{bmatrix}$ 之秩，並解之。

解

$$\begin{bmatrix} 1 & -1 & 2 & 1 \\ 2 & 0 & -1 & 2 \\ 1 & 1 & 1 & 3 \end{bmatrix} \Rightarrow \begin{bmatrix} 1 & -1 & 2 & 1 \\ 0 & -2 & 5 & 0 \\ 0 & -2 & 1 & -2 \end{bmatrix} \Rightarrow \begin{bmatrix} 1 & -1 & 2 & 1 \\ 0 & -2 & 5 & 0 \\ 0 & 0 & 4 & 2 \end{bmatrix}$$

有三個非零列，故 $rank\mathbf{B} = 3$，有唯一解 $x_1 = \dfrac{5}{4}$，$x_2 = \dfrac{5}{4}$，$x_3 = \dfrac{1}{2}$。

例 15

$$\begin{cases} 3x_1 + 2x_2 + x_3 = 3 \\ 2x_1 + x_2 + x_3 = 0 \\ 6x_1 + 2x_2 + 4x_3 = 6 \end{cases}$$

求(a)擴張矩陣 **B** (b)$rank\mathbf{B}$ (c)方程式之解

解 (a) $\mathbf{B} = \begin{bmatrix} 3 & 2 & 1 & 3 \\ 2 & 1 & 1 & 0 \\ 6 & 2 & 4 & 6 \end{bmatrix} \Rightarrow \begin{bmatrix} 3 & 2 & 1 & 3 \\ 0 & -\dfrac{1}{3} & \dfrac{1}{3} & -2 \\ 0 & -2 & 2 & 0 \end{bmatrix} \Rightarrow \begin{bmatrix} 3 & 2 & 1 & 3 \\ 0 & -\dfrac{1}{3} & \dfrac{1}{3} & -2 \\ 0 & 0 & 0 & 12 \end{bmatrix}$

(b) $rank\mathbf{B} = 3$

(c) 本方程組矛盾，故無解。

例 16

若 $\begin{cases} 3x + y - 2z = -3 \\ x - y + 2z = -1 \\ -4x + 3y - 6z = 4 \end{cases}$

求(a)擴張矩陣 $\mathbf{B}$　(b)$rank\mathbf{B}$　(c)方程式之解

解 (a) $\mathbf{B} = \begin{bmatrix} 3 & 1 & -2 & -3 \\ 1 & -1 & 2 & -1 \\ -4 & 3 & -6 & 4 \end{bmatrix} \Rightarrow \begin{bmatrix} 3 & 1 & -2 & -3 \\ 0 & 4 & -8 & 0 \\ 0 & 13 & -26 & 0 \end{bmatrix}$

$\Rightarrow \begin{bmatrix} 3 & 1 & -2 & -3 \\ 0 & 1 & -2 & 0 \\ 0 & 1 & -2 & 0 \end{bmatrix} \Rightarrow \begin{bmatrix} 3 & 1 & -2 & -3 \\ 0 & 1 & -2 & 0 \\ 0 & 0 & 0 & 0 \end{bmatrix}$

(b) 等價矩陣僅有兩列非零向量，故 $rank\mathbf{B} = 2$

(c) 方程組有無窮多解，令 $z = t$，則 $y = 2t$，$x = -1$

由前三例中吾人可歸納矩陣秩的基本性質為

（Ⅰ）若 **A** 為 $m \times n$ 矩陣，其 $rank\mathbf{A} \leq m$，若 $rank\mathbf{A} = m$，則 **A** 有唯一解，稱 **A** 為非奇異的(nonsingular)，反之若 $rank\mathbf{A} < m$ 則為奇異的(singular)。

（Ⅱ）若 **A** 為 $m \times n$ 矩陣，則 $rank\mathbf{A} \leq m$，或 $rank\mathbf{A} \leq n$。

（Ⅲ）若以矩陣的秩來判斷聯立方程組 $\mathbf{A}x = \mathbf{b}$ 解的型式，設 **A** 為 $m \times n$ 矩陣，令 $[\mathbf{A},\mathbf{b}]$ 為其擴張矩陣，則

$rank[\mathbf{A},\mathbf{b}] = rank\mathbf{A}$，即擴張矩陣的秩等於原來係數矩陣的秩時，方程組有唯一解如例 14。

$rank[\mathbf{A},\mathbf{b}] > rank\mathbf{A}$ 時，即擴張矩陣的秩比原來係數矩陣的秩大時，方程式為無解，如例 15。

$rank[\mathbf{A},\mathbf{b}] = rank\mathbf{A}$，但小於未知數個數時，方程組有無窮多解，如例 16。

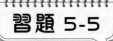

習題 5-5

求下列矩陣之秩

1. 若 $\mathbf{A} = \begin{bmatrix} 3 & 0 & 2 & 2 \\ -6 & 42 & 24 & 54 \\ 42 & -42 & 0 & -30 \end{bmatrix}$，求 $rank\mathbf{A}$

Ans：2

2. 若 $\mathbf{A} = \begin{bmatrix} 1 & 2 & 3 \\ 2 & 3 & 4 \\ 3 & 5 & 7 \end{bmatrix}$，求 $rank\mathbf{A}$

Ans：2

3. $\mathbf{A} = \begin{bmatrix} 1 & 2 & -1 & 4 \\ 2 & 4 & 3 & 5 \\ -1 & -2 & 6 & -7 \end{bmatrix}$

Ans：2

4. 求下列矩陣之秩

(a) $\mathbf{A} = \begin{bmatrix} 1 & 2 & 3 \\ -4 & 0 & 5 \end{bmatrix}$，(b) $\mathbf{B} = \begin{bmatrix} 1 & 2 & 3 \\ 1 & 2 & 5 \\ 2 & 4 & 8 \end{bmatrix}$，(c) $\mathbf{C} = \begin{bmatrix} 0 & 2 & 3 \\ 0 & 4 & 6 \\ 0 & 6 & 9 \end{bmatrix}$

Ans：(a)2　(b)2　(c)1

5. 求下列矩陣之秩

(a) $\mathbf{A} = \begin{bmatrix} 1 & 2 & 3 & 0 \\ 2 & 4 & 3 & 2 \\ 3 & 2 & 1 & 3 \\ 6 & 8 & 7 & 5 \end{bmatrix}$，(b) $\mathbf{B} = \begin{bmatrix} 1 & 2 & 3 \\ 2 & 1 & 3 \\ 3 & 2 & 1 \end{bmatrix}$

Ans：(a)3　(b)3

5-6 ◀ 反矩陣

本節僅考慮方陣

A 定義 5.10

單位矩陣：

一對角矩陣其主對角線元素皆為 1，則稱之為單位矩陣，標記為 **I**。

A 定義 5.11

一個 $n \times n$ 的矩陣 $\mathbf{A} = \begin{bmatrix} a_{ij} \end{bmatrix}$，若其反矩陣 $\mathbf{A}^{-1}$ 存在，則滿足

$$\mathbf{AA}^{-1} = \mathbf{A}^{-1}\mathbf{A} = \mathbf{I} \tag{5.10}$$

其中 **I** 為 $n \times n$ 的單位矩陣。

而若 **A** 反矩陣 $\mathbf{A}^{-1}$ 存在，則稱 **A** 為**非奇異矩陣**(nonsingular matrix)，反之若 $\mathbf{A}^{-1}$ 不存在則稱 **A** 為**奇異矩陣**(singular matrix)。

🌐 定理 5.2

若 **A** 有反矩陣 $\mathbf{A}^{-1}$，則 $\mathbf{A}^{-1}$ 為唯一存在。

 證明

假設 **B** 與 **C** 皆為 **A** 的反矩陣，則 $\mathbf{AB} = \mathbf{I}$，$\mathbf{CA} = \mathbf{I}$ 由

$$\mathbf{B} = \mathbf{IB} = \mathbf{CAB} = \mathbf{C(AB)} = \mathbf{CI} = \mathbf{C}$$

故 $\mathbf{B} = \mathbf{C}$，即反矩陣為唯一。

一個矩陣 **A** 的反矩陣 $\mathbf{A}^{-1}$ 通常可利用高斯約旦法求得。說明如下：

高斯約旦法：

　　若矩陣方程式能寫成 $\mathbf{AX}=\mathbf{I}$，則 $\mathbf{X}$ 即為 $\mathbf{A}$ 之反矩陣，而上式之擴張矩陣為 $[\mathbf{A},\mathbf{I}]$ 利用高斯消去法可得等價矩陣 $[\mathbf{U},\mathbf{H}]$，其中 $\mathbf{U}$ 為上三角矩陣，再以高斯約旦法消去 $[\mathbf{U},\mathbf{H}]$ 矩陣中 $\mathbf{U}$ 的主對角線以上元素可得 $[\mathbf{I},\mathbf{K}]$，此即為方程式 $\mathbf{IX}=\mathbf{A}^{-1}$ 的擴張矩陣，故 $\mathbf{K}=\mathbf{A}^{-1}$。

例 17

若 $\mathbf{A}=\begin{bmatrix} -1 & 2 \\ 2 & 1 \end{bmatrix}$，求 $\mathbf{A}^{-1}$

解 寫出矩陣 $\mathbf{A}$ 與單位矩陣之擴張矩陣，並利用基本列運算得

$$[\mathbf{A},\mathbf{I}]=\begin{bmatrix} -1 & 2 & | & 1 & 0 \\ 2 & 1 & | & 0 & 1 \end{bmatrix}$$

$$\Rightarrow \begin{bmatrix} -1 & 2 & | & 1 & 0 \\ 0 & 5 & | & 2 & 1 \end{bmatrix} \begin{matrix} \\ 2L_1+L_2 \end{matrix}$$

$$\Rightarrow \begin{bmatrix} 1 & -2 & | & -1 & 0 \\ 0 & 1 & | & \dfrac{2}{5} & \dfrac{1}{5} \end{bmatrix} \begin{matrix} -L_1 \\ \dfrac{1}{5}L_2 \end{matrix}$$

$$\Rightarrow \begin{bmatrix} 1 & 0 & | & \dfrac{-1}{5} & \dfrac{2}{5} \\ 0 & 1 & | & \dfrac{2}{5} & \dfrac{1}{5} \end{bmatrix} \begin{matrix} 2L_2+L_1 \\ \\ \end{matrix}$$

故上列擴張矩陣之後半部即為反矩陣，即

$$\mathbf{A}^{-1} = \begin{bmatrix} \dfrac{-1}{5} & \dfrac{2}{5} \\ \dfrac{2}{5} & \dfrac{1}{5} \end{bmatrix} = \frac{1}{5}\begin{bmatrix} -1 & 2 \\ 2 & 1 \end{bmatrix}$$

本例中為方便明亦加入一些輔助記號，如 $2L_1 + L_2$ 即代表基本列運算將第一列乘 2 倍再加第二列。

例 18

若 $\mathbf{A} = \begin{bmatrix} -3 & 4 & 1 \\ 1 & 2 & 0 \\ 1 & 1 & 3 \end{bmatrix}$，求 $\mathbf{A}^{-1}$

解

$$[\mathbf{A},\mathbf{I}] = \left[\begin{array}{ccc|ccc} -3 & 4 & 1 & 1 & 0 & 0 \\ 1 & 2 & 0 & 0 & 1 & 0 \\ 1 & 1 & 3 & 0 & 0 & 1 \end{array}\right]$$

$$\Rightarrow \left[\begin{array}{ccc|ccc} -3 & 4 & 1 & 1 & 0 & 0 \\ 0 & 10 & 1 & 1 & 3 & 0 \\ 0 & 7 & 10 & 1 & 0 & 3 \end{array}\right] \begin{array}{l} 3L_2 + L_1 \\ 3L_3 + L_1 \end{array}$$

$$\Rightarrow \left[\begin{array}{ccc|ccc} -3 & 4 & 1 & 1 & 0 & 0 \\ 0 & 10 & 1 & 1 & 3 & 0 \\ 0 & 0 & \dfrac{93}{10} & \dfrac{3}{10} & \dfrac{-21}{10} & 3 \end{array}\right] -\frac{7}{10}L_2 + L_3$$

$$\Rightarrow \begin{bmatrix} 1 & -\dfrac{4}{3} & -\dfrac{1}{3} & \Big| & -\dfrac{1}{3} & 0 & 0 & \Big| -\dfrac{1}{3}L_1 \\[2mm] 0 & 1 & \dfrac{1}{10} & \Big| & \dfrac{1}{10} & \dfrac{3}{10} & 0 & \Big| \dfrac{1}{10}L_2 \\[2mm] 0 & 0 & 1 & \Big| & \dfrac{1}{31} & \dfrac{-7}{31} & \dfrac{10}{31} & \Big| \dfrac{10}{93}L_3 \end{bmatrix}$$

$$\Rightarrow \begin{bmatrix} 1 & -\dfrac{4}{3} & 0 & \Big| & -\dfrac{10}{31} & -\dfrac{7}{93} & \dfrac{10}{93} & \dfrac{1}{3}L_3+L_1 \\[2mm] 0 & 1 & 0 & \Big| & \dfrac{3}{31} & \dfrac{10}{31} & -\dfrac{1}{31} & -\dfrac{1}{10}L_3+L_2 \\[2mm] 0 & 0 & 1 & \Big| & \dfrac{1}{31} & -\dfrac{7}{31} & \dfrac{10}{31} & \end{bmatrix}$$

$$\Rightarrow \begin{bmatrix} 1 & 0 & 0 & \Big| & \dfrac{-6}{31} & \dfrac{11}{31} & \dfrac{2}{31} & \dfrac{4}{3}L_2+L_1 \\[2mm] 0 & 1 & 0 & \Big| & \dfrac{3}{31} & \dfrac{10}{31} & -\dfrac{1}{31} & \\[2mm] 0 & 0 & 1 & \Big| & \dfrac{1}{31} & \dfrac{-7}{31} & \dfrac{10}{31} & \end{bmatrix}$$

故

$$\mathbf{A}^{-1} = \dfrac{1}{31}\begin{bmatrix} -6 & 11 & 2 \\ 3 & 10 & -1 \\ 1 & -7 & 10 \end{bmatrix}$$

當然在使用高斯約旦法中基本列運算的順序是可以改變而不影響其最終結果的，本例中，高斯約旦法的基本列運算相當繁複，5.8節將介紹另一較簡單反矩陣的方法。

求反矩陣中有一些相當簡單之公式可用，如對一非奇異的 2×2 矩陣而言，可得

$$\mathbf{A} = \begin{bmatrix} a_{11} & a_{12} \\ a_{21} & a_{22} \end{bmatrix} \;;\; \mathbf{A}^{-1} = \frac{1}{det\mathbf{A}} \begin{bmatrix} a_{22} & -a_{12} \\ -a_{21} & a_{11} \end{bmatrix} \tag{5.11}$$

其中 $det\mathbf{A} = a_{11}a_{22} - a_{12}a_{21}$，為該 2×2 矩陣之行列式值，其證明將在下節討論。

例 19

利用(5.11)式重作例 17。

解

$$\because \mathbf{A} = \begin{bmatrix} -1 & 2 \\ 2 & 1 \end{bmatrix}$$

$$\therefore det\mathbf{A} = a_{11}a_{22} - a_{12}a_{21} = -1 \times 1 - 2 \times 2 = -5$$

$$\therefore \mathbf{A}^{-1} = -\frac{1}{5} \begin{bmatrix} 1 & -2 \\ -2 & -1 \end{bmatrix} = \frac{1}{5} \begin{bmatrix} -1 & 2 \\ 2 & 1 \end{bmatrix}$$

與例 17 得相同結論。

另一有用公式則為對任意非奇異的 $n \times n$ 對角矩陣 A 而言可得

$$若\ \mathbf{A} = \begin{bmatrix} a_{11} & & & 0 \\ & a_{22} & & \\ & & \ddots & \\ 0 & & & a_{nn} \end{bmatrix}, 則\ \mathbf{A}^{-1} = \begin{bmatrix} \dfrac{1}{a_{11}} & & & 0 \\ & \dfrac{1}{a_{22}} & & \\ & & \ddots & \\ 0 & & & \dfrac{1}{a_{nn}} \end{bmatrix} \tag{5.12}$$

則 $\mathbf{A}^{-1}$ 的主對角線元素為原矩陣主對角線元素的倒數。

例 20

若 $\mathbf{A} = \begin{bmatrix} 1 & 0 & 0 \\ 0 & 2 & 0 \\ 0 & 0 & -3 \end{bmatrix}$，求 $\mathbf{A}^{-1}$

解 利用(5.12)式可得

$$\mathbf{A}^{-1} = \begin{bmatrix} 1 & 0 & 0 \\ 0 & \dfrac{1}{2} & 0 \\ 0 & 0 & -\dfrac{1}{3} \end{bmatrix}$$

性質 5.5

反矩陣基本性質

反矩陣具有以下性質

(1) $(\mathbf{A}^{-1})^{-1} = \mathbf{A}$

(2) $(\mathbf{AB})^{-1} = \mathbf{B}^{-1}\mathbf{A}^{-1}$

(3) $(\mathbf{A}^{-1})^T = (\mathbf{A}^T)^{-1}$

證明

(1) 因矩陣的反矩陣為唯一，故 $(\mathbf{A}^{-1})^{-1} = \mathbf{A}$

(2) 因 $\mathbf{AB}(\mathbf{AB})^{-1} = \mathbf{I}$，左側同乘 $\mathbf{A}^{-1}$ 得 $\mathbf{B}(\mathbf{AB})^{-1} = \mathbf{A}^{-1}\mathbf{I} = \mathbf{A}^{-1}$ 再同乘 $\mathbf{B}^{-1}$ 得 $(\mathbf{AB})^{-1} = \mathbf{B}^{-1}\mathbf{A}^{-1}$，故得證。

(3) 因 $\mathbf{AA}^{-1} = \mathbf{I}$ 且 $\mathbf{I} = \mathbf{I}^T = (\mathbf{AA}^{-1})^T = (\mathbf{A}^{-1})^T\mathbf{A}^T$，在右側同乘 $(\mathbf{A}^T)^{-1}$ 得 $\mathbf{I}(\mathbf{A}^T)^{-1} = (\mathbf{A}^{-1})^T\mathbf{A}^T(\mathbf{A}^T)^{-1}$，得 $(\mathbf{A}^T)^{-1} = (\mathbf{A}^{-1})^T$，故得證。

習題 5-6

求下列矩陣之反矩陣

1. $\mathbf{A}^{-1} = \begin{bmatrix} -1 & 1 & 2 \\ 3 & -1 & 1 \\ -1 & 3 & 4 \end{bmatrix}$

       Ans：$\mathbf{A} = \begin{bmatrix} -0.7 & 0.2 & 0.3 \\ -1.3 & -0.2 & 0.7 \\ 0.8 & 0.2 & -0.2 \end{bmatrix}$

2. $\mathbf{A} = \begin{bmatrix} -1 & 2 & -3 \\ 2 & 1 & 0 \\ 4 & -2 & 5 \end{bmatrix}$，求 $\mathbf{A}^{-1}$

       Ans：$\mathbf{A}^{-1} = \begin{bmatrix} -5 & 4 & -3 \\ 10 & -7 & 6 \\ 8 & -6 & 5 \end{bmatrix}$

3. $\mathbf{A} = \begin{bmatrix} 1 & 2 \\ 2 & 1 \end{bmatrix}$，求 $\mathbf{A}^{-1}$

       Ans：$\mathbf{A}^{-1} = \dfrac{-1}{3}\begin{bmatrix} 1 & -2 \\ -2 & 1 \end{bmatrix}$

4. $\mathbf{A} = \begin{bmatrix} 1 & 0 & 0 & 0 & 0 \\ 0 & 2 & 0 & 0 & 0 \\ 0 & 0 & 3 & 0 & 0 \\ 0 & 0 & 0 & 4 & 0 \\ 0 & 0 & 0 & 0 & 5 \end{bmatrix}$，求 $\mathbf{A}^{-1}$

Ans：$\mathbf{A}^{-1} = \begin{bmatrix} 1 & 0 & 0 & 0 & 0 \\ 0 & \dfrac{1}{2} & 0 & 0 & 0 \\ 0 & 0 & \dfrac{1}{3} & 0 & 0 \\ 0 & 0 & 0 & \dfrac{1}{4} & 0 \\ 0 & 0 & 0 & 0 & \dfrac{1}{5} \end{bmatrix}$

5. $\mathbf{A} = \begin{bmatrix} -2 & 1 & 0 \\ -3 & 0 & 4 \\ 1 & -2 & 3 \end{bmatrix}$，求 $\mathbf{A}^{-1}$

Ans：$\mathbf{A}^{-1} = \begin{bmatrix} -\dfrac{8}{3} & 1 & -\dfrac{4}{3} \\ -\dfrac{13}{3} & 2 & -\dfrac{8}{3} \\ -2 & 1 & -1 \end{bmatrix}$

6. $\mathbf{A} = \begin{bmatrix} 1 & 3 & 3 \\ 1 & 4 & 3 \\ 1 & 3 & 4 \end{bmatrix}$，求 $\mathbf{A}^{-1}$

Ans：$\mathbf{A}^{-1} = \begin{bmatrix} 7 & -3 & -3 \\ -1 & 1 & 0 \\ -1 & 0 & 1 \end{bmatrix}$

5-7 ◀ 行列式

A 定義 5.12

一個 $n \times n$ 的方陣 $\mathbf{A}$ 其 n 階行列式值可寫成

$$det\mathbf{A} = \left| \mathbf{A} \right| = \begin{vmatrix} a_{11} & a_{12} & \cdots & a_{1n} \\ a_{21} & a_{22} & \cdots & a_{2n} \\ \vdots & & & \\ a_{n1} & a_{n2} & \cdots & a_{nn} \end{vmatrix} \tag{5.13}$$

式中以絕對值符號包圍元素 a_{ij} 來代表其與矩陣之不同，且行列式值為一純量。

5-7-1 行列式的計算

(a) 二階行列式的求法

若

$$\mathbf{A} = \begin{bmatrix} a_{11} & a_{12} \\ a_{21} & a_{22} \end{bmatrix}$$

則

$$det\mathbf{A} = \left| \mathbf{A} \right| = a_{11}a_{22} - a_{12}a_{21} \tag{5.14}$$

> 💡 **注意** 〉 行列式值的計算中，若以第一列元素為準，往右下的乘積為正，如 $a_{11}a_{12}$。而往左下的乘積為負，（如(5.14)式中的 $a_{12}a_{21}$）

(b)三階行列式的求法

$$detA=|\;A\;|=\begin{vmatrix} a_{11} & a_{12} & a_{13} \\ a_{21} & a_{22} & a_{23} \\ a_{31} & a_{32} & a_{33} \end{vmatrix}$$

觀察上式可得三個往右下之正乘積

① $a_{11}a_{22}a_{33}$ ＋② $a_{12}a_{23}a_{31}$ ＋③ $a_{13}a_{32}a_{21}$

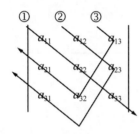

而亦有三個往左下方之負乘積

[① $a_{13}a_{22}a_{31}$ ＋② $a_{12}a_{21}a_{33}$ ＋③ $a_{11}a_{32}a_{23}$]

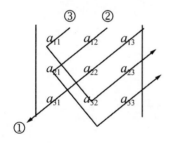

故行列式值為

$$detA=|\;A\;|=a_{11}a_{22}a_{33}+a_{12}a_{23}a_{31}+a_{13}a_{32}a_{21}-a_{13}a_{22}a_{31}$$

$$-a_{12}a_{21}a_{33}-a_{11}a_{32}a_{23} \qquad (5.15)$$

例 21

試求(a) $\mathbf{A} = \begin{bmatrix} 1 & 2 \\ 0 & -1 \end{bmatrix}$,(b) $\mathbf{B} = \begin{bmatrix} -2 & 3 \\ 1 & 2 \end{bmatrix}$ 之行列式值

解 (a) $det\mathbf{A} = \begin{vmatrix} 1 & 2 \\ 0 & -1 \end{vmatrix} = 1 \times (-1) - 2 \times 0 = -1$

(b) $det\mathbf{B} = \begin{vmatrix} -2 & 3 \\ 1 & 2 \end{vmatrix} = -2 \times 2 - 3 \times 1 = -7$

例 22

若 $\mathbf{A} = \begin{bmatrix} 0 & 2 & 3 \\ -3 & 1 & 0 \\ 4 & 1 & 2 \end{bmatrix}$,求 $det\mathbf{A}$

解 $det\mathbf{A} = \begin{vmatrix} 0 & 2 & 3 \\ -3 & 1 & 0 \\ 4 & 1 & 2 \end{vmatrix}$

$= 0 \times 1 \times 2 + 2 \times 0 \times 4 + 3 \times 1 \times (-3) - 3 \times 1 \times 4$

$\quad - 2 \times (-3) \times 2 - 0 \times 1 \times 0$

$= 0 + 0 - 9 - 12 + 12 + 0 = -9$

　　四階以上的行列式亦可依上述規則求得,不過一般而言,四階行列式的計算較為繁雜,通常利用以下方法求之。

(c) n 階行列式之計算：

n 階行列式乃伴隨 n 階方陣 $\mathbf{A} = \begin{bmatrix} a_{ij} \end{bmatrix}$ 的純量，它可寫成

$$D = det\mathbf{A} = \begin{vmatrix} a_{11} & a_{12} & \cdots & a_{1n} \\ a_{21} & a_{22} & \cdots & a_{2n} \\ \vdots & \vdots & & \vdots \\ a_{n1} & a_{n2} & \cdots & a_{nn} \end{vmatrix}$$

若 $n = 1$ 時，則 $D = a_{11}$。

若 $n \geq 2$ 時，D 可定義為

$$D = a_{j1}C_{j1} + a_{j2}C_{j2} + \cdots + a_{jn}C_{jn} \quad (j = 1,2,\ldots \text{或 } n) \tag{5.16}$$

或

$$D = a_{1k}C_{1k} + a_{2k}C_{2k} + \cdots + a_{nk}C_{nk} \quad (k = 1,2,\ldots \text{或 } n)$$

其中

$$C_{jk} = (-1)^{j+k} M_{jk} \tag{5.17}$$

而 M_{jk} 為由 $\mathbf{A}$ 中消去 j 列 k 行元素的 $n-1$ 階子矩陣所成的行列式值，如此即可把高階的行列式經由(5.16)，(5.17)二式拆成數個較低階行列式的和，而再利用(5.14)，(5.15)求解。在(5.17)式中 $n-1$ 階行列式 M_{jk} 稱為 D 中 a_{jk} 的子行列式，而 C_{jk} 則稱為 D 中 a_{jk} 的餘因式。其中 $(-1)^{j+k}$ 為前導係數請注意其正負號。例如 $j = 3$，而 $k = 1$ 時則係數為正，若 $j = 3$，$k = 2$ 則係數為負。

例 23

以(5.16)，(5.17)式重作例 22。

解 $\therefore \mathbf{A} = \begin{bmatrix} 0 & 2 & 3 \\ -3 & 1 & 0 \\ 4 & 1 & 2 \end{bmatrix}$

若利用(5.16)式將第一列展開，可得

$$detA = 0 \times \begin{vmatrix} 1 & 0 \\ 1 & 2 \end{vmatrix} - 2 \begin{vmatrix} -3 & 0 \\ 4 & 2 \end{vmatrix} + 3 \begin{vmatrix} -3 & 1 \\ 4 & 1 \end{vmatrix}$$

$$= 0 + 12 + 3(-7) = -9$$

例 24

若 $\mathbf{A} = \begin{bmatrix} 1 & 0 & 1 & 1 \\ 2 & 1 & 0 & -1 \\ 3 & -1 & 1 & 1 \\ 0 & 1 & 0 & 1 \end{bmatrix}$，試求 $detA$。

解 因第四列有兩個零，故以此列展開較為簡單，可得

$$detA = -0 \times \begin{vmatrix} 0 & 1 & 1 \\ 1 & 0 & -1 \\ -1 & 1 & 1 \end{vmatrix} + \begin{vmatrix} 1 & 1 & 1 \\ 2 & 0 & -1 \\ 3 & 1 & 1 \end{vmatrix} - 0 \times \begin{vmatrix} 1 & 0 & 1 \\ 2 & 1 & -1 \\ 3 & -1 & 1 \end{vmatrix}$$

$$+ 1 \times \begin{vmatrix} 1 & 0 & 1 \\ 2 & 1 & 0 \\ 3 & -1 & 1 \end{vmatrix}$$

$$= \begin{vmatrix} 1 & 1 & 1 \\ 2 & 0 & -1 \\ 3 & 1 & 1 \end{vmatrix} + \begin{vmatrix} 1 & 0 & 1 \\ 2 & 1 & 0 \\ 3 & -1 & 1 \end{vmatrix}$$

$$= \begin{vmatrix} 0 & -1 \\ 1 & 1 \end{vmatrix} - \begin{vmatrix} 2 & -1 \\ 3 & 1 \end{vmatrix} + \begin{vmatrix} 2 & 0 \\ 3 & 1 \end{vmatrix} + \begin{vmatrix} 1 & 0 \\ -1 & 1 \end{vmatrix}$$

$$-0 \begin{vmatrix} 2 & 0 \\ 1 & 3 \end{vmatrix} + 1 \times \begin{vmatrix} 2 & 1 \\ 3 & -1 \end{vmatrix}$$

$$= 1 - 5 + 2 + 1 + 0 - 5 = -6$$

 性質 5.6

行列式基本性質

行列式之基本性質為

1. 若 $\mathbf{A} = \begin{bmatrix} a_{ij} \end{bmatrix}$ 為一 n 階方陣，且其中某一行或列全為零，則 $det\mathbf{A} = 0$。

2. 若 $\mathbf{B}$ 為 $\mathbf{A}$ 中某兩行或兩列互相對調所成之矩陣，則

$$det\mathbf{A} = -det\mathbf{B}$$

3. 若矩陣 $\mathbf{A}$ 中某兩行或列成比例，則 $det\mathbf{A} = 0$。

4. 若 $\mathbf{A} = \begin{bmatrix} a_{ij} \end{bmatrix}$ 為一 n 階方陣，$\mathbf{B}$ 為由 $\mathbf{A}$ 之某一行乘一常數 k 後之所成方陣，

則 $det\mathbf{B} = k det\mathbf{A}$。

5. 若 $\mathbf{A} = \begin{bmatrix} a_{ij} \end{bmatrix}_{n \times n}$，$\mathbf{B} = \begin{bmatrix} b_{jk} \end{bmatrix}_{n \times n}$，則 $det\mathbf{AB} = det\mathbf{A} det\mathbf{B}$。

6. 若 $\mathbf{A}$ 為一三角矩陣，則其行列式值為其主對角線元素之乘積。

證明

(1) 直接對該零列（或行）展開即可。

(2) 若 $\mathbf{A}$ 為 n 階矩陣，$\mathbf{B}$ 為 $\mathbf{A}$ 中某兩列對調所形成之矩陣。

$$det\mathbf{A} = \sum_{k=1}^{n} (-1)^{j+k} a_{jk} M_{jk} \, , \, det\mathbf{B} = \sum_{k=1}^{n} (-1)^{j+k} a_{jk} N_{jk} \, , \text{其中 } N_{jk} \text{ 為}$$

對調 $\mathbf{A}$ 中 a_{jk} 之子行列式的兩列而得，故可得 $N_{jk} = -M_{jk}$，故得證。

性質(3)、(4)、(5)請直接展開即可得證。

例 25

若 $A = \begin{bmatrix} 1 & 2 & 3 \\ 0 & 0 & 0 \\ 4 & 5 & 6 \end{bmatrix}$，試求 $det A$

解 對該零列展開可得 $det A = 0$。

例 26

若 $A = \begin{bmatrix} 0 & 2 & 3 \\ -3 & 1 & 0 \\ 4 & 1 & 2 \end{bmatrix}$，$B = \begin{bmatrix} 0 & 4 & 6 \\ -3 & 1 & 0 \\ 4 & 1 & 2 \end{bmatrix}$，試求 $det A$ 及 $det B$

解 由例 23 得

$$det A = -9$$

若直接展開可得

$$det B = \begin{vmatrix} 0 & 4 & 6 \\ -3 & 1 & 0 \\ 4 & 1 & 2 \end{vmatrix}$$

$$= 0 \begin{vmatrix} 1 & 0 \\ 1 & 2 \end{vmatrix} - 4 \begin{vmatrix} -3 & 0 \\ 4 & 2 \end{vmatrix} + 6 \begin{vmatrix} -3 & 1 \\ 4 & 1 \end{vmatrix}$$

$$= 24 - 42$$

$$= -18$$

另法： 因 B 之第一列為 A 之第一列之兩倍，利用性質 4 亦可得證。

例 27

若 $A = \begin{bmatrix} 0 & 2 & 3 \\ -3 & 1 & 0 \\ 4 & 1 & 2 \end{bmatrix}$，$B = \begin{bmatrix} -3 & 1 & 0 \\ 0 & 2 & 3 \\ 4 & 1 & 2 \end{bmatrix}$，試求 $det A$ 及 $det B$

解 由上例

$$det A = 0 \begin{vmatrix} 1 & 0 \\ 1 & 2 \end{vmatrix} - 2 \begin{vmatrix} -3 & 0 \\ 4 & 2 \end{vmatrix} + 3 \begin{vmatrix} -3 & 1 \\ 4 & 1 \end{vmatrix} = -9$$

若對第二列展開可得

$$det B = -0 \begin{vmatrix} 1 & 0 \\ 1 & 2 \end{vmatrix} + 2 \begin{vmatrix} -3 & 0 \\ 4 & 2 \end{vmatrix} - 3 \begin{vmatrix} -3 & 1 \\ 4 & 1 \end{vmatrix} = 9$$

請注意 B 為 A 第一列與第二列對調而成，故也可由性質 5.6(2)得到 $det A = -det B$。

例 28

若 $A = \begin{bmatrix} 0 & 1 & 2 \\ 0 & 2 & 4 \\ 3 & 4 & 5 \end{bmatrix}$，求 $det A$

解 對第三列展開可得

$$det A = 3 \begin{vmatrix} 1 & 2 \\ 2 & 4 \end{vmatrix} - 4 \begin{vmatrix} 0 & 2 \\ 0 & 4 \end{vmatrix} + 5 \begin{vmatrix} 0 & 1 \\ 0 & 2 \end{vmatrix} = 0$$

$\because$ 觀察其第一列與第二列成比例亦可直接由性質 5.6(3)得 $det A = 0$

例 29

若 $\mathbf{A} = \begin{bmatrix} 1 & 2 \\ 3 & 4 \end{bmatrix}$，$\mathbf{B} = \begin{bmatrix} -1 & 0 \\ -1 & 2 \end{bmatrix}$，

求 (a) $det(\mathbf{AB})$　　(b) $det(\mathbf{BA})$　　(c) $det\mathbf{A}\,det\mathbf{B}$

解　(a) $\mathbf{AB} = \begin{bmatrix} 1 & 2 \\ 3 & 4 \end{bmatrix}\begin{bmatrix} -1 & 0 \\ -1 & 2 \end{bmatrix} = \begin{bmatrix} -3 & 4 \\ -7 & 8 \end{bmatrix}$

　　　　$det\mathbf{AB} = -24 + 28 = 4$

　　(b) $\mathbf{BA} = \begin{bmatrix} -1 & 0 \\ -1 & 2 \end{bmatrix}\begin{bmatrix} 1 & 2 \\ 3 & 4 \end{bmatrix} = \begin{bmatrix} -1 & -2 \\ 5 & 6 \end{bmatrix}$

　　　　$det\mathbf{BA} = -6 + 10 = 4$

　　(c) $det\mathbf{A} = \begin{vmatrix} 1 & 2 \\ 3 & 4 \end{vmatrix} = 4 - 6 = -2$

　　　　$det\mathbf{B} = \begin{vmatrix} -1 & 0 \\ -1 & 2 \end{vmatrix} = -2$

　　　　$det\mathbf{A}\,det\mathbf{B} = -2 \times -2 = 4$

故可得
$$det(\mathbf{AB}) = det(\mathbf{BA}) = det\mathbf{A}\,det\mathbf{B} \qquad (5.18)$$

例 30

若 $\mathbf{A} = \begin{bmatrix} a_{11} & a_{12} & a_{13} \\ 0 & a_{22} & a_{23} \\ 0 & 0 & a_{33} \end{bmatrix}$，求 $det\mathbf{A}$

解 由性質(6)可得 $det\mathbf{A} = a_{11} \times a_{22} \times a_{33}$

或對第一行直接展開可得

$$det\mathbf{A} = a_{11} \begin{vmatrix} a_{22} & a_{23} \\ 0 & a_{33} \end{vmatrix} - 0 \begin{vmatrix} a_{12} & a_{13} \\ 0 & a_{33} \end{vmatrix} + 0 \begin{vmatrix} a_{12} & a_{13} \\ a_{22} & a_{23} \end{vmatrix}$$

$$= a_{11} \begin{vmatrix} a_{22} & a_{23} \\ 0 & a_{33} \end{vmatrix}$$

再對上式展開得

$$det\mathbf{A} = a_{11}(a_{22} \times a_{33} - 0 \times a_{23}) = a_{11}a_{22}a_{33}$$

與利用性質(6)得相同結果。

習題 5-7

求下列矩陣之行列式值

1. $\mathbf{A} = \begin{bmatrix} 3 & 6 & -4 \\ -1 & 1 & -3 \\ -6 & -12 & 8 \end{bmatrix}$

   Ans：0

2. $\mathbf{A} = \begin{bmatrix} 3 & 0 & 0 \\ 6 & 4 & 0 \\ -1 & 2 & 5 \end{bmatrix}$

   Ans：-60

3. $\mathbf{A} = \begin{bmatrix} 1 & 3 & 0 \\ 2 & 6 & 4 \\ -1 & 0 & 1 \end{bmatrix}$

   Ans：-12

4. $\mathbf{A} = \begin{bmatrix} 2 & 3 & -1 \\ 3 & 5 & 2 \\ 1 & -2 & -3 \end{bmatrix}$

   Ans：22

5. $\mathbf{A} = \begin{bmatrix} 3 & -2 & -5 & 4 \\ -5 & 2 & 8 & -5 \\ -2 & 4 & 7 & -3 \\ 2 & -3 & -5 & 8 \end{bmatrix}$

   Ans：-54

5-8 ◀ 柯拉瑪法則

由 5-5 節可看出矩陣的秩即為矩陣 **A** 內線性獨立方程式的數目，故可引申一定理如下

定理 5.3

若 **A** 為方陣且為非奇異的，則若且唯若 $det\mathbf{A} \neq 0$，且反矩陣 $\mathbf{A}^{-1}$ 存在。

證明

若 **A** 為 $n \times n$ 方陣，則當 $rank\mathbf{A} = n$ 時，則 **A** 有 n 個線性獨立行或列，利用 5.7 節列運算必可得一主對角線矩陣，且線上每一元素皆不為零，故 $det\mathbf{A} \neq 0$，且反矩陣必然存在。

利用上述定理將可導出一解線性獨立方程組的方法，即一般所熟知的柯拉瑪法則。

✎ 5-8-1 柯拉瑪法則(Carmer's rule)

若有 n 個線性方程組為

$$a_{11}x_1 + a_{12}x_2 + \cdots + a_{1n}x_n = b_1$$
$$a_{21}x_1 + a_{22}x_2 + \cdots + a_{2n}x_n = b_2$$
$$\cdots\cdots\cdots\cdots\cdots\cdots\cdots\cdots\cdots$$
$$a_{n1}x_1 + a_{n2}x_2 + \cdots + a_{nn}x_n = b_n$$

其存在有 n 個未知數 $x_1, x_2, \cdots, x_n$，若其行列式值 $D = det\mathbf{A} \neq 0$，則方程式恰有一解，而其解為

$$x_1 = \frac{D_1}{D} \ , \quad x_2 = \frac{D_2}{D} \ , \quad \cdots \ , \quad x_n = \frac{D_n}{D} \tag{5.19}$$

其中分子 D_k 為以 $b_1, b_2, \cdots b_n$ 取代 D 中的第 k 行而得的行列式值。

例 31

解下列聯立方程組
$$\begin{cases} x - 5y + 4z = -2 \\ -2x - 3y + z = 5 \\ 3x + 4y - 5z = -19 \end{cases}$$

解 原式可矩陣化成(5.8)式形式，得

$$\mathbf{A} = \begin{bmatrix} 1 & -5 & 4 \\ -2 & -3 & 1 \\ 3 & 4 & -5 \end{bmatrix} \ , \quad \mathbf{b} = \begin{bmatrix} -2 \\ 5 \\ -19 \end{bmatrix}$$

先求其行列式值得

$$det\mathbf{A} = \begin{vmatrix} 1 & -5 & 4 \\ -2 & -3 & 1 \\ 3 & 4 & -5 \end{vmatrix}$$

$$= \begin{vmatrix} -3 & 1 \\ 4 & -5 \end{vmatrix} + 5 \begin{vmatrix} -2 & 1 \\ 3 & -5 \end{vmatrix} + 4 \begin{vmatrix} -2 & -3 \\ 3 & 4 \end{vmatrix}$$

$$= 50$$

$\because det\mathbf{A} \neq 0$，故可使用柯拉瑪法則，由(5.19)式可分別得

欲求 x，以 $\mathbf{b} = \begin{bmatrix} -2 \\ 5 \\ -19 \end{bmatrix}$ 代入 $\mathbf{A}$ 之第一行，得

$$x = \frac{\begin{vmatrix} -2 & -5 & 4 \\ 5 & -3 & 1 \\ -19 & 4 & -5 \end{vmatrix}}{det\mathbf{A}}$$

$$= \frac{1}{50}\left(-2\begin{vmatrix} -3 & 1 \\ 4 & -5 \end{vmatrix} + 5\begin{vmatrix} 5 & 1 \\ -19 & -5 \end{vmatrix} + 4\begin{vmatrix} 5 & -3 \\ -19 & 4 \end{vmatrix} \right)$$

$$= \frac{1}{50}(-22-30-148) = -4$$

求 y 時將 $\mathbf{b}$ 代入 $\mathbf{A}$ 之第二行，可得

$$y = \frac{\begin{vmatrix} 1 & -2 & 4 \\ -2 & 5 & 1 \\ 3 & -19 & -5 \end{vmatrix}}{det\mathbf{A}}$$

$$= \frac{1}{50}\left(\begin{vmatrix} 5 & 1 \\ -19 & -5 \end{vmatrix} + 2\begin{vmatrix} -2 & 1 \\ 3 & -5 \end{vmatrix} + 4\begin{vmatrix} -2 & 5 \\ 3 & -19 \end{vmatrix} \right)$$

$$= \frac{1}{50}(-6+14+92) = \frac{100}{50} = 2$$

求 z 時將 $\mathbf{b}$ 代入 $\mathbf{A}$ 之第三行，可得

$$z = \frac{\begin{vmatrix} 1 & -5 & -2 \\ -2 & -3 & 5 \\ 3 & 4 & -19 \end{vmatrix}}{det\mathbf{A}}$$

$$= \frac{1}{50}\left(\begin{vmatrix} -3 & 5 \\ 4 & -19 \end{vmatrix} + 5\begin{vmatrix} -2 & 5 \\ 3 & -19 \end{vmatrix} - 2\begin{vmatrix} -2 & -3 \\ 3 & 4 \end{vmatrix} \right)$$

$$= \frac{1}{50}(37+115-2) = \frac{150}{50} = 3$$

讀者可與本章例 11 比較。

利用柯拉瑪法則，吾人亦可再進一步可得反矩陣求法。

定理 5.4

對非奇異的 n 階方陣 $\mathbf{A} = \begin{bmatrix} a_{ij} \end{bmatrix}$ 而言，其反矩陣為

$$\mathbf{A}^{-1} = \frac{1}{det\mathbf{A}} \begin{bmatrix} A_{11} & A_{21} & \cdots & A_{n1} \\ A_{12} & A_{22} & & A_{n2} \\ \vdots & & \cdots & \vdots \\ A_{1n} & A_{2n} & \cdots & A_{nn} \end{bmatrix} \tag{5.20}$$

其中 A_{jk} 為行列式 $det\mathbf{A}$ 中 a_{jk} 的餘因式如(5.17)式定義。

證明

令 $\mathbf{B}$ 為(5.20)式之右側，則

$$\mathbf{BA} = \mathbf{G} = \begin{bmatrix} g_{kl} \end{bmatrix}$$

式中由矩陣乘法定義

$$g_{kl} = \sum_{m=1}^{n} \frac{1}{det\mathbf{A}} A_{mk} a_{ml} = \frac{1}{det\mathbf{A}} \sum_{m=1}^{n} A_{mk} a_{ml}$$

若 $l = k$，則上式 $\sum_{m=1}^{n} A_{mk} a_{mk}$ 恰為 $D = det\mathbf{A}$ 對第 k 行展開的式子，故

$$g_{kk} = \frac{1}{det\mathbf{A}} \sum_{m=1}^{n} A_{mk} a_{mk} = \frac{1}{det\mathbf{A}} det\mathbf{A} = 1 \quad，對 k = 1, 2, \cdots n$$

若 $l \neq k$ 而言，則相當於在行列式中以 l 行取代第 k 行後再展開的行列式值。因其中有 2 行重複，故其行列式值為零。

$$g_{kl} = \frac{1}{det\mathbf{A}} \sum_{m=1}^{\infty} A_{mk} a_{ml} = 0 \quad (k \neq l)$$

故整理可得

$$\mathbf{BA} = \mathbf{G} = \mathbf{I}，及 \mathbf{AB} = \mathbf{I}，即 \mathbf{B} = \mathbf{A}^{-1} 故得證。$$

例 32

求下列矩陣之反矩陣

(a) $\mathbf{A} = \begin{bmatrix} -1 & 2 \\ 2 & 1 \end{bmatrix}$　(b) $\mathbf{B} = \begin{bmatrix} -3 & 4 & 1 \\ 1 & 2 & 0 \\ 1 & 1 & 3 \end{bmatrix}$

解 (a) $det\mathbf{A} = \begin{vmatrix} -1 & 2 \\ 2 & 1 \end{vmatrix} = -5$，其餘因式為（請注意餘因式之正負號）

$$A_{11} = 1，A_{12} = -2，A_{21} = -2，A_{22} = -1$$

故

$$\mathbf{A}^{-1} = \frac{1}{det\mathbf{A}} \begin{bmatrix} A_{11} & A_{21} \\ A_{12} & A_{22} \end{bmatrix} = \frac{1}{-5} \begin{bmatrix} 1 & -2 \\ -2 & -1 \end{bmatrix}$$

$$= \frac{1}{5} \begin{bmatrix} -1 & 2 \\ 2 & 1 \end{bmatrix}$$

(b) 由第三行展開得行列式值

$$det\mathbf{B} = \begin{vmatrix} 1 & 2 \\ 1 & 1 \end{vmatrix} + 3 \begin{vmatrix} -3 & 4 \\ 1 & 2 \end{vmatrix} = -1 - 30 = -31$$

其餘因式分別為（請注意餘因式之正負號）

$$\mathbf{B}_{11} = \begin{vmatrix} 2 & 0 \\ 1 & 3 \end{vmatrix} = 6$$

$$\mathbf{B}_{12} = -\begin{vmatrix} 1 & 0 \\ 1 & 3 \end{vmatrix} = -3$$

$$\mathbf{B}_{13} = \begin{vmatrix} 1 & 2 \\ 1 & 1 \end{vmatrix} = -1$$

$$\mathbf{B}_{21} = -\begin{vmatrix} 4 & 1 \\ 1 & 3 \end{vmatrix} = -11$$

$$\mathbf{B}_{22} = \begin{vmatrix} -3 & 1 \\ 1 & 3 \end{vmatrix} = -10$$

$$\mathbf{B}_{23} = -\begin{vmatrix} -3 & 4 \\ 1 & 1 \end{vmatrix} = 7$$

$$\mathbf{B}_{31} = \begin{vmatrix} 4 & 1 \\ 2 & 0 \end{vmatrix} = -2$$

$$\mathbf{B}_{32} = -\begin{vmatrix} -3 & 1 \\ 1 & 0 \end{vmatrix} = 1$$

$$\mathbf{B}_{33} = \begin{vmatrix} -3 & 4 \\ 1 & 2 \end{vmatrix} = -10$$

故由(5.20)式可得其反矩陣為

$$\mathbf{B}^{-1} = \frac{1}{det\mathbf{B}} \begin{bmatrix} B_{11} & B_{21} & B_{31} \\ B_{12} & B_{22} & B_{32} \\ B_{13} & B_{23} & B_{33} \end{bmatrix} = \frac{-1}{31} \begin{bmatrix} 6 & -11 & -2 \\ -3 & -10 & 1 \\ -1 & 7 & -10 \end{bmatrix}$$

$$= \frac{1}{31} \begin{bmatrix} -6 & 11 & 2 \\ 3 & 10 & -1 \\ 1 & -7 & 10 \end{bmatrix}$$

讀者可與本章例 17、18 比較。

以克拉瑪法則解下列方程組

1. $\begin{cases} -x_1 + x_2 + 2x_3 = 2 \\ 3x_1 - x_2 + x_3 = 6 \\ -x_1 + 3x_2 + 4x_3 = 4 \end{cases}$

Ans：$x_1 = 1$，$x_2 = -1$，$x_3 = 2$

2. $\begin{cases} 2x + y + 4z = 16 \\ 3x + 2y + z = 10 \\ x + 3y + 3z = 16 \end{cases}$

Ans：$x = 1$，$y = 2$，$z = 3$

3. $\begin{cases} 2x + 3y - z = 1 \\ 3x + 5y + 2z = 8 \\ x - 2y - 3z = -1 \end{cases}$

Ans：$x = 3$，$y = -1$，$z = 2$

4. $\begin{cases} 7x + 6y + 4z = 6 \\ 4x - 3y - z = 0 \\ -5x - 4y + z = 7 \end{cases}$

Ans：$x = 0$，$y = -1$，$z = 3$

5. $\begin{cases} 7x - y - z = 0 \\ 10x - 2y + z = 8 \\ 6x + 3y - 2z = 7 \end{cases}$

Ans：$x = 1$，$y = 3$，$z = 4$

求 6 至 10 題之反矩陣

6. $\mathbf{A} = \begin{bmatrix} 1 & 2 & 5 \\ 0 & -1 & 2 \\ 2 & 4 & 11 \end{bmatrix}$

Ans：$\mathbf{A}^{-1} = \begin{bmatrix} 19 & 2 & -9 \\ -4 & -1 & 2 \\ -2 & 0 & 1 \end{bmatrix}$

7. $\mathbf{A} = \begin{bmatrix} 1 & 2 & 3 \\ 2 & 3 & 4 \\ 1 & 5 & 7 \end{bmatrix}$

Ans：$\mathbf{A}^{-1} = \begin{bmatrix} \dfrac{1}{2} & \dfrac{1}{2} & -\dfrac{1}{2} \\ -5 & 2 & 1 \\ \dfrac{7}{2} & -\dfrac{3}{2} & -\dfrac{1}{2} \end{bmatrix}$

8. $\mathbf{A} = \begin{bmatrix} 1 & 2 & 3 \\ 1 & 3 & 4 \\ 1 & 4 & 3 \end{bmatrix}$

Ans：$\mathbf{A}^{-1} = \begin{bmatrix} \dfrac{7}{2} & -3 & \dfrac{1}{2} \\ -\dfrac{1}{2} & 0 & \dfrac{1}{2} \\ -\dfrac{1}{2} & 1 & -\dfrac{1}{2} \end{bmatrix}$

9. $\mathbf{A} = \begin{bmatrix} 2 & 3 \\ 1 & 4 \end{bmatrix}$

Ans：$\mathbf{A}^{-1} = \begin{bmatrix} \dfrac{4}{5} & \dfrac{-3}{5} \\ \dfrac{-1}{5} & \dfrac{2}{5} \end{bmatrix}$

10. $\mathbf{A} = \begin{bmatrix} 2 & 3 & 1 \\ 1 & 2 & 3 \\ 3 & 1 & 2 \end{bmatrix}$

Ans：$\mathbf{A}^{-1} = \dfrac{1}{18} \begin{bmatrix} 1 & -5 & 7 \\ 7 & 1 & -5 \\ -5 & 7 & 1 \end{bmatrix}$

5-9　特徵值，特徵向量

設有 n 個聯立方程組

$$a_{11}x_1 + a_{12}x_2 + \cdots + a_{1n}x_n = \lambda x_1$$
$$a_{21}x_1 + a_{22}x_2 + \cdots + a_{2n}x_n = \lambda x_2$$
$$\cdots\cdots\cdots\cdots\cdots\cdots\cdots\cdots\cdots$$
$$a_{n1}x_1 + a_{n2}x_2 + \cdots + a_{nn}x_n = \lambda x_n$$

(5.21)

或以矩陣表示成

$$\mathbf{A}\mathbf{x} = \lambda \mathbf{x}$$

(5.22)

經移項可寫成

$$(a_{11} - \lambda)x_1 + a_{12}x_2 + \cdots + a_{1n}x_n = 0$$
$$a_{21}x_1 + (a_{22} - \lambda)x_2 + \cdots + a_{2n}x_n = 0$$
$$\cdots\cdots\cdots\cdots\cdots\cdots\cdots\cdots\cdots$$
$$a_{n1}x_1 + a_{n2}x_2 + \cdots + (a_{nn} - \lambda)x_n = 0$$

上式以矩陣方程式表成

$$(\mathbf{A} - \lambda\mathbf{I})\mathbf{x} = 0$$

(5.23)

上式中若 $\mathbf{x} = 0$，則 λ 可為任意值，但若 $\mathbf{x} \neq 0$，則 λ 必須滿足

$$det(\mathbf{A} - \lambda\mathbf{I}) = \left| \mathbf{A} - \lambda\mathbf{I} \right| = 0$$

(5.24)

故上式稱為該聯立方程組之**特徵方程式**(characteristic equation)，而滿足此程式的 $\lambda_1, \lambda_2, \cdots \lambda_n$，即為(5.24)的**特徵值**(eienvalue)，若再將 λ_i 代入(5.24)可得相對於 λ_i 的向量解 $\mathbf{x}_i$，此 $\mathbf{x}_i$ 則稱為矩陣 $\mathbf{A}$ 對應於**特徵值** λ_i 的**特徵向量**。

例 33

試求矩陣 $A = \begin{bmatrix} -3 & 2 \\ -10 & 6 \end{bmatrix}$ 的特徵值及特徵向量。

解 由(5.24)式得

$$det(\mathbf{A} - \lambda\mathbf{I}) = | \mathbf{A} - \lambda\mathbf{I} | = \begin{vmatrix} -3-\lambda & 2 \\ -10 & 6-\lambda \end{vmatrix}$$

$$= (-3-\lambda)(6-\lambda) + 20 = \lambda^2 - 3\lambda + 2$$

$$= 0$$

故可的特徵值 $\lambda_1 = 1$，$\lambda_2 = 2$。其相對特徵向量可分別計算如下：

① 當 $\lambda_1 = 1$ 時，由(5.23)式可得

$$\begin{bmatrix} -3-1 & 2 \\ -10 & 6-1 \end{bmatrix}\begin{bmatrix} x_1 \\ x_2 \end{bmatrix} = \begin{bmatrix} -4 & 2 \\ -10 & 5 \end{bmatrix}\begin{bmatrix} x_1 \\ x_2 \end{bmatrix} = 0$$

故可得

$$-4x_1 + 2x_2 = 0 \quad 或 \quad -10x_1 + 5x_2 = 0$$

解之得 $x_2 = 2x_1$，令 $x_1 = C_1$ 其特徵向量為 $C_1\begin{bmatrix} 1 \\ 2 \end{bmatrix}$，$C_1 \in R$

② 當 $\lambda_2 = 2$ 時，由(5.23)式可得

$$\begin{bmatrix} -5 & 2 \\ -10 & 4 \end{bmatrix}\begin{bmatrix} x_1 \\ x_2 \end{bmatrix} = 0$$

及 $-5x_1 + 2x_2 = 0 \quad 或 \quad -10x_1 + 4x_2 = 0$

，即 $x_2 = \dfrac{5}{2}x_1$，令 $x_1 = C_2$，可得特徵向量 $C_2\begin{bmatrix} 1 \\ \dfrac{5}{2} \end{bmatrix}$

整理可得兩特徵向量為

$$\mathbf{x}_1 = C_1 \begin{bmatrix} 1 \\ 2 \end{bmatrix}，對應於 \lambda_1 = 1；$$

$$\mathbf{x}_2 = C_2 \begin{bmatrix} 1 \\ \dfrac{5}{2} \end{bmatrix}，對應於 \lambda_2 = 2。$$

例 34

求矩陣 $\mathbf{A} = \begin{bmatrix} 1 & -1 & 0 \\ 0 & 1 & 1 \\ 0 & 0 & -1 \end{bmatrix}$ 的特徵值與特徵向量

解

$$| \mathbf{A} - \lambda\mathbf{I} | = \begin{bmatrix} 1-\lambda & -1 & 0 \\ 0 & 1-\lambda & 1 \\ 0 & 0 & -1-\lambda \end{bmatrix} = -(\lambda+1)(\lambda-1)^2 = 0$$

可得特徵值 $\lambda_1 = -1$，$\lambda_2 = 1$

① 相對應於 $\lambda_1 = -1$，可得

$$\begin{bmatrix} 2 & -1 & 0 \\ 0 & 2 & 1 \\ 0 & 0 & 0 \end{bmatrix} \begin{bmatrix} x_1 \\ x_2 \\ x_3 \end{bmatrix} = 0$$

展開可得 $2x_1 - x_2 = 0$，$2x_2 + x_3 = 0$，

令 $x_1 = C_1$，則 $x_2 = 2C_1$，$x_3 = -4C_1$

即伴隨於 $\lambda = -1$ 的特徵向量為為 $C_1 \begin{bmatrix} 1 \\ 2 \\ -4 \end{bmatrix}$，$C_1 \neq 0$

② 相對應於 $\lambda_2 = 1$ 可得

$$\begin{bmatrix} 0 & -1 & 0 \\ 0 & 0 & 1 \\ 0 & 0 & -2 \end{bmatrix} \begin{bmatrix} x_1 \\ x_2 \\ x_3 \end{bmatrix} = 0$$

解之得 $x_2 = 0$，$x_3 = 0$，而 x_1 為任意常數 $C_2 \neq 0$，

即伴隨於 $\lambda = 1$ 的特徵向量為 $\begin{bmatrix} C_2 \\ 0 \\ 0 \end{bmatrix}$，$C_2 \neq 0$

例 35

試求下列矩陣的特徵值與特徵向量

(a) $\mathbf{A} = \begin{bmatrix} 0 & 1 \\ 0 & 0 \end{bmatrix}$ (b) $\mathbf{B} = \begin{bmatrix} 0 & 1 \\ -1 & 0 \end{bmatrix}$

解 (a) $|\mathbf{A} - \lambda\mathbf{I}| = \begin{bmatrix} -\lambda & 1 \\ 0 & -\lambda \end{bmatrix} = \lambda^2 = 0$

相對應於 $\lambda = 0$，可得

$$\begin{bmatrix} 0 & 1 \\ 0 & 0 \end{bmatrix} \begin{bmatrix} x_1 \\ x_2 \end{bmatrix} = 0$$

解之得 x_1 為任意值 C_1，及 $x_2 = 0$，即特徵向量為 $\begin{bmatrix} C_1 \\ 0 \end{bmatrix}$

(b) $|\mathbf{B} - \lambda\mathbf{I}| = \begin{bmatrix} -\lambda & 1 \\ -1 & -\lambda \end{bmatrix} = \lambda^2 + 1 = 0$

可得兩複數特徵值 $\lambda_1 = i$，$\lambda_2 = -i$

① 對應於 $\lambda_1 = i$ 可得

$$\begin{bmatrix} -i & 1 \\ -1 & -i \end{bmatrix}\begin{bmatrix} x_1 \\ x_2 \end{bmatrix} = 0$$

解之得 $-ix_1 + x_2 = 0$ 及 $-x_1 - ix_2 = 0$，

若令 $x = C_1$，則 $x_2 = iC_1$ 即特徵向量為 $C_1\begin{bmatrix} 1 \\ i \end{bmatrix}$，$C_1 \neq 0$

② 對應於 $\lambda_2 = -i$，同理可得特徵向量

$$C_2\begin{bmatrix} 1 \\ -i \end{bmatrix}，C_2 \neq 0$$

求下列矩陣之特徵值與特徵向量

1. $\mathbf{A} = \begin{bmatrix} 1 & 2 \\ 3 & 1 \end{bmatrix}$

   Ans: $C_1 \begin{bmatrix} 1 \\ \dfrac{\sqrt{6}}{2} \end{bmatrix}$, $C_2 \begin{bmatrix} 1 \\ -\dfrac{\sqrt{6}}{2} \end{bmatrix}$, $C_1, C_2 \neq 0$

2. $\mathbf{A} = \begin{bmatrix} 1 & 0 \\ 3 & 2 \end{bmatrix}$

   Ans: $C_1 \begin{bmatrix} 1 \\ -3 \end{bmatrix}$, $\begin{bmatrix} 0 \\ C_2 \end{bmatrix}$, $C_1, C_2 \neq 0$

3. $\mathbf{A} = \begin{bmatrix} -5 & 0 \\ 1 & 2 \end{bmatrix}$

   Ans: $C_1 \begin{bmatrix} -7 \\ 1 \end{bmatrix}$, $\begin{bmatrix} 0 \\ C_2 \end{bmatrix}$, $C_1, C_2 \neq 0$

4. $\mathbf{A} = \begin{bmatrix} 5 & 4 \\ -4 & 1 \end{bmatrix}$

   Ans: $C_1 \begin{bmatrix} 1 \\ \frac{-1+2\sqrt{3}i}{2} \end{bmatrix}$, $C_2 \begin{bmatrix} 1 \\ \frac{-1-2\sqrt{3}i}{2} \end{bmatrix}$, $C_1, C_2 \neq 0$

5. $\mathbf{A} = \begin{bmatrix} 2 & 2 & 1 \\ 1 & 3 & 1 \\ 1 & 2 & 2 \end{bmatrix}$

   Ans: $C_1 \begin{bmatrix} 1 \\ 1 \\ 1 \end{bmatrix}$, $C_2 \begin{bmatrix} 2 \\ -1 \\ 0 \end{bmatrix}$, $C_1, C_2 \neq 0$

6.　$\mathbf{A} = \begin{bmatrix} 2 & -1 & 2 \\ -1 & 2 & -1 \\ 0 & -1 & 2 \end{bmatrix}$

Ans：$C_1 \begin{bmatrix} 1 \\ 0 \\ -1 \end{bmatrix}$，$C_2 \begin{bmatrix} 1 \\ \sqrt{2} \\ 1 \end{bmatrix}$，$C_3 \begin{bmatrix} 1 \\ -\sqrt{2} \\ 1 \end{bmatrix}$，$C_1, C_2, C_3 \neq 0$

7.　$\mathbf{A} = \begin{bmatrix} 2 & -2 & 3 \\ -2 & -1 & 6 \\ 1 & 2 & 0 \end{bmatrix}$

Ans：$C_1 \begin{bmatrix} 1 \\ 2 \\ -1 \end{bmatrix}$，$C_2 \begin{bmatrix} 3 \\ 0 \\ 1 \end{bmatrix}$，$C_1, C_2 \neq 0$

8.　$\mathbf{A} = \begin{bmatrix} 2 & 0 & -2 \\ 0 & 4 & 0 \\ -2 & 0 & 5 \end{bmatrix}$

Ans：$C_1 \begin{bmatrix} 2 \\ 0 \\ 1 \end{bmatrix}$，$C_2 \begin{bmatrix} 0 \\ 1 \\ 0 \end{bmatrix}$，$C_3 \begin{bmatrix} -1 \\ 0 \\ 2 \end{bmatrix}$，$C_1, C_2, C_3 \neq 0$

9.　$\mathbf{A} = \begin{bmatrix} 5 & 7 & -5 \\ 0 & 4 & -1 \\ 2 & 8 & -3 \end{bmatrix}$

Ans：$C_1 \begin{bmatrix} 2 \\ 1 \\ 3 \end{bmatrix}$，$C_2 \begin{bmatrix} 1 \\ 1 \\ 2 \end{bmatrix}$，$C_3 \begin{bmatrix} -1 \\ 1 \\ 1 \end{bmatrix}$，$C_1, C_2, C_3 \neq 0$

10.　$\mathbf{A} = \begin{vmatrix} \cos\theta & -\sin\theta \\ \sin\theta & \cos\theta \end{vmatrix}$

Ans：$C_1 \begin{bmatrix} 1 \\ -i \end{bmatrix}$，$C_2 \begin{bmatrix} 1 \\ i \end{bmatrix}$，$C_1, C_2 \neq 0$

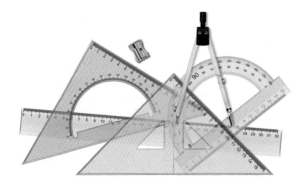

06 向量分析

6-1 ◀ 向量與純量

在物理和幾何當中有許多量通常只需考慮其大小即可，如時間、質量、重量等。上述的物理量我們通常以一數字加以描述稱為**純量**(scalar)。但有些物理量若僅以大小表示並不能完全表達，如力、速度、加速度等。它除了有大小以外尚有方向性，因此就稱其為**向量**(vector)，而為了區分純量與向量，我們通常把向量以小寫黑體字表示，如 **a,b** 等，而手寫時以 $\vec{a}$，$\vec{b}$ 等以純量上加一箭頭表示。這樣也可看出向量的定義即為：一有方向性的線段。

一向量因有方向性及大小，故必有一起點與終點，但若不考慮起點位置，向量可以任意平移而不改變其大小及方向。但若起點決定時，則向量的終點就是唯一決定的。

若兩向量相等，可寫成

$$\mathbf{a} = \mathbf{b}$$

而不相等時可寫成

$$\mathbf{a} \neq \mathbf{b}$$

🅰 定義 6.1

向量分量：

在三維空間中若定 P 為起始點，Q 為終點，則由 P 點座標 (x_1, y_1, z_1) 及 Q 點座標 (x_2, y_2, z_2) 可決定唯一向量 **a**，若考慮直角座標（笛卡爾座標）則向量 **a** 可寫成

$$\mathbf{a} = a_1\mathbf{i} + a_2\mathbf{j} + a_3\mathbf{k}$$

其中 $a_1 = x_2 - x_1$，$a_2 = y_2 - y_1$，$a_3 = z_2 - z_1$ 為向量 $\mathbf{a}$ 在 $\mathbf{i}$，$\mathbf{j}$，$\mathbf{k}(x,y,z)$方向的分量(components)，如圖 6.1。

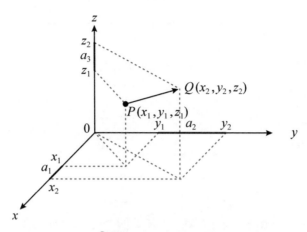

◎ 圖 6.1　向量分量

而由定義上可瞭解向量 $\mathbf{a}$ 的方向即圖 6.1 中由 P 指向 Q 的方向，而其大小即為 PQ 線長，通常標記成$|\mathbf{a}|$，而由畢氏定理可得向量大小為

$$|\mathbf{a}| = \sqrt{a_1^2 + a_2^2 + a_3^2} \tag{6.1}$$

而若向量的大小為 1，則稱其為**單位向量**(unit vector)，標記為 $\mathbf{u}$，而若 $|\mathbf{a}| = 0$，即各分量為零的向量稱之為**零向量**(null vector)。

例 1

若已知向量起點 $P(1,2,3)$，終點 $Q(-1,0,2)$，求

(a)各分量大小，(b)向量表示式，(c)向量大小

解 (a) x 方向分量　$a_1 = -1 - 1 = -2$

　　　y 方向分量　$a_2 = 0 - 2 = -2$

　　　z 方向分量　$a_3 = 2 - 3 = -1$

(b) 向量表示式　$\mathbf{a} = -2\mathbf{i} - 2\mathbf{j} - \mathbf{k}$

(c) 向量大小為　$|\mathbf{a}| = \sqrt{(-2)^2 + (-2)^2 + (1)^2} = \sqrt{9} = 3$

因單位向量的大小為 1，故若一向量 $\mathbf{a}$ 除以其大小 $|\mathbf{a}|$，必可得一大小為 1 的單位向量，即

$$\mathbf{u} = \frac{\mathbf{a}}{|\mathbf{a}|} \tag{6.2}$$

例 2

若 $\mathbf{a} = 2\mathbf{i} + 2\mathbf{j} - \mathbf{k}$，$\mathbf{b} = \mathbf{i} + 2\mathbf{k}$，求 $\mathbf{a}$ 與 $\mathbf{b}$ 之單位向量

解　(a) 因　$|\mathbf{a}| = \sqrt{2^2 + 2^2 + (-1)^2} = 3$

故其單位向量為

$$\mathbf{u}_a = \frac{\mathbf{a}}{|\mathbf{a}|} = \frac{1}{3}(2\mathbf{i} + 2\mathbf{j} - \mathbf{k})$$

(b) 因　$|\mathbf{b}| = \sqrt{1^2 + 0^2 + 2^2} = \sqrt{5}$

故其單位向量為

$$\mathbf{u}_b = \frac{\mathbf{b}}{|\mathbf{b}|} = \frac{1}{\sqrt{5}}(\mathbf{i} + 2\mathbf{k})$$

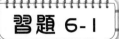

寫出下列各題中以 $P(x_1, y_1, z_1)$ 為起點，$Q(x_2, y_2, z_2)$ 為終點的向量，並求其大小

1. $P:(0,0,0)$，$Q:(1,2,3)$
   Ans：$\mathbf{a} = \mathbf{i} + 2\mathbf{j} + 3\mathbf{k}$，$|\mathbf{a}| = \sqrt{14}$

2. $P:(1,0,0)$，$Q:(4,2,0)$
   Ans：$\mathbf{a} = 3\mathbf{i} + 2\mathbf{j}$，$|\mathbf{a}| = \sqrt{13}$

3. $P:(3,-2,1)$，$Q:(1,2,-4)$
   Ans：$\mathbf{a} = -2\mathbf{i} + 4\mathbf{j} - 5\mathbf{k}$，$|\mathbf{a}| = \sqrt{45}$

4. $P:(1,2,3)$，$Q:(1,2,3)$
   Ans：$\mathbf{a} = 0$，$|\mathbf{a}| = 0$

5 至 8 題中若已知向量 $\mathbf{a}$ 及其起點 $P(x, y, z)$ 試求終點 Q 及向量長度

5. $\mathbf{a} = \mathbf{i} - \mathbf{j} + \mathbf{k}$，$P:(2,1,0)$
   Ans：$Q:(3,0,1)$，$|\mathbf{a}| = \sqrt{3}$

6. $\mathbf{a} = \mathbf{i} + 2\mathbf{j} + 3\mathbf{k}$，$P:(0,0,0)$
   Ans：$Q:(1,2,3)$，$|\mathbf{a}| = \sqrt{14}$

7. $\mathbf{a} = -2\mathbf{i} + 4\mathbf{j} - \mathbf{k}$，$P:(1,2,3)$
   Ans：$Q:(-1,6,2)$，$|\mathbf{a}| = \sqrt{21}$

8. $\mathbf{a} = \mathbf{i} + \mathbf{j} + \mathbf{k}$，$P:(0,1,2)$
   Ans：$Q:(1,2,3)$，$|\mathbf{a}| = \sqrt{3}$

9 到 12 題中試求與所給向量方向相同的單位向量

9. $\mathbf{a} = \mathbf{i} + 2\mathbf{j} + \mathbf{k}$

   Ans：$\dfrac{1}{\sqrt{6}}(\mathbf{i} + 2\mathbf{j} + \mathbf{k})$

10. $\mathbf{a} = 3\mathbf{i} + 4\mathbf{j}$

   Ans：$\dfrac{1}{5}(3\mathbf{i} + 4\mathbf{j})$

11. $\mathbf{a} = \mathbf{i} - 2\mathbf{j} + 2\mathbf{k}$

   Ans：$\dfrac{1}{3}(\mathbf{i} - 2\mathbf{j} + 2\mathbf{k})$

12. $\mathbf{a} = 5\mathbf{i} + \mathbf{j} + 2\mathbf{k}$

   Ans：$= \dfrac{1}{\sqrt{30}}(5\mathbf{i} + \mathbf{j} + 2\mathbf{k})$

6-2 ◀ 向量運算

向量亦為一物理量，故也可以互相運算，也有其特殊性，說明如下。

定義 6.2

向量加法

兩向量 $\mathbf{a} = a_1\mathbf{i} + a_2\mathbf{j} + a_3\mathbf{k}$ 與 $\mathbf{b} = b_1\mathbf{i} + b_2\mathbf{j} + b_3\mathbf{k}$ 的和通常以平行四邊形法則來定義，若一向量 $\mathbf{c}$ 為 $\mathbf{a}$ 與 $\mathbf{b}$ 之和，寫成

$$\mathbf{c} = \mathbf{a} + \mathbf{b} = c_1\mathbf{i} + c_2\mathbf{j} + c_3\mathbf{k}$$

可以圖形表示如圖 6.2，向量 $\mathbf{c}$ 即為由 $\mathbf{a},\mathbf{b}$ 兩向量為鄰邊所延伸而成的平行四邊形對角線所成，而其起點與 $\mathbf{a},\mathbf{b}$ 相同，而終點則為對角線上之另一端點。當然亦可以把 $\mathbf{b}$ 向量的起點平移至 $\mathbf{a}$ 向量終點，再把 $\mathbf{a}$ 向量起點與 $\mathbf{b}$ 向量終點相連接也可得 $\mathbf{c}$ 向量，如圖 6.3，而向量 $\mathbf{c}$ 之三個分量分別為 $\mathbf{a}$ 與 $\mathbf{b}$ 各分量之和，即

$$c_1 = a_1 + b_1 \; , \; c_2 = a_2 + b_2 \; , \; c_3 = a_3 + b_3$$

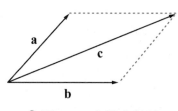

圖 6.2　向量之加法
（平行四邊形法）

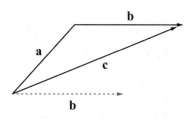

圖 6.3　向量加法（平移法）

由定義知，向量加法應滿足以下性質

(a) $\mathbf{a} + \mathbf{b} = \mathbf{b} + \mathbf{a}$ （交換律）

(b) $(\mathbf{a}+\mathbf{b})+\mathbf{c}=\mathbf{a}+(\mathbf{b}+\mathbf{c})$（結合律）

(c) $\mathbf{a}+\mathbf{0}=\mathbf{0}+\mathbf{a}=\mathbf{a}$（$\mathbf{0}$ 為零向量）

(d) $\mathbf{a}+(-\mathbf{a})=\mathbf{0}$（$-\mathbf{a}$ 為與 $\mathbf{a}$ 方向相反，大小相等之向量）

一向量與純量之運算法則可說明如下：

若 $\mathbf{k}$ 為一純量，$\mathbf{a}=a_1\mathbf{i}+a_2\mathbf{j}+a_3\mathbf{k}$，則純量與向量乘積 $k\mathbf{a}=ka_1\mathbf{i}+ka_2\mathbf{j}+ka_3\mathbf{k}$，即把純量乘向量各分量即可。純量與向量乘積有以下運算：

(a) $k(\mathbf{a}+\mathbf{b})=k\mathbf{a}+k\mathbf{b}$（分配律）

(b) $(k+c)\mathbf{a}=k\mathbf{a}+c\mathbf{a}$（分配律）

(c) $c(k\mathbf{a})=(ck)\mathbf{a}$

(d) $1\mathbf{a}=\mathbf{a}$

兩向量的乘積比較特殊有兩種運算法則，分別為點乘積(dot product)及叉乘積(cross product)說明如下：

定義 6.3

點乘積：

點乘積又稱**內積**(inner product)或**純量積**(scalar product)，表示方法為在兩向量 $\mathbf{a}$ 與 $\mathbf{b}$ 間加一點號，如 $\mathbf{a}\cdot\mathbf{b}$，並可定義為

$$\mathbf{a}\cdot\mathbf{b}=|\mathbf{a}||\mathbf{b}|\cos\theta \tag{6.3}$$

其中 θ 為 $\mathbf{a}$ 與 $\mathbf{b}$ 之夾角，且 $0\le\theta<\pi$，參考圖 6.4。

點乘積由式 6.3 看出其值應為一純量，故又稱純量積，其物理意義可說明如下。

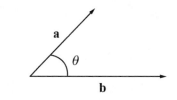

式(6.3)中$|\mathbf{a}|\cos\theta$為 $\mathbf{a}$ 向量在 $\mathbf{b}$ 向量方向的投影(projection)，同理 $|\mathbf{b}|\cos\theta$亦為 $\mathbf{b}$ 向量在 $\mathbf{a}$ 向量方向的投影。而夾角θ亦可由(6.3)式推導得為

$$\theta = \cos^{-1}\left(\frac{\mathbf{a}\cdot\mathbf{b}}{|\mathbf{a}||\mathbf{b}|}\right) \tag{6.4}$$

若兩非零向量的內積為零，即$\mathbf{a}\cdot\mathbf{b}=0$，由上式可知其夾角為$\frac{\pi}{2}$，稱此兩向量為**正交**（垂直）。

🌐 定理 6.1

若兩非零向量內積為零，則兩向量為正交（互相垂直）。

在笛卡爾座標系統中若兩向量$\mathbf{a}=a_1\mathbf{i}+a_2\mathbf{j}+a_3\mathbf{k}$，$\mathbf{b}=b_1\mathbf{i}+b_2\mathbf{j}+b_3\mathbf{k}$，則$\mathbf{a}\cdot\mathbf{b}$可寫成

$$\mathbf{a}\cdot\mathbf{b}=a_1b_1+a_2b_2+a_3b_3 \tag{6.5}$$

由定義可知點乘積應具有下列性質

(a) $\mathbf{a}\cdot\mathbf{b}=\mathbf{b}\cdot\mathbf{a}$

(b) $\mathbf{a}\cdot(\mathbf{b}+\mathbf{c})=\mathbf{a}\cdot\mathbf{b}+\mathbf{a}\cdot\mathbf{c}$

(c) 若$\mathbf{a}\cdot\mathbf{b}=0$，則 $\mathbf{a},\mathbf{b}$ 為正交或其中有一零向量

(d) 若$\mathbf{a}=a_1\mathbf{i}+a_2\mathbf{j}+a_3\mathbf{k}$，$\mathbf{b}=b_1\mathbf{i}+b_2\mathbf{j}+b_3\mathbf{k}$，$\mathbf{a}\cdot\mathbf{b}=a_1b_1+a_2b_2+a_3b_3$

(e) $\mathbf{a} \cdot \mathbf{a} \geq 0$

(f) $|\mathbf{a}| = \sqrt{\mathbf{a} \cdot \mathbf{a}}$

(g) $|\mathbf{a} \cdot \mathbf{b}| \leq |\mathbf{a}||\mathbf{b}|$

(h) $|\mathbf{a} + \mathbf{b}|^2 + |\mathbf{a} - \mathbf{b}|^2 = 2(|\mathbf{a}|^2 + |\mathbf{b}|^2)$

 證明

(a) 到(e)之證明極為簡單，只需代入原式即可，而其它之證明如下：

(f) 若 $\mathbf{a} = a_1\mathbf{i} + a_2\mathbf{j} + a_3\mathbf{k}$ ，則 $\mathbf{a} \cdot \mathbf{a} = a_1^2 + a_2^2 + a_3^2 \geq 0$ 故得證。

(g) 因 $\cos\theta \leq 1$ 故可得 $|\mathbf{a} \cdot \mathbf{b}| \leq |\mathbf{a}||\mathbf{b}|$

(h) 直接運算可得

$$\text{原式} = (a_1 + b_1)^2 + (a_2 + b_2)^2 + (a_3 + b_3)^2 + (a_1 - b_1)^2$$
$$+ (a_2 - b_2)^2 + (a_3 - b_3)^2$$
$$= 2(a_1^2 + a_2^2 + a_3^2 + b_1^2 + b_2^2 + b_3^2)$$
$$= 2(|\mathbf{a}|^2 + |\mathbf{b}|^2)$$

故得證

例 3

若兩向量 $\mathbf{a} = 2\mathbf{i} + 3\mathbf{j} - 4\mathbf{k}$ ， $\mathbf{b} = \mathbf{i} - \mathbf{j} + \mathbf{k}$ ，試求其夾角。

解 由(6.5)式得

$$\mathbf{a} \cdot \mathbf{b} = 2 - 3 - 4 = -5$$

$$|\mathbf{a}| = \sqrt{4+9+16} = \sqrt{29}$$

$$|\mathbf{b}| = \sqrt{1+1+1} = \sqrt{3}$$

由式(6.4)式得

$$\theta = \cos^{-1}\left(\frac{-5}{\sqrt{29}\sqrt{3}}\right)$$

例 4

接上例求 $\mathbf{a}$ 在 $\mathbf{b}$ 上之投影，及 $\mathbf{b}$ 在 $\mathbf{a}$ 上之投影

解　$\mathbf{a}$ 在 $\mathbf{b}$ 向量上之投影為

$$|\mathbf{a}|\cos\theta = \frac{\mathbf{a}\cdot\mathbf{b}}{|\mathbf{b}|} = \frac{-5}{\sqrt{3}}$$

$\mathbf{b}$ 在 $\mathbf{a}$ 向量上之投影為

$$|\mathbf{b}|\cos\theta = \frac{\mathbf{a}\cdot\mathbf{b}}{|\mathbf{a}|} = \frac{-5}{\sqrt{29}}$$

例 5

試求兩平面 $x+y+z=2$，$x+3y-4z=5$ 之夾角。

解　因兩平面夾角與兩平面法線夾角相同，故由平面 $x+y+z=2$ 之法線向量為 $\mathbf{a}=\mathbf{i}+\mathbf{j}+\mathbf{k}$ (由 6.4 節可得知)，且 $|\mathbf{a}|=\sqrt{1^2+1^2+1^2}=\sqrt{3}$，平面 $x+3y-4z=5$ 之法線向量為 $\mathbf{b}=\mathbf{i}+3\mathbf{j}-4\mathbf{k}$，及 $|\mathbf{b}|=\sqrt{1^2+3^2+4^2}=\sqrt{26}$，可得

$$\cos\theta = \frac{\mathbf{a}\cdot\mathbf{b}}{|\mathbf{a}||\mathbf{b}|} = \frac{1+3-4}{\sqrt{3}\sqrt{1+9+16}} = 0$$

故

$$\theta = \frac{\pi}{2}$$

即兩平面正交。

定義 6.4

叉乘積，向量積：

叉乘積(cross product)又稱為向量積(vector product)，其表示法乃是在兩向量之間加一叉號(×)，如 $\mathbf{a}\times\mathbf{b}$。其值為一向量，定義為

$$\mathbf{c} = \mathbf{a}\times\mathbf{b} \tag{6.6}$$

式中 $|\mathbf{c}|=|\mathbf{a}\times\mathbf{b}|=|\mathbf{a}||\mathbf{b}|\sin\theta$，且 $\mathbf{c}$ 之方向為垂直於 $\mathbf{a},\mathbf{b}$ 所決定平面的方向，可利用右手定則，以拇指方向為 $\mathbf{c}$ 之方向，如圖 6.5。

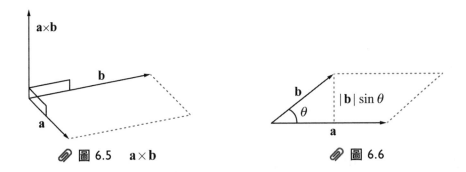

圖 6.5　$\mathbf{a}\times\mathbf{b}$　　　　　　　圖 6.6

叉乘積有一物理意義如下：式(6.6)中 $|\mathbf{b}|\sin\theta$ 為向量 $\mathbf{b}$ 在與向量 $\mathbf{a}$ 垂直方向的投影如圖 6.6，為以 $\mathbf{a}$ 與 $\mathbf{b}$ 所形成平行四邊形的高，故叉乘積的絕對值 $||\mathbf{a}||\mathbf{b}|\sin\theta|$ 即為以 $\mathbf{a},\mathbf{b}$ 為鄰邊所延伸出來的平行四邊形面積。

　　由向量積定義，其應具有以下性質：

(a) $\mathbf{a} \times \mathbf{b} = -\mathbf{b} \times \mathbf{a}$ （反交換律）

(b) $(k\mathbf{a}) \times \mathbf{b} = k(\mathbf{a} \times \mathbf{b}) = \mathbf{a} \times (k\mathbf{b})$ ；k 為常數

(c) 若 $\mathbf{a} \times (\mathbf{b} + \mathbf{c}) = (\mathbf{a} \times \mathbf{b}) + (\mathbf{a} \times \mathbf{c})$ (分配律)

(d) $(\mathbf{a} + \mathbf{b}) \times \mathbf{c} = (\mathbf{a} \times \mathbf{c}) + (\mathbf{b} \times \mathbf{c})$

(e) $\mathbf{a} \times (\mathbf{b} \times \mathbf{c}) \neq (\mathbf{a} \times \mathbf{b}) \times \mathbf{c}$ （叉乘積不滿足結合律）

(f) $|\mathbf{a} \times \mathbf{b}| = \sqrt{(\mathbf{a} \cdot \mathbf{a})(\mathbf{b} \cdot \mathbf{b}) - (\mathbf{a} \cdot \mathbf{b})^2}$ （6.7）

 證明

　　(f) 若 $\mathbf{c} = \mathbf{a} \times \mathbf{b}$ ，$\mathbf{a}$ 與 $\mathbf{b}$ 之夾角為 θ ，及因

$$\cos\theta = \frac{\mathbf{a} \cdot \mathbf{b}}{|\mathbf{a}||\mathbf{b}|}$$

可得

$$|\mathbf{c}|^2 = |\mathbf{a}|^2 |\mathbf{b}|^2 \sin^2\theta = |\mathbf{a}|^2 |\mathbf{b}|^2 (1 - \cos^2\theta)$$

$$= (\mathbf{a} \cdot \mathbf{a})(\mathbf{b} \cdot \mathbf{b}) - (\mathbf{a} \cdot \mathbf{b})^2$$

取平方根即得證，其餘諸式讀者可自行驗證。

定理 6.2

若 $\mathbf{a} = a_1\mathbf{i} + a_2\mathbf{j} + a_3\mathbf{k}$ ， $\mathbf{b} = b_1\mathbf{i} + b_2\mathbf{j} + b_3\mathbf{k}$ ，則可以行列式表示 $\mathbf{a} \times \mathbf{b}$ 如

$$\mathbf{a} \times \mathbf{b} = \begin{vmatrix} \mathbf{i} & \mathbf{j} & \mathbf{k} \\ a_1 & a_2 & a_3 \\ b_1 & b_2 & b_3 \end{vmatrix}$$

$$= \mathbf{i}\begin{vmatrix} a_2 & a_3 \\ b_2 & b_3 \end{vmatrix} - \mathbf{j}\begin{vmatrix} a_1 & a_3 \\ b_1 & b_3 \end{vmatrix} + \mathbf{k}\begin{vmatrix} a_1 & a_2 \\ b_1 & b_2 \end{vmatrix} \tag{6.8}$$

$$= (a_2 b_3 - a_3 b_2)\mathbf{i} + (a_3 b_1 - a_1 b_3)\mathbf{j} + (a_1 b_2 - a_2 b_1)\mathbf{k}$$

例 6

若 $\mathbf{a} = -3\mathbf{i} + 6\mathbf{j} + \mathbf{k}$ ， $\mathbf{b} = -\mathbf{i} - 2\mathbf{j} + \mathbf{k}$ ，試求 $\mathbf{a} \times \mathbf{b}$

解 由(6.8)式可得

$$\mathbf{a} \times \mathbf{b} = \begin{vmatrix} \mathbf{i} & \mathbf{j} & \mathbf{k} \\ -3 & 6 & 1 \\ -1 & -2 & 1 \end{vmatrix}$$

$$= \mathbf{i}\begin{vmatrix} 6 & 1 \\ -2 & 1 \end{vmatrix} - \mathbf{j}\begin{vmatrix} -3 & 1 \\ -1 & 1 \end{vmatrix} + \mathbf{k}\begin{vmatrix} -3 & 6 \\ -1 & -2 \end{vmatrix}$$

$$= (6+2)\mathbf{i} + (-1+3)\mathbf{j} + (6+6)\mathbf{k}$$

$$= 8\mathbf{i} + 2\mathbf{j} + 12\mathbf{k}$$

例 7

若由已知三點$(-1,1,6)$，$(2,0,1)$，$(3,0,0)$成一平面，試求其法向量及平面方程式。

解 令三點分別為 A：$(-1,1,6)$，B：$(2,0,1)$，C：$(3,0,0)$如圖 6.7 且以 A 為參考點則

$$\mathbf{a} = \overrightarrow{AB} = 3\mathbf{i} - \mathbf{j} - 5\mathbf{k}$$

$$\mathbf{b} = \overrightarrow{AC} = 4\mathbf{i} - \mathbf{j} - 6\mathbf{k}$$

其向量積可得為

$$\mathbf{a} \times \mathbf{b} = \begin{vmatrix} \mathbf{i} & \mathbf{j} & \mathbf{k} \\ 3 & -1 & -5 \\ 4 & -1 & -6 \end{vmatrix}$$

$$= \mathbf{i} \begin{vmatrix} -1 & -5 \\ -1 & -6 \end{vmatrix} - \mathbf{j} \begin{vmatrix} 3 & -5 \\ 4 & -6 \end{vmatrix} + \mathbf{k} \begin{vmatrix} 3 & -1 \\ 4 & -1 \end{vmatrix}$$

$$= (6-5)\mathbf{i} + (-20+18)\mathbf{j} + (-3+4)\mathbf{k}$$

$$= \mathbf{i} - 2\mathbf{j} + \mathbf{k}$$

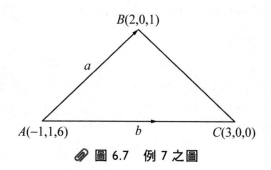

圖 6.7　例 7 之圖

因 $\mathbf{a} \times \mathbf{b}$ 垂直於 $\mathbf{a},\mathbf{b}$ 所形成平面，故即為所求法向量，而由法向量可得平面方程式為（詳見 6.4 節）。

$$x - 2y + z = c$$

代入平面通過之點$(3,0,0)$得 $c = 3$，故方程式為

$$x - 2y + z = 3$$

例 8

求由例 7 所形成三角形面積

解 因 $|\mathbf{a} \times \mathbf{b}|$ 為由 $\mathbf{ab}$ 所形成四邊形面積，故三角形面積為

$$A = \frac{1}{2}|\mathbf{a} \times \mathbf{b}| = \frac{1}{2}|\mathbf{i} - 2\mathbf{j} + \mathbf{k}| = \frac{\sqrt{6}}{2}$$

定義 6.5

純量三重積：

純量三重積(scalar triple product)可寫成 $\mathbf{a} \cdot (\mathbf{b} \times \mathbf{c})$ 或標示成 $(\mathbf{a},\mathbf{b},\mathbf{c})$，由內積及叉乘積定義可得

$$(\mathbf{a},\mathbf{b},\mathbf{c}) = \mathbf{a} \cdot (\mathbf{b} \times \mathbf{c}) = \begin{vmatrix} a_1 & a_2 & a_3 \\ b_1 & b_2 & b_3 \\ c_1 & c_2 & c_3 \end{vmatrix} \tag{6.9}$$

式中 $\mathbf{a}=a_1\mathbf{i}+a_2\mathbf{j}+a_3\mathbf{k}$ ， $\mathbf{b}=b_1\mathbf{i}+b_2\mathbf{j}+b_3\mathbf{k}$ ， $\mathbf{c}=c_1\mathbf{i}+c_2\mathbf{j}+c_3\mathbf{k}$ ，上式之物理意義可由圖 6.8 看出，圖中為由向量 $\mathbf{a,b,c}$ 互為鄰邊所形成的六面體，其中 h 為其高。向量 $\mathbf{b}$ 與 $\mathbf{c}$ 之叉乘積 $\mathbf{b}\times\mathbf{c}$ 與 $\mathbf{b,c}$ 所成平面垂直且其大小為平行四邊形的面積，而 $\mathbf{a}$ 向量在 $\mathbf{b}\times\mathbf{c}$ 方向投影 $|\mathbf{a}|\cdot\cos\theta$ 恰為其高 h 。故純量三重積的大小

$$V=\left|\mathbf{a}\cdot(\mathbf{b}\times\mathbf{c})\right|=\left|\mathbf{a}\right|\left|\mathbf{b}\times\mathbf{c}\right|\cos\theta$$

恰為該六面體體積，且 $V\geq 0$ 。

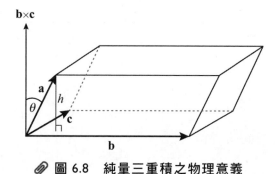

📎 圖 6.8 　純量三重積之物理意義

例 9

求空間座標中以 $A:(-1,0,1)$ ， $B:(2,1,5)$ ， $C:(2,-1,4)$ ， $D:(-2,1,4)$ 所形成三個向量延伸而成的六面體體積。

解 若以 A 為參考點，則三個鄰邊向量分別為

$$\mathbf{a}=\overrightarrow{AB}=3\mathbf{i}+\mathbf{j}+4\mathbf{k}$$

$$\mathbf{b}=\overrightarrow{AC}=3\mathbf{i}-\mathbf{j}+3\mathbf{k}$$

$$\mathbf{c}=\overrightarrow{AD}=-\mathbf{i}+\mathbf{j}+3\mathbf{k}$$

由(6.9)式得純量三重積為

$$\mathbf{a} \cdot (\mathbf{b} \times \mathbf{c}) = \begin{vmatrix} 3 & 1 & 4 \\ 3 & -1 & 3 \\ -1 & 1 & 3 \end{vmatrix}$$

$$= 3 \begin{vmatrix} -1 & 3 \\ 1 & 3 \end{vmatrix} - \begin{vmatrix} 3 & 3 \\ -1 & 3 \end{vmatrix} + 4 \begin{vmatrix} 3 & -1 \\ -1 & 1 \end{vmatrix}$$

$$= -18 - 12 + 8 = -22$$

因體積永為正值，故六面體體積為 22。

例 10

求空間座標為 $A : (1,1,1)$，$B : (2,-1,3)$，$C : (-2,-1,3)$ 及 $O(0,0,0)$ 為頂點所圍成四面體體積。

解 以 $O(0,0,0)$ 為參考點可得

$$\mathbf{a} = \overrightarrow{OA} = \mathbf{i} + \mathbf{j} + \mathbf{k}$$

$$\mathbf{b} = \overrightarrow{OB} = 2\mathbf{i} - \mathbf{j} + 3\mathbf{k}$$

$$\mathbf{c} = \overrightarrow{OC} = -2\mathbf{i} - \mathbf{j} + 3\mathbf{k}$$

$$\mathbf{a} \cdot (\mathbf{b} \times \mathbf{c}) = \begin{vmatrix} 1 & 1 & 1 \\ 2 & -1 & 3 \\ -2 & -1 & 3 \end{vmatrix}$$

$$= \begin{vmatrix} -1 & 3 \\ -1 & 3 \end{vmatrix} - \begin{vmatrix} 2 & 3 \\ -2 & 3 \end{vmatrix} + \begin{vmatrix} 2 & -1 \\ -2 & -1 \end{vmatrix}$$

$$= 0 - 12 - 4 = -16$$

故所圍成之六面體體積為16，而因四面體體積為六面體之 $\dfrac{1}{6}$，故四面體之體積為 $\dfrac{8}{3}$。

習題 6-2

1. 若 $\mathbf{a}=\mathbf{i}-2\mathbf{j}+3\mathbf{k}$，$\mathbf{b}=\mathbf{i}+\mathbf{k}$，試求(a)$\mathbf{a}\cdot\mathbf{b}$，(b)$\mathbf{a}\times\mathbf{b}$

   Ans：(a)4，(b)$-2\mathbf{i}+2\mathbf{j}+2\mathbf{k}$

2. 若 $\mathbf{a}=3\mathbf{i}-\mathbf{j}+2\mathbf{k}$，$\mathbf{b}=2\mathbf{i}+3\mathbf{j}-\mathbf{k}$，試求(a)$\mathbf{a}\cdot\mathbf{b}$，(b)兩向量夾角 θ，(c)$\mathbf{a}\times\mathbf{b}$

   Ans：(a)1，(b)$\cos^{-1}\dfrac{1}{14}$，(c)$-5\mathbf{i}+7\mathbf{j}+11\mathbf{k}$

3. 求作用於一質點的力 $\mathbf{P}=3\mathbf{i}-2\mathbf{j}+4\mathbf{k}$，由點 $A:(8,-2,-3)$ 沿著直線 AB 到點 $B:(-2,0,6)$ 所作的功。

   Ans：2

4. 試求平面 $2x-2y+z=2$ 與 $x+8y-4z=3$ 之夾角。

   Ans：$\theta=\cos^{-1}\left(-\dfrac{2}{3}\right)$

5. 若 $\mathbf{a}=6\mathbf{i}-3\mathbf{j}+2\mathbf{k}$，$\mathbf{b}=2\mathbf{i}+6\mathbf{j}+3\mathbf{k}$，試求同時垂直於 $\mathbf{a}, \mathbf{b}$ 之單位向量。

   Ans：$\pm\dfrac{1}{7}(-3\mathbf{i}-2\mathbf{j}+6\mathbf{k})$

6. 若一三角形以 $A:(2,3,5)$，$B:(4,2,-1)$，$C:(3,6,4)$ 為頂點試求其面積。

   Ans：$\dfrac{1}{2}\sqrt{426}$

7. 若六面體三邊為 $\mathbf{a}=3\mathbf{i}-\mathbf{j}$，$\mathbf{b}=\mathbf{j}+2\mathbf{k}$，$\mathbf{c}=\mathbf{i}+5\mathbf{j}+4\mathbf{k}$，試求其體積。

   Ans：20

8. 若 $\mathbf{a}=\mathbf{i}+\alpha\mathbf{j}+2\mathbf{k}$，$\mathbf{b}=\beta\mathbf{i}+\mathbf{j}+3\mathbf{k}$，$\mathbf{c}=\beta\mathbf{i}+\mathbf{j}+\mathbf{k}$，試求 α, β 之值，使 $\mathbf{a}, \mathbf{b}, \mathbf{c}$ 共平面。

   Ans：$\alpha=\dfrac{1}{-3\pm\sqrt{8}}$，$\beta=-3\pm\sqrt{8}$

9. 試決定下列四點是否共平面 $O:(4,-2,1)$，$A:(5,1,6)$，$B:(2,2,-5)$，$C:(3,5,0)$。

   Ans：四點共平面

10. 若下列三點 $A:(-1,3,2)$，$B:(5,\alpha,\beta)$，$C:(-4,2,-2)$ 共線，試求 α , β。

    Ans：$\alpha=5$，$\beta=10$

11. 試求空間座標中以 $A:(0,1,0)$，$B:(1,1,1)$，$C:(1,0,2)$，$O:(0,0,0)$ 為頂點所成四面體面積。

    Ans：$\dfrac{1}{6}$

12. 若 $\mathbf{a}=\mathbf{i}+\mathbf{j}$ ， $\mathbf{b}=2\mathbf{i}-3\mathbf{j}+\mathbf{k}$ ， $\mathbf{c}=4\mathbf{j}-3\mathbf{k}$ ， 試 求 (a) $(\mathbf{a}\times\mathbf{b})\times\mathbf{c}$ ，(b) $\mathbf{a}\times(\mathbf{b}\times\mathbf{c})$，(c)a、b 部分答案是否相同。

    Ans：(a) $17\mathbf{i}-3\mathbf{j}+4\mathbf{k}$

    (b) $8\mathbf{i}-8\mathbf{j}+\mathbf{k}$

    (c)否

6-3 ◀ 向量微分

📝 6-3-1 向量函數

若對空間中某點集合（如直線，曲線，或曲面）的每一點 p，可設一向量 $\mathbf{r}(p)$，利用笛卡爾座標可寫成

$$\mathbf{r}(p) = r_1(x, y, z)\mathbf{i} + r_2(x, y, z)\mathbf{j} + r_3(x, y, z)\mathbf{k} \tag{6.10}$$

式中 r_1, r_2, r_3 為 $\mathbf{r}(p)$ 在 x, y, z 方向之分量，$\mathbf{r}(p)$ 為一向量函數。

🅰 定義 6.6

參數表示式：

一個空間曲線(space curve)為一移動點 p 在空間中運動情形，若以笛卡爾座標表示可得下列三個參數方程式。

$$x = f(t) \text{，} \quad y = g(t) \text{，} \quad z = h(t) \qquad t \in I$$

其中，f, g, h 在區間 I 連續，而此空間曲線可以一向量參數表示式寫成

$$\mathbf{r} = \mathbf{r}(t) = f(t)\mathbf{i} + g(t)\mathbf{j} + h(t)\mathbf{k} \tag{6.11}$$

式中向量 $\mathbf{r}(t)$ 的起點為原點，而頂端則指示了曲線行進路徑，如圖 6.9 所示。

在一般應用下常用的參數式如下所說明。

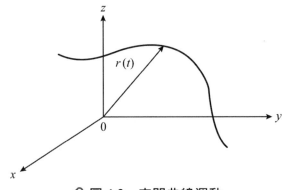

📎 **圖 6.9 空間曲線運動**

✎ 6-3-2 　直線參數式

空間中一直線可由一定點 P_0 及一固定向量 $\mathbf{v} = a\mathbf{i} + b\mathbf{j} + c\mathbf{k}$ 決定，它是由滿足 $\overrightarrow{P_0P}$ 平行於 $\mathbf{v}$ 之所有 P 點所成的集合如圖 6.10，若 $\mathbf{r} = \overrightarrow{OP}$ 及 $\mathbf{r}_0 = \overrightarrow{OP_0}$ 分別為 P 及 P_0 的位置向量，則 $\overrightarrow{P_0P} = \mathbf{r} - \mathbf{r}_0$ 平行於 $\mathbf{v}$，故直線方程式可利用向量加法寫成

$$\mathbf{r} = \mathbf{r}_0 + t\mathbf{v} \tag{6.12}$$

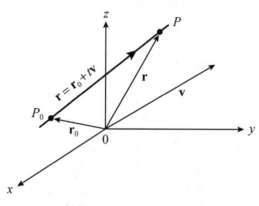

📎 圖 6.10 　直線參數式

此即為直線參數表示式。

例 11

求通過點 $P_0(2,-2,4)$ 及 $P(5,6,-2)$ 的直線參數方程式

解　　　　∵ $\mathbf{v} = \overrightarrow{P_0P} = 3\mathbf{i} + 8\mathbf{j} - 6\mathbf{k}$

$$\mathbf{r}_0 = 2\mathbf{i} - 2\mathbf{j} + 4\mathbf{k}$$

由直線參數方程式得其表示式為

$$\mathbf{r} = \mathbf{r}_0 + t\mathbf{v} = 2\mathbf{i} - 2\mathbf{j} + 4\mathbf{k} + t(3\mathbf{i} + 8\mathbf{j} - 6\mathbf{k})$$

$$= (2 + 3t)\mathbf{i} + (-2 + 8t)\mathbf{j} + (4 - 6t)\mathbf{k}$$

6-3-3　圓參數式

平面中一半徑為 a 的圓如圖 6.11 可表示成 $x^2 + y^2 = a^2$，若令 $x = a\cos t$，$y = a\sin t$，則其參數式可寫成

$$\mathbf{r}(t) = a\cos t\mathbf{i} + a\sin t\mathbf{j}，\quad 0 < t \le 2\pi \tag{6.13}$$

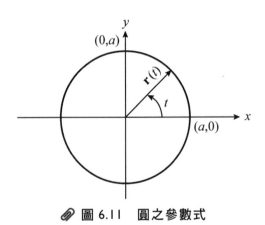

圖 6.11　圓之參數式

6-3-4　拋物線參數式

若平面上有一拋物線 $y = x^2$，若令 $x = t$，則 $y = x^2 = t^2$ 可得參數式為

$$\mathbf{r}(t) = t\mathbf{i} + t^2\mathbf{j} \tag{6.14}$$

向量微分：

一個向量函數 $\mathbf{r} = \mathbf{r}(t)$ 對 t 的導數定義為

$$\mathbf{r}(t) = \frac{d\mathbf{r}}{dt} = \lim_{\Delta t \to 0} \frac{\Delta \mathbf{r}}{\Delta t} = \lim_{\Delta t \to 0} \frac{\mathbf{r}(t + \Delta t) - \mathbf{r}(t)}{\Delta t} \tag{6.15}$$

如圖 6.12 所示。

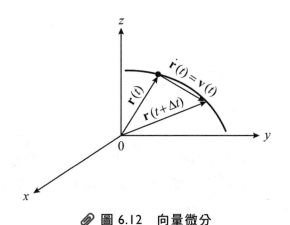

📎 圖 6.12　向量微分

式中 $\dot{\mathbf{r}}(t)$ 稱為 $\mathbf{r}(t)$ 對 t 的導數，即向量函數在 t 點可微分。

如同純量函數一樣可得一移動向量 $\mathbf{r}(t)$ 的速度及加速度向量分別為

$$\mathbf{v}(t) = \frac{d\mathbf{r}}{dt} = \dot{\mathbf{r}} \qquad （\cdot 代表對 \ t \ 微分） \tag{6.16}$$

$$\mathbf{a}(t) = \frac{d\mathbf{v}}{dt} = \dot{\mathbf{v}} = \ddot{\mathbf{r}} \tag{6.17}$$

式中 $\mathbf{v}(t)$ 具有切線方向如圖 6.12 所示，而 $|\mathbf{v}|$ 則代表其速度大小。

例 12

若 $\mathbf{r}(t) = 3t^2\mathbf{i} + 6t\mathbf{j} + 5\mathbf{k}$，試求其(a)速度向量及(b)加速度向量。

解 由(6.16)式得速度向量為

$$\mathbf{v}(t) = \frac{d\mathbf{r}}{dt} = 6t\mathbf{i} + 6\mathbf{j}$$

而由(6.17)式得加速度向量為

$$\mathbf{a}(t) = \frac{d\mathbf{v}}{dt} = 6\mathbf{i}$$

例 13

若一點繞一圓心為(0,0)且半徑為 a 的圓作圓周運動，並以固定
角速度 ω 徑／秒運動，如圖 6.13。若起始點為 $(a,0)$ 試求其
參數表示式；(b)速度向量；(c)加速度向量。

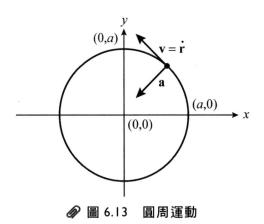

📎 圖 6.13　圓周運動

解 (a) 圓方程式為

$$x^2 + y^2 = a^2$$

令 $x = a\cos\omega t$，$y = a\sin\omega t$，可得參數式

$$\mathbf{r}(t) = a\cos\omega t\mathbf{i} + a\sin\omega t\mathbf{j}，\ 0 \leq t \leq 2\pi$$

而速度向量及加速度向量分別為

(b) $\mathbf{v}(t) = \dot{\mathbf{r}}(t) = \dfrac{d\mathbf{r}}{dt} = -a\omega\sin\omega t\mathbf{i} + a\omega\cos\omega t\mathbf{j}$

(c) $\mathbf{a}(t) = \dot{\mathbf{v}}(t) = \dfrac{d\mathbf{v}}{dt} = -a\omega^2\cos\omega t\mathbf{i} - a\omega^2\sin\omega t\mathbf{j} = -\omega^2\mathbf{r}$

故若一物體作一圓周運動時其速度向量為圓之切線方向（離心力）而加速度向量則為與 **r** 相反方向，並指向圓心（向心力）。

例 14

若一橢圓的參數式可表示成 $\mathbf{r}(t) = a\cos t\mathbf{i} + b\sin t\mathbf{j}$，試求其速度向量 **v** 及加速度向量 **a**。

解 $\because$ $\mathbf{r}(t) = a\cos t\mathbf{i} + b\sin t\mathbf{j}$　　　　$0 < t \leq 2\pi$

$\mathbf{v}(t) = -a\sin t\mathbf{i} + b\cos t\mathbf{j}$

$\mathbf{a}(t) = -a\cos t\mathbf{i} - b\sin t\mathbf{j}$

$\qquad = -\mathbf{r}(t)$

故一橢圓其加速度向量亦指向圓心，如圖 6.14

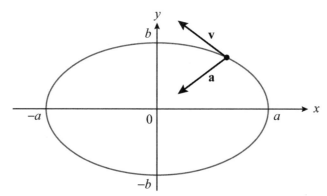

🖉 圖 6.14 橢圓參數式 $\mathbf{r}(t) = a\cos t\mathbf{i} + b\sin t\mathbf{j}$

📐 6-3-5 向量微分基本性質

與純量函數相同,向量微分應具有以下性質。若 $\phi(t)$ 為純量函數,且 $\mathbf{a} = \mathbf{a}(t)$,$\mathbf{b} = \mathbf{b}(t)$,$\mathbf{c} = \mathbf{c}(t)$,則

(a) $\dfrac{d}{dt}(\mathbf{a}+\mathbf{b}) = \dfrac{d}{dt}\mathbf{a} + \dfrac{d}{dt}\mathbf{b}$

(b) $\dfrac{d}{dt}(\phi\mathbf{a}) = \phi\dfrac{d\mathbf{a}}{dt} + \mathbf{a}\dfrac{d\phi}{dt}$

(c) $\dfrac{d}{dt}(\mathbf{a}\cdot\mathbf{b}) = \mathbf{a}\cdot\dfrac{d\mathbf{b}}{dt} + \mathbf{b}\cdot\dfrac{d\mathbf{a}}{dt}$

(d) $\dfrac{d}{dt}(\mathbf{a}\times\mathbf{b}) = \mathbf{a}\times\dfrac{d\mathbf{b}}{dt} + \dfrac{d\mathbf{a}}{dt}\times\mathbf{b}$

(e) $\dfrac{d}{dt}(\mathbf{a},\mathbf{b},\mathbf{c}) = (\mathbf{a}',\mathbf{b},\mathbf{c}) + (\mathbf{a},\mathbf{b}',\mathbf{c}) + (\mathbf{a},\mathbf{b},\mathbf{c}')$

證明

a 到 d 式可參照普通微積分性質，而(e)式之證明如下

$$\because \frac{d}{dt}(\mathbf{a},\mathbf{b},\mathbf{c}) = \frac{d}{dt}(\mathbf{a}\cdot\mathbf{b}\times\mathbf{c})$$

$$= \mathbf{a}'\cdot(\mathbf{b}\times\mathbf{d}) + \mathbf{a}\cdot\left[\frac{d}{dt}(\mathbf{b}\times\mathbf{c})\right]$$

$$= \mathbf{a}'\cdot(\mathbf{b}\times\mathbf{c}) + \mathbf{a}\cdot(\mathbf{b}'\times\mathbf{c}) + \mathbf{a}\cdot(\mathbf{b}\times\mathbf{c}') \quad 得證$$

例 15

若 $\mathbf{a} = t\mathbf{i}$，$\mathbf{b} = 5t^2\mathbf{i} + 2t\mathbf{j}$，試求(a)$\dfrac{d}{dt}\mathbf{a}$，(b)$\dfrac{d}{dt}\mathbf{b}$，(c)$\dfrac{d}{dt}(\mathbf{a}\cdot\mathbf{b})$

解 (a) $\mathbf{a}' = \dfrac{d}{dt}\mathbf{a} = \mathbf{i}$

(b) $\mathbf{b}' = \dfrac{d}{dt}\mathbf{b} = 10t\mathbf{i} + 2\mathbf{j}$

(c) $\dfrac{d}{dt}(\mathbf{a}\cdot\mathbf{b}) = \mathbf{a}'\cdot\mathbf{b} + \mathbf{a}\cdot\mathbf{b}'$

$$= \mathbf{i}\cdot(5t^2\mathbf{i} + 2t\mathbf{j}) + t\mathbf{i}\cdot(10t\mathbf{i} + 2)$$

$$= 5t^2 + 10t^2 = 15t^2$$

另法：或者可先計算其積 $\mathbf{a}\cdot\mathbf{b}$，再求導數可得

$$\mathbf{a}\cdot\mathbf{b} = (t\mathbf{i})\cdot(5t^2\mathbf{i} + 2t\mathbf{j}) = 5t^3$$

$$\frac{d}{dt}(\mathbf{a}\cdot\mathbf{b}) = \frac{d}{dt}(5t^3) = 15t^2$$

可與前法比較有相同結果。

A 定義 6.8

弧長：

在空間中一曲線運動的參數方程式為

$$\mathbf{r}(t) = f(t)\mathbf{i} + g(t)\mathbf{j} + h(t)\mathbf{k}$$ ▶▶ ▶▶▶

若 $\dot{\mathbf{r}}(t)$ 存在且連續，則由 $p(a)$ 到 $p(t)$ 的弧長（如圖 6.15）為其各部分弧長之和，以積分表示得

$$s = \int_a^t \left| \mathbf{r}'(u) \right| du \qquad , \ \mathbf{r}' = \frac{dr}{du}$$

$$= \int_a^t \sqrt{\dot{\mathbf{r}} \cdot \dot{\mathbf{r}}}\, dt \qquad , \ \dot{\mathbf{r}} = \frac{d\mathbf{r}}{dt}$$

$$= \int_a^t \sqrt{\left(\frac{df}{dt}\right)^2 + \left(\frac{dg}{dt}\right)^2 + \left(\frac{dh}{dt}\right)^2}\, dt \qquad (6.18)$$

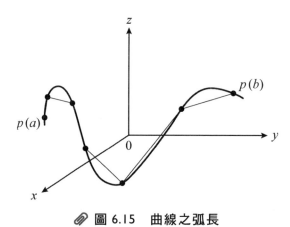

📎 **圖 6.15　曲線之弧長**

由上式亦可看出弧長 s 的導數即為移動曲線之速率，即

$$\frac{ds}{dt} = \sqrt{\dot{\mathbf{r}} \cdot \dot{\mathbf{r}}} = \left| \dot{\mathbf{r}} \right| = \left| \mathbf{v} \right| \qquad (6.19)$$

若位置向量可以以弧長 s 表示，即 $\mathbf{r}=\mathbf{r}(s)$，則

$$\frac{d\mathbf{r}(s)}{dt}=\frac{d\mathbf{r}}{dt}\frac{dt}{ds}=\frac{\dfrac{d\mathbf{r}}{dt}}{\dfrac{ds}{dt}}=\frac{\dot{\mathbf{r}}}{|\dot{\mathbf{r}}|}=\mathbf{u} \tag{6.20}$$

其中 $\mathbf{u}$ 為一單位向量，而其方向為其切線方向。

例 16

求一圓柱螺線如圖 6.16，$\mathbf{r}(t)=a\cos t\mathbf{i}+a\sin t\mathbf{j}+ct\mathbf{k}$，在 $0\leq t\leq 2\pi$ 的弧長。

解 因 $\dot{\mathbf{r}}=\dfrac{d\mathbf{r}}{dt}=-a\sin t\mathbf{i}+a\cos t\mathbf{j}+c\mathbf{k}$，參考(6.18)式可得弧長為

$$s=\int_0^{2\pi}\sqrt{(-a\sin t)^2+(a\cos t)^2+c^2}\,dt$$

$$=\int_0^{2\pi}\sqrt{a^2+c^2}\,dt=\sqrt{a^2+c^2}\,t\Big|_0^{2\pi}$$

$$=2\pi\sqrt{a^2+c^2}$$

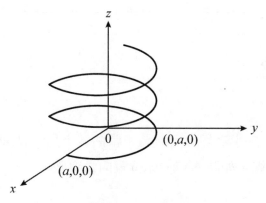

圖 6.16　螺線

> **注意** 其中特例為當 $c=0$ 時 $s=2\pi a$ ，恰為平面上半徑為 a 的圓周
> 長。而若上界為變數 t ， $s(t)=t\sqrt{a^2+c^2}$ ，為一時間之函數。

例 17

求上例在 $t=2\pi$ 時之速度、速率、及加速度。

解 因　　$\mathbf{r}(t)=a\cos t\mathbf{i}+a\sin t\mathbf{j}+c\mathbf{k}$

速度　$\mathbf{v}(t)=\dot{\mathbf{r}}(t)=-a\sin t\mathbf{i}+a\cos t\mathbf{j}+c\mathbf{k}$

速率　$\left|\mathbf{v}(t)\right|=\sqrt{a^2+c^2}$

加速度　$\mathbf{a}=\dot{\mathbf{v}}(t)=-a\cos t\mathbf{i}-a\sin t\mathbf{j}$

代入 $t=2\pi$ 時，可得

$$\mathbf{v}(2\pi)=a\mathbf{j}+c\mathbf{k}$$

$$\left|\mathbf{v}\right|=\sqrt{a^2+c^2}$$

$$\mathbf{a}(2\pi)=-a\mathbf{i}$$

定義 6.9

切線：

　　曲線 C 在 P 點上之切線定義為：當曲線上另一點 Q 沿曲線趨近於 P 的極限所成的直線，如圖 6.17。即位置向量導數。

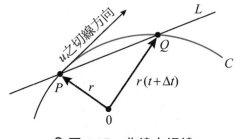

@ 圖 6.17　曲線之切線

因

$$\dot{\mathbf{r}} = \lim_{\Delta t \to 0} \frac{\mathbf{r}(t + \Delta t) - \mathbf{r}(t)}{\Delta t}$$

若上式不為零向量時，其方向即為曲線 C 在 P 點上之切線方向，其所對應的單位切線向量(unit tangent vector)為

$$\mathbf{u} = \frac{\dot{\mathbf{r}}}{|\dot{\mathbf{r}}|}$$

或者若位置向量以弧長 s 表示時，其單位切向量亦可寫成

$$\mathbf{u} = \frac{d\mathbf{r}(s)}{ds} \tag{6.21}$$

而一曲線 C 在 P 點的切線向量參數 $\mathbf{q}(t)$ 可在圖 6.18 利用式(6.12)之直線參數式可得為

$$\mathbf{q}(t) = \mathbf{r}(t) + k\dot{\mathbf{r}} \tag{6.22}$$

式中 k 為任意實數。

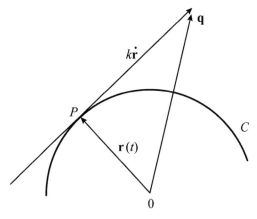

圖 6.18 一曲線的切線參數式

注意〉(6.21)式中 $\mathbf{u}$ 僅代表其切線方向，而(6.22)式之 $\mathbf{q}(t)$ 才代表其切線參數式。

例 18

求曲線 $\mathbf{r}(t) = \cos t\mathbf{i} + \sin t\mathbf{j}$ 在點 $P : \left(\dfrac{1}{\sqrt{2}}, \dfrac{1}{\sqrt{2}} \right)$ 的切線參數式。

解 首先先求其曲線之切線方向向量，利用

$$\dot{\mathbf{r}} = \frac{d\mathbf{r}}{dt} = -\sin t\mathbf{i} + \cos t\mathbf{j}$$

在 P 點時因

$$\mathbf{r}(t) = \cos t\mathbf{i} + \sin t\mathbf{j} = \frac{1}{\sqrt{2}}\mathbf{i} + \frac{1}{\sqrt{2}}\mathbf{j}$$

故 $t = \dfrac{\pi}{4}$，而代入得

$$\dot{\mathbf{r}} = -\frac{1}{\sqrt{2}}\mathbf{i} + \frac{1}{\sqrt{2}}\mathbf{j}$$

故其切線參數式由(6.22)式為

$$\mathbf{q}(t) = \mathbf{r} + k\dot{\mathbf{r}}$$

$$= \frac{1}{\sqrt{2}}\mathbf{i} + \frac{1}{\sqrt{2}}\mathbf{j} + k\left(-\frac{1}{\sqrt{2}}\mathbf{i} + \frac{1}{\sqrt{2}}\mathbf{j}\right)$$

$$= \frac{1}{\sqrt{2}}(1-k)\mathbf{i} + \frac{1}{\sqrt{2}}(1+k)\mathbf{j}$$

定義 6.10

曲率：

由(6.21)式中可得到 $\mathbf{u}(s) = \dfrac{d\mathbf{r}(s)}{ds}$ 代表曲線在 P 點上之單位切向量，而 $\dfrac{d\mathbf{u}(s)}{ds}$ 則代表切向量沿弧長 s 方向的變化率，故曲線的曲率 $k(s)$ 可寫成

$$k(s) = \left|\frac{d\mathbf{u}(s)}{ds}\right| = \left|\frac{d^2\mathbf{r}(s)}{ds^2}\right| \,,\quad k \geq 0 \tag{6.23}$$

而 $\rho = \dfrac{1}{k}$ 則稱為**曲率半徑**。

若 $k(s) \neq 0$，則在 $\dfrac{d\mathbf{u}(s)}{ds}$ 方向的單位向量

$$\mathbf{p}(s) = \frac{\mathbf{u}'(s)}{|\mathbf{u}'(s)|} \,,\quad \left(\mathbf{u}'(s) = \frac{d\mathbf{u}(s)}{ds}\right)$$

$$= \frac{\mathbf{u}'(s)}{k} \,,\quad k > 0 \tag{6.24}$$

稱為曲線 C 的**主單位法線向量**(unit princioal normal vector)，且 **p** 垂直於 **u**，而向量

$$\mathbf{b} = \mathbf{u} \times \mathbf{p} \tag{6.25}$$

則稱為曲線 C 的**副單位法線向量**(unit binormal vector)。若向量 **b** 的導數不為零，即 $\mathbf{b}' \neq 0$，因 **b** 垂直於 **u**（由 6.25 式）故

$$\mathbf{b} \cdot \mathbf{u} = 0 \quad \text{及} \quad (\mathbf{b} \cdot \mathbf{u})' = \mathbf{b}' \cdot \mathbf{u} + \mathbf{b} \cdot \mathbf{u}' = 0$$

因 $\mathbf{b} \cdot \mathbf{u}' = 0$ 故 $\mathbf{b} \cdot \mathbf{u}' = 0$，即 $\mathbf{b}'$ 與 **p** 同方向，即 $\mathbf{b}' = \alpha\mathbf{p}$，其中 α 為一純量，通常令 $\alpha = -\tau$，故可得 $\mathbf{b}' = -\tau\mathbf{p}$，而純量函數 τ 稱為曲線 C 的**扭率**(torsion)，兩邊同乘 **p** 的點乘積可寫成

$$\tau(s) = -\mathbf{p}(s) \cdot \mathbf{b}'(s) \tag{6.26}$$

例 19

求螺線 $\mathbf{r}(t) = a\cos t\mathbf{i} + a\sin t\mathbf{j} + ct\mathbf{k}$，$a > 0$ 的曲率，主單位法向量，副單位法向量，及扭率。

解 由例 16 可得弧長 $s = t\sqrt{a^2 + c^2}$，故 $t = \dfrac{s}{\sqrt{a^2+c^2}} = \dfrac{s}{A}$；其中 $A = \sqrt{a^2 + c^2}$。故可得

$$\mathbf{r}(s) = a\cos\frac{s}{A}\mathbf{i} + a\sin\frac{s}{A}\mathbf{j} + c\frac{s}{A}\mathbf{k}$$

$$\mathbf{u}(s) = \mathbf{r}'(s) = \frac{d\mathbf{r}}{ds} = -\frac{a}{A}\sin\frac{s}{A}\mathbf{i} + \frac{a}{A}\cos\frac{s}{A}\mathbf{j} + \frac{c}{A}\mathbf{k}$$

$$\mathbf{r}''(s) = \mathbf{u}'(s) = -\frac{a}{A^2}\left(\cos\frac{s}{A}\mathbf{i} + \sin\frac{s}{A}\mathbf{j}\right)$$

由(6.23)式得曲率為

$$k = \left| \mathbf{r}''(s) \right| = \frac{a}{A^2} = \frac{a}{a^2 + c^2}$$

而單位主法線向量由(6.24)得

$$\mathbf{p}(s) = \frac{1}{k} \mathbf{r}''(s) = -\cos\frac{s}{A}\mathbf{i} - \sin\frac{s}{A}\mathbf{j}$$

單位副法線向量由(6.25)得

$$\mathbf{b} = \mathbf{u} \times \mathbf{p} = \frac{c}{A}\sin\frac{s}{A}\mathbf{i} - \frac{c}{A}\cos\frac{s}{A}\mathbf{j} + \frac{a}{A}\mathbf{k}$$

且

$$\mathbf{b}' = \frac{d\mathbf{b}}{ds} = \frac{c}{A^2}\left(\cos\frac{s}{A}\mathbf{i} + \sin\frac{s}{A}\mathbf{j}\right)$$

由(6.26)式得扭率為

$$\tau(s) = -\mathbf{p}(s)\cdot\mathbf{b}'(s) = \frac{c}{A^2} = \frac{c}{a^2 + c^2}$$

若 $c > 0$ 則 $\tau > 0$，為右旋螺線，反之 $c < 0$，$\tau < 0$ 為左旋螺線。

習題 6-3

1. 寫出下列曲線在已知點 P 的切線參數式
   (a) $\mathbf{r}(t) = t\mathbf{i} + 2t^3\mathbf{k}$ ，$P(1,0,2)$
   (b) $\mathbf{r}(t) = \cos t\mathbf{i} + 2\sin t\mathbf{j}$ ，$P(1,0,0)$

   Ans：

   　　(a) $\mathbf{i} + 2\mathbf{k} + c(\mathbf{i} + 6t^2\mathbf{k})$ ，c 為常數
   　　(b) $\mathbf{i} + c\mathbf{j}$ ，c 為常數

2. 若 $\mathbf{r}(t)$ 為移動點之位置向量，試求下列各式之速度、速率及加速度向量
   (a) $\mathbf{r}(t) = 4t\mathbf{i} + 4t\mathbf{j} + 2t\mathbf{k}$
   (b) $\mathbf{r}(t) = 10e^{-t}\mathbf{i} + 2e^{-t}\mathbf{j}$
   (c) $\mathbf{r}(t) = \cos t\mathbf{i}$

   Ans：

   　　(a) $4\mathbf{i} + 4\mathbf{j} + 2\mathbf{k}$ ，6，0
   　　(b) $-10e^{-t}\mathbf{i} - 2e^{-t}\mathbf{j}$ ，$\sqrt{104}e^{-t}$ ，$10e^{-t}\mathbf{i} + 2e^{-t}\mathbf{j}$
   　　(c) $-\sin t\mathbf{i}$ ，$\sin t$ ，$-\cos t\mathbf{i}$

3. 若螺線 $\mathbf{r}(t) = \cos t\mathbf{i} + \sin t\mathbf{j} + t\mathbf{k}$ ，試由 $A:(1,0,0)$ 到 $B:(1,0,2\pi)$ 之弧長。
   Ans：$2\sqrt{2}\pi$

4. 求四尖內擺線 $\mathbf{r}(t) = a\cos^3 t\mathbf{i} + a\sin^3 t\mathbf{j}$ ，在 $0 \le t \le 2\pi$ 的全長。
   Ans：$6a$

5. 若 $\mathbf{r}(t) = e^t\cos t\mathbf{i} + e^t\sin t\mathbf{j}$ ，$0 \le t \le \pi$ ，求其長度。
   Ans：$\sqrt{2}(e^\pi - 1)$

6. 試求圓 $\mathbf{r}(t) = a\cos t\mathbf{i} + a\sin t\mathbf{j}$ 之曲率。
   Ans：$s(t) = at$ ，$k = \dfrac{1}{a}$

6-4 ◀ 梯度、散度、旋度

定義 6.11

向量偏微分：

若有一向量函數 $\mathbf{u} = \mathbf{u}(x, y, z)$，則 $\mathbf{u}$ 對 x 的偏導數定義為

$$\frac{\partial \mathbf{u}}{\partial x} = \lim_{\Delta x \to 0} \frac{\Delta \mathbf{u}}{\Delta x}$$

$$= \lim_{\Delta x \to 0} \frac{\mathbf{u}(x + \Delta x, y, z) - \mathbf{u}(x, y, z)}{\Delta x}$$

$$= \frac{\partial u_1}{\partial x} \mathbf{i} + \frac{\partial u_2}{\partial x} \mathbf{j} + \frac{\partial u_3}{\partial x} \mathbf{k}$$

式中 u_1, u_2, u_3 代表 $\mathbf{u}$ 在 x, y, z 三個方向分量，且都為 x, y, z 之函數，即 $\mathbf{u} = u_1(x, y, z)\mathbf{i} + u_2(x, y, z)\mathbf{j} + u_3(x, y, z)\mathbf{k}$，同理亦可得 u 對 y 及 z 的偏導數為

$$\frac{\partial \mathbf{u}}{\partial y} = \frac{\partial u_1}{\partial y} \mathbf{i} + \frac{\partial u_2}{\partial y} \mathbf{j} + \frac{\partial u_3}{\partial y} \mathbf{k}$$

$$\frac{\partial \mathbf{u}}{\partial z} = \frac{\partial u_1}{\partial z} \mathbf{i} + \frac{\partial u_2}{\partial z} \mathbf{j} + \frac{\partial u_3}{\partial z} \mathbf{k}$$

而若 x, y, z 本身又為 t 之函數，則 $\mathbf{u}$ 對 t 的偏導數為

$$\frac{\partial \mathbf{u}}{\partial t} = \frac{\partial \mathbf{u}}{\partial x} \frac{\partial x}{\partial t} + \frac{\partial \mathbf{u}}{\partial y} \frac{\partial y}{\partial t} + \frac{\partial \mathbf{u}}{\partial z} \frac{\partial z}{\partial t} \tag{6.27}$$

定義 6.12

梯度：

若 $f(x, y, z)$ 為空間中相對於 x, y, z 具有一階導數存在的純量函數，且設 $\mathbf{r} = x\mathbf{i} + y\mathbf{j} + z\mathbf{k}$ 為原點至某一點 $P:(x, y, z)$ 的位置向量，若 P 向某一鄰近

點 $Q(x+\Delta x, y+\Delta y, z+\Delta z)$ 移動，如圖 6.19。則函數 f 沿 PQ 方向的變化率定義為其**方向導數**(directional derivative)如：

$$\frac{df}{ds} = \frac{\partial f}{\partial x}\frac{\partial x}{\partial s} + \frac{\partial f}{\partial y}\frac{\partial y}{\partial s} + \frac{\partial f}{\partial z}\frac{\partial z}{\partial s} \tag{6.28}$$

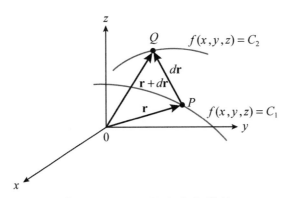

📎 圖 6.19　函數之方向導數

或上式可寫成兩向量之內積，即

$$\frac{df}{ds} = \left(\frac{\partial f}{\partial x}\mathbf{i} + \frac{\partial f}{\partial y}\mathbf{j} + \frac{\partial f}{\partial z}\mathbf{k} \right) \cdot \left(\frac{dx}{ds}\mathbf{i} + \frac{dy}{ds}\mathbf{j} + \frac{dz}{ds}\mathbf{k} \right)$$

$$= \left(\frac{\partial f}{\partial x}\mathbf{i} + \frac{\partial f}{\partial y}\mathbf{j} + \frac{\partial f}{\partial z}\mathbf{k} \right) \cdot \left(\frac{d\mathbf{r}}{ds} \right)$$

$$= \nabla f \cdot \mathbf{u}_a \tag{6.29}$$

其中向量函數

$$\frac{\partial f}{\partial x}\mathbf{i} + \frac{\partial f}{\partial y}\mathbf{j} + \frac{\partial f}{\partial z}\mathbf{k}$$

稱為 f 的**梯度**(gradient)而可以 $grad\ f$ 或 ∇f 表示，即

$$grad\ f = \nabla f = \frac{\partial f}{\partial x}\mathbf{i} + \frac{\partial f}{\partial y}\mathbf{j} + \frac{\partial f}{\partial z}\mathbf{k} \tag{6.30}$$

而 $\dfrac{d\mathbf{r}}{ds}$ 則為 PQ 方向的單位向量。

例 20

若函數 $f(x,y,z) = 2x + 3y + 4z$ ，試求其梯度。

解 因

$$\frac{\partial f}{\partial x} = 2 \ ; \ \frac{\partial f}{\partial y} = 3 \ ; \ \frac{\partial f}{\partial z} = 4$$

故由(6.30)式可得梯度為

$$grad \ f = \nabla f = 2\mathbf{i} + 3\mathbf{j} + 4\mathbf{k}$$

例 21

求 $f(x,y,z) = xy \sin z$ 在 $\mathbf{a} = \mathbf{i} + 2\mathbf{j} + 2\mathbf{k}$ ，點 $\left(1, 2, \frac{\pi}{2}\right)$ 的方向導數

解 因

$$\frac{\partial f}{\partial x} = \frac{\partial}{\partial x}(xy \sin z) = y \sin z$$

$$\frac{\partial f}{\partial y} = \frac{\partial}{\partial y}(xy \sin z) = x \sin z$$

$$\frac{\partial f}{\partial z} = \frac{\partial}{\partial z}(xy \sin z) = xy \cos z$$

由(6.30)式得函數梯度為

$$grad \ f = \nabla f = y \sin z \mathbf{i} + x \sin z \mathbf{j} + xy \cos z \mathbf{k}$$

在 **a** 方向之單位向量為

$$\mathbf{u}_a = \frac{\mathbf{a}}{|\mathbf{a}|} = \frac{1}{3}(\mathbf{i} + 2\mathbf{j} + 2\mathbf{k})$$

$\therefore$ 在 **a** 方向點 $\left(1, 2, \frac{\pi}{2}\right)$ 的方向導數為

$$\frac{df}{ds} = grad\ f \cdot \mathbf{u}_a = \frac{1}{3}(2 + 2) = \frac{4}{3}$$

例 22

若 $f(x, y) = 4x^2 - xy + 3y^2$，求在向量 $\mathbf{a} = 3\mathbf{i} + 4\mathbf{j}$ 方向，點 $(2, -1)$ 的方向導數。

解 因 $\dfrac{\partial f}{\partial x} = 8x - y$，$\dfrac{\partial f}{\partial y} = -x + 6y$，$\dfrac{\partial f}{\partial z} = 0$

故梯度為

$$grad\ f = \nabla f = (8x - y)\mathbf{i} + (-x + 6y)\mathbf{j}$$

a 之單位向量為

$$\mathbf{u}_a = \frac{\mathbf{a}}{|\mathbf{a}|} = \frac{1}{5}(3\mathbf{i} + 4\mathbf{j})$$

故其方向導數為

$$\frac{df}{ds} = grad\ f \cdot \mathbf{u}_a = \frac{3}{5}(8x - y) + \frac{4}{5}(-x + 6y)$$

在點 $(2,-1)$ 時的方向導數為

$$\frac{df}{ds} = \frac{51}{5} + \frac{-32}{5} = \frac{19}{5}$$

定理 6.3

一函數 $f(x,y,z)$ 在 P 點的方向導數在梯度方向增加最快，而在其反方向減少最快。

證明

$$\because \quad \frac{df}{ds} = grad\ f \cdot \frac{d\mathbf{r}}{ds}$$

$$= \left| grad\ f \right| \cdot \left| \frac{d\mathbf{r}}{ds} \right| \cos\theta$$

式中 θ 為其梯度 $grad\ f$ 與單位向量 $\dfrac{d\mathbf{r}}{ds}$ 的夾角，因 $-1 \le \cos\theta \le 1$ 故若 $grad\ f$ 與 $\dfrac{d\mathbf{r}}{ds}$ 同方向，則 $\cos\theta = 1$，同時 $\dfrac{df}{ds} = \left| grad\ f \right|$ 為最大增量，反之若 $grad\ f$ 與 $\dfrac{d\mathbf{r}}{ds}$ 反方向因 $\cos\theta = -1$，同時 $\dfrac{df}{ds} = -\left| grad\ f \right|$ 為最小增量。

定理 6.4

若 $f(x,y,z)$ 為空間中有定義且可微分的純量函數，且其梯度 $\nabla f \ne 0$，則 ∇f 為下列曲面之法線向量

$$f(x,y,z) = c = 常數$$

若 $f(x,y,z)=c$ 表示空間曲面 S，而曲面上一曲線 C 可以表示成 $\mathbf{r}(t)=x(t)\mathbf{i}+y(t)\mathbf{j}+z(t)\mathbf{k}$。若 C 在區面 S 上，則上式函數 $x(t),y(t),z(t)$ 必須滿足 $f[x(t),y(t),z(t)]=c$ 若對 t 微分及利用連鎖律得

$$\frac{\partial f}{\partial x}\frac{\partial x}{\partial t}+\frac{\partial f}{\partial y}\frac{\partial y}{\partial t}+\frac{\partial f}{\partial z}\frac{\partial z}{\partial t}=0$$

或

$$\frac{\partial f}{\partial x}\cdot\dot{x}+\frac{\partial f}{\partial y}\dot{y}+\frac{\partial f}{\partial z}\dot{z}=(grad\ f)\cdot\dot{\mathbf{r}}=0$$

其中向量

$$\dot{\mathbf{r}}=\dot{x}\mathbf{i}+\dot{y}\mathbf{j}+\dot{z}\mathbf{k}=\frac{dx}{dt}\mathbf{i}+\frac{dy}{dt}\mathbf{j}+\frac{dz}{dt}\mathbf{k}$$

因其為切線方向故正切於 C，由 $grad\ f\cdot\dot{\mathbf{r}}=0$ 可得 $grad\ f$ 與曲面 S 的切線垂直，亦即 $grad\ f$ 為曲面 S 之法向量，如圖 6.20。

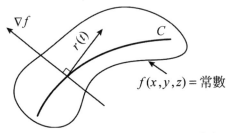

📎 圖 6.20　曲面之法向量 $grad\ f$

例 23

求旋轉錐面 $z^2=2(x^2+y^2)$ 在點 $(1,0,2)$ 的單位法線向量 $\mathbf{n}$。

解 旋轉錐面可寫成函數

$$f(x,y,z) = 2(x^2 + y^2) - z^2 = 0$$

$$\because \ grad\,f = 4x\mathbf{i} + 4y\mathbf{j} - 2z\mathbf{k}$$

在 P 點$(1,0,2)$時可得其法向量為

$$grad\,f = 4\mathbf{i} - 4\mathbf{k}$$

故其單位法向量為

$$\mathbf{n} = \frac{grad\,f}{\left|grad\,f\right|} = \frac{1}{\sqrt{32}}(4\mathbf{i} - 4\mathbf{k}) = \frac{1}{\sqrt{2}}(\mathbf{i} - \mathbf{k})$$

例 24

求一球面 $f(x,y,z) = x^2 + y^2 + z^2 = C$，在$(0,0,\mathrm{r})$的單位法向量

解 函數梯度為

$$\nabla f = grad\,f = 2x\mathbf{i} + 2y\mathbf{j} + 2z\mathbf{k}$$

在點$(0,0,r)$時可得

$$grad\,f = 2r\mathbf{k}$$

故單位法向量為 $\mathbf{k}$。

定義 6.13

散度：

若 $\mathbf{v}(x,y,z)$ 為可微分的向量函數，且設 v_1, v_2, v_3 為向量 $\mathbf{v}$ 的分量，則 $\mathbf{v}$ 的散度(divergence)定義為

$$div\,\mathbf{v} = \frac{\partial v_1}{\partial x} + \frac{\partial v_2}{\partial y} + \frac{\partial v_3}{\partial z} \tag{6.31}$$

或亦可以向量積表示為

$$div\,\mathbf{v} = \nabla\cdot\mathbf{v} = \left(\frac{\partial}{\partial x}\mathbf{i} + \frac{\partial}{\partial y}\mathbf{j} + \frac{\partial}{\partial z}\mathbf{k}\right)\cdot(v_1\mathbf{i} + v_2\mathbf{j} + v_3\mathbf{k})$$

$$= \frac{\partial v_1}{\partial x} + \frac{\partial v_2}{\partial y} + \frac{\partial v_3}{\partial z}$$

> **注意** 上式結果為一純量，而 $\nabla\cdot\mathbf{v}$ 乃代表散度為一純量運算與先前所提 ∇f 代表梯度為一向量運算不同，其中 ∇ 符號通常可視其為一運算子相當於
>
> $$\left(\frac{\partial}{\partial x}\mathbf{i} + \frac{\partial}{\partial y}\mathbf{j} + \frac{\partial}{\partial z}\mathbf{k}\right)$$

例 25

求向量函數 $\mathbf{v} = x^2\mathbf{i} + y^2\mathbf{j} + z^2\mathbf{k}$ 在 $(1,0,2)$ 的散度

解 由(6.31)式得其散度為

$$div\,\mathbf{v} = 2x + 2y + 2z$$

若 x, y, z 座標已知 $div\,\mathbf{v}$ 為一純量。即代入座標後

$$div\,\mathbf{v} = 2 + 0 + 4 = 6$$

✎ 6-4-1　拉氏方程式

若 $f(x,y,z)$ 為二階可微分純量函數，則

$$grad\, f = \nabla f = \frac{\partial f}{\partial x}\mathbf{i} + \frac{\partial f}{\partial y}\mathbf{j} + \frac{\partial f}{\partial z}\mathbf{k}$$

而

$$div(grad\, f) = \nabla \cdot (\nabla f) = \frac{\partial^2 f}{\partial x^2} + \frac{\partial^2 f}{\partial y^2} + \frac{\partial^2 f}{\partial z^2} \tag{6.32}$$

若上式右側為零則可寫成

$$div(grad\, f) = \nabla^2 f = \frac{\partial^2 f}{\partial x^2} + \frac{\partial^2 f}{\partial y^2} + \frac{\partial^2 f}{\partial z^2} = 0 \tag{6.33}$$

稱為**拉氏方程式**(Laplace equation)，而 ∇^2 稱為拉氏運算子為

$$\nabla^2 = \frac{\partial^2}{\partial x^2} + \frac{\partial^2}{\partial y^2} + \frac{\partial^2}{\partial z^2} \tag{6.34}$$

例 26

若 $f(x,y) = \ln(x^2 + y^2)$，其中 $x^2 + y^2 > 0$，試證其為拉氏方程式，即 $\nabla^2 f = 0$

解　∵ $\dfrac{\partial^2 f}{\partial x^2} = \dfrac{\partial}{\partial x}\dfrac{\partial}{\partial x}\ln(x^2 + y^2) = \dfrac{\partial}{\partial x}\dfrac{2x}{x^2 + y^2} = \dfrac{2(x^2 + y^2) - 4x^2}{(x^2 + y^2)^2}$

$\dfrac{\partial^2 f}{\partial y^2} = \dfrac{\partial}{\partial y}\dfrac{\partial}{\partial y}\ln(x^2 + y^2) = \dfrac{\partial}{\partial y}\dfrac{2y}{x^2 + y^2} = \dfrac{2(x^2 + y^2) - 4y^2}{(x^2 + y^2)^2}$

∴ $\nabla^2 f = \dfrac{\partial^2 f}{\partial x^2} + \dfrac{\partial^2 f}{\partial y^2} = 0$

定理 6.5

散度 $div\,\mathbf{v}$ 的值只和空間的點有關係，但與座標系統之選擇無關。

定義 6.14

旋度：

若向量 $\mathbf{v}(x,y,z) = v_1(x,y,z)\mathbf{i} + v_2(x,y,z)\mathbf{j} + v_3(x,y,z)\mathbf{k}$ 為可微分的向量函數。其中 x,y,z 代表空間笛卡爾座標，而 v_1,v_2,v_3 為向量之三個分量，則可定義向量旋度(curl)為

$$curl\,\mathbf{v} = \nabla \times \mathbf{v} = \begin{vmatrix} \mathbf{i} & \mathbf{j} & \mathbf{k} \\ \dfrac{\partial}{\partial x} & \dfrac{\partial}{\partial y} & \dfrac{\partial}{\partial z} \\ v_1 & v_2 & v_3 \end{vmatrix}$$

$$= \left(\frac{\partial v_3}{\partial y} - \frac{\partial v_2}{\partial z} \right)\mathbf{i} + \left(\frac{\partial v_1}{\partial z} - \frac{\partial v_3}{\partial x} \right)\mathbf{j} + \left(\frac{\partial v_2}{\partial x} - \frac{\partial v_1}{\partial y} \right)\mathbf{k} \tag{6.35}$$

例 27

試求向量函數 $\mathbf{v} = x\mathbf{i} + y\mathbf{j} + z\mathbf{k}$ 的旋度

解
$$curl\,\mathbf{v} = \nabla \times \mathbf{v} = \begin{vmatrix} \mathbf{i} & \mathbf{j} & \mathbf{k} \\ \dfrac{\partial}{\partial x} & \dfrac{\partial}{\partial y} & \dfrac{\partial}{\partial z} \\ x & y & z \end{vmatrix}$$

$$= 0$$

例 28

試求向量函數 $\mathbf{v} = z\mathbf{i} + x\mathbf{j} + y\mathbf{k}$ 的旋度。

解　$\text{curl}\,\mathbf{v} = \nabla \times \mathbf{v} = \begin{vmatrix} \mathbf{i} & \mathbf{j} & \mathbf{k} \\ \dfrac{\partial}{\partial x} & \dfrac{\partial}{\partial y} & \dfrac{\partial}{\partial z} \\ z & x & y \end{vmatrix}$

$= \mathbf{i} + \mathbf{j} + \mathbf{k}$

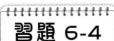

習題 6-4

1. 試求函數 $f(x,y,z)=2xy+e^z-x^2z$ 在點 $(1,2,-1)$ 的梯度。

   Ans：$6\mathbf{i}+2\mathbf{j}+(e^{-1}-1)\mathbf{k}$

2. 求 $f(x,y,z)=x^2y-xe^z$，在點 $(2,-1,0)$ 於 $\mathbf{a}=2\mathbf{i}-4\mathbf{j}+\mathbf{k}$ 方向的方向導數。

   Ans：$\dfrac{-28}{\sqrt{21}}$

3. 試求曲面 $x^2+3y^2+2z^2=6$，在點 $P(2,0,1)$ 點的單位法向量。

   Ans：$\dfrac{1}{\sqrt{2}}(\mathbf{i}+\mathbf{k})$

4. 試求函數 $f=x^2+y^2+z^2$ 在點 $(2,0,3)$ 於 $\mathbf{a}=2\mathbf{i}+\mathbf{j}$ 方向之方向導數。

   Ans：$\dfrac{8}{\sqrt{5}}$

5. 若空間中溫度之分布函數為 $T(x,y,z)=xy+yz+z$，試問在點 $(1,1,1)$ 沿 $\mathbf{i}+\mathbf{j}+\mathbf{k}$ 方向的溫度變化率為何。

   Ans：$\dfrac{8}{\sqrt{3}}$

6. 設 $f(x,y,z)=x^2\mathbf{i}-2x^2y\mathbf{j}+2yz^4\mathbf{k}$，試求點 $(1,0,1)$ 之 $\text{div}f$ 及 $\nabla\times f$

   Ans：0，$2\mathbf{i}$

7. 若平面方程式為 $3x+14y-z=14$，求平面上點 $(1,1,3)$ 距空間中一點 $(1,1,2)$ 之最短距離。

   Ans：$\dfrac{1}{\sqrt{206}}$

8. 一流體運動速度可以向量 $\mathbf{v} = -2y\mathbf{i} + 2x\mathbf{j}$ 表示，試求其散度及旋度。

Ans：散度 $= 0$，旋度 $= 4\mathbf{k}$

9. 自點 $(2,1,-1)$ 出發，若欲使函數 $f(x,y,z) = x^2yz^3$ 的方向導數為最大，則其方向為何，且其方向導數之值為多少。

Ans：$-4\mathbf{i} - 4\mathbf{j} + 12\mathbf{k}$，$4\sqrt{11}$

6-5 ◀ 線積分

線積分的觀念可由下列定積分簡單而自然的推廣

$$\int_a^b f(x)dx$$

若空間中一曲線 C 如圖 6.21(a)，(b)，若令 A 為起點，B 為終點則由 A 到 B 方向為正。而若 A 與 B 重合時則稱其為封閉曲線如圖 6.21(b)。若 C 能以向量表示式

$$\mathbf{r}(s) = x(s)\mathbf{i} + y(s)\mathbf{j} + z(s)\mathbf{k} \qquad (a \leq s \leq b)$$

來表示。式中 s 為 C 之弧長，則一在 C 上任何點都有定義的函數 $f(x,y,z)$ 沿路徑 C 的積分可寫成

$$\int_c f(x,y,z)ds = \int_a^b f\big[x(s),y(s),z(s)\big]ds \tag{6.36}$$

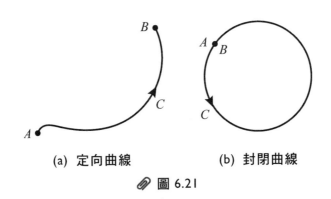

(a) 定向曲線　　　　(b) 封閉曲線

📎 圖 6.21

式中積分下標 C 稱為積分路徑(path of integration)方向由 A 到 B，而右側積分之上下限 a,b 分別為 A,B 點對應至弧長 $s=a$ 及 $s=b$ 而得到。若(6.36)式之路徑 C 為一封閉路徑時，我們通常以

$$\oint_c \; 代表 \int_c$$

而在大多數的應用中曲線 C 的表示，通常可表示為

$$\mathbf{r}(t) = x(t)\mathbf{i} + y(t)\mathbf{j} + z(t)\mathbf{k} \ , \ t_0 \leq t \leq t_1$$

式中 t_0，t_1 相對於 $s = a$ 及 $s = b$ 時之 t 軸位置，(6.36)式亦可寫成

$$\int_c f(x,y,z)ds = \int_a^b f[x(s),y(s),z(s)]ds$$

$$= \int_{t_0}^{t_1} f[x(t),y(t),z(t)]\frac{ds}{dt}dt \qquad (6.37)$$

式中 $\dfrac{ds}{dt} = \sqrt{\dot{\mathbf{r}} \cdot \dot{\mathbf{r}}} = \sqrt{\dot{x}^2 + \dot{y}^2 + \dot{z}^2}$。式(6.37)代表函數 $f(x,y,z)$ 沿曲線 C 由弧長 a 位置積分至 b 位置，故又稱線積分。

例 29

若 $f(x,y) = xy$，試求 $\displaystyle\int_c f(x,y)ds$，其中 C 為沿平面上直線 $y = 2x$，由點 $A:(-1,-2,0)$ 到 $B(1,2,0)$ 的線段。

解 路徑 C 可以以參數表示式（令 $x = t$，$y = 2t$）表示成

$$\mathbf{r}(t) = t\mathbf{i} + 2t\mathbf{j} \ , \ -1 \leq t \leq 1$$

則

$$\dot{\mathbf{r}} = \frac{d\mathbf{r}}{dt} = \mathbf{i} + 2\mathbf{j}$$

由(6.19)式得

$$\frac{ds}{dt} = \sqrt{\dot{\mathbf{r}} \cdot \dot{\mathbf{r}}} = \sqrt{1+4} = \sqrt{5}$$

將 $f(x,y)$ 改成(6.37)時間函數式可得

$$f(x,y) = xy = t \cdot (2t) = 2t^2$$

則可得

$$\int_c xy\,ds = \int_{-1}^1 2t^2 \sqrt{5}\,dt = 2\sqrt{5} \int_{-1}^1 t^2\,dt = \frac{2\sqrt{5}}{3} t^3 \Big|_{-1}^1 = \frac{4\sqrt{5}}{3}$$

例 30

試求 $f(x,y) = 2xy^2$，沿圓弧 $\mathbf{r}(t) = \cos t\mathbf{i} + \sin t\mathbf{j}$，$0 \le t \le \pi$ 如圖 6.22 之線積分。

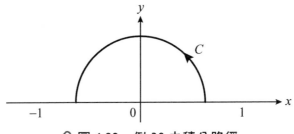

📎 圖 6.22　例 30 之積分路徑

解 由圖 6.22 可得

$$\mathbf{r}(t) = \cos t\mathbf{i} + \sin t\mathbf{j}，\ 0 \le t \le \pi$$

可得

$$x(t) = \cos t，\ y(t) = \sin t$$

$$\dot{\mathbf{r}} = \frac{d\mathbf{r}}{dt} = -\sin t\mathbf{i} + \cos t\mathbf{j}$$

$$\frac{ds}{dt} = \sqrt{\dot{\mathbf{r}} \cdot \dot{\mathbf{r}}} = \sqrt{\sin^2 t + \cos^2 t} = 1$$

故其積分為

$$\int_c f(x,y)ds = \int_c 2xy^2 ds = \int_0^\pi 2\cos t\sin^2 t\,dt$$

$$= \frac{2}{3}\sin^3 t\,\Big|_0^\pi$$

$$= 0$$

例 31

試求 $\int_c y\,ds$ 沿 $y = 2\sqrt{x}$ 曲線，C 由 $x = 3$ 到 $x = 24$

解　令 $x = t$ 則 $y = 2\sqrt{t}$，則可得曲線 C 之參數表示式為

$$\mathbf{r}(t) = t\mathbf{i} + 2\sqrt{t}\mathbf{j}，3 \le t \le 24$$

$$\dot{\mathbf{r}}(t) = \mathbf{i} + t^{-\frac{1}{2}}\mathbf{j}$$

$$\frac{ds}{dt} = \sqrt{\dot{\mathbf{r}}\cdot\dot{\mathbf{r}}} = \sqrt{1 + \frac{1}{t}}$$

$$\int_c y\,ds = \int_3^{24} 2t^{\frac{1}{2}}\sqrt{1 + \frac{1}{t}}\,dt = \int_3^{24} 2\sqrt{t+1}\,dt$$

$$= \frac{4}{3}(t+1)^{\frac{3}{2}}\,\Big|_3^{24} = \frac{4}{3}\left[25^{\frac{3}{2}} - 4^{\frac{3}{2}}\right]$$

$$= \frac{4}{3}[125 - 8] = 156$$

向量函數之線積分亦常以下式表示

$$\int_c \mathbf{F(r)} \cdot d\mathbf{r} = \int_a^b \mathbf{F(r}(t)) \cdot \frac{d\mathbf{r}}{dt} dt$$

$$= \int_c (F_1 dx + F_2 dy + F_3 dz)$$

$$= \int_c (F_1 \dot{x} + F_2 \dot{y} + F_3 \dot{z}) dt \qquad (6.38)$$

式中　$d\mathbf{r} = dx\mathbf{i} + dy\mathbf{j} + dz\mathbf{k}$

例 32

求 $\int_c \mathbf{F} \cdot d\mathbf{r}$，$\mathbf{F} = -y\mathbf{i} + xy\mathbf{j}$，$C$ 為圓弧 $\mathbf{r}(t) = \cos t\mathbf{i} + \sin t\mathbf{j}$ 由 $t = 0$ 到 $\dfrac{\pi}{2}$ 之弧。

解 由 $\mathbf{r}(t)$ 得知，令 $x = \cos t$，$y = \sin t$。代入可得

$$\mathbf{F} = -y\mathbf{i} + xy\mathbf{j} = -\sin t\mathbf{i} + \cos t \sin t\mathbf{j}$$

$$\frac{d\mathbf{r}}{dt} = \dot{\mathbf{r}} = -\sin t\mathbf{i} + \cos t\mathbf{j}$$

利用(6.38)式可得

$$\int_c \mathbf{F(r)} \cdot d\mathbf{r} = \int_0^{\frac{\pi}{2}} (-\sin t\mathbf{i} + \cos t \sin t\mathbf{j}) \cdot (-\sin t\mathbf{i} + \cos t\mathbf{j}) dt$$

$$= \int_0^{\frac{\pi}{2}} (\sin^2 t + \cos^2 t \sin t) dt$$

$$= \frac{\pi}{4} + \frac{1}{3}$$

例 33

F 同前例，但積分路徑改為由(1,0)到(0,1)之直線

解 由(6.12)直線參數表示式可得

$$\mathbf{r}(t) = (1-t)\mathbf{i} + t\mathbf{j} \ , \ 0 \le t \le 1$$

$$\frac{d\mathbf{r}}{dt} = -\mathbf{i} + \mathbf{j}$$

令 $x = 1-t$ ， $y = t$ ，則

$$\mathbf{F} = -y\mathbf{i} + xy\mathbf{j} = -t\mathbf{i} + (1-t)(t)\mathbf{j}$$

$$\int_c \mathbf{F}(\mathbf{r}) \cdot d\mathbf{r} = \int_0^1 \left[(-t\mathbf{i} + (1-t)(t)\mathbf{j}) \right] \cdot \left[(-\mathbf{i} + \mathbf{j}) \right] dt$$

$$= \int_0^1 \left[t + (1-t)t \right] dt = \frac{2}{3}$$

注意 〉此兩例具有相同端點及不同路徑，其線積分值並不一定相等。換言之，線積分之值與路徑有關。

🖊 6-5-1 可變力所作的功

若向量 F 代表作用力，而 t 為時間， $\dfrac{d\mathbf{r}}{dt} = \mathbf{v}$ 即代表速度，故一力場 F 沿曲線 C 位移 $d\mathbf{r}$ 所作之功可寫成

$$W = \int_c \mathbf{F} \cdot d\mathbf{r} = \int_a^b \mathbf{F}(\mathbf{r}(t)) \cdot \mathbf{v}(t) dt$$

$$= \int (Mdx + Ndy + Pdz) \tag{6.39}$$

式中 $\mathbf{F} = M(x,y,z)\mathbf{i} + N(x,y,z)\mathbf{j} + P(x,y,z)\mathbf{k}$，而 $d\mathbf{r} = dx\mathbf{i} + dy\mathbf{j} + dz\mathbf{k}$

例 34

求 $\mathbf{F} = (x^3 - y^3)\mathbf{i} + xy^2\mathbf{j}$，沿路徑 $C : x = t^2$，$y = t^3$，$-1 \leq t < 0$ 所作的功。

解 因 $M = x^3 - y^3$，$N = xy^2$，及因 $dx = 2tdt$，$dy = 3t^2dt$

$$W = \int_c \left[(x^3 - y^3)dx + xy^2 dy \right]$$

$$= \int_{-1}^0 \left[(t^6 - t^9)2t + t^2(t^6)(3t^2) \right] dt$$

$$= \frac{1}{4}t^8 + \frac{1}{11}t^{11} \bigg|_{-1}^0 = \frac{-7}{44}$$

習題 6-5

求下列線積分之值

1. $\int_c (x^3 + y)ds$，C 為曲線 $x = 3t$，$y = t^3$，$0 \le t \le 1$

Ans：$14(2\sqrt{2} - 1)$

2. $\int_c (\sin x + \cos y)ds$，$C$：由 $(0,0)$ 至 $(\pi, 2\pi)$ 之直線。

Ans：$2\sqrt{5}$

3. $\int_c x^{-1}(y + z)ds$，C：由圓 $z = 0$，$x^2 + y^2 = 4$ 由 $(2,0,0)$ 到 $(\sqrt{2}, \sqrt{2}, 0)$ 的圓弧。

Ans：$\ln 2$

4. $\int_c 2xy^2 ds$，c 為 $x^2 + y^2 = 1$ 的第一象限之圓弧。

Ans：$\dfrac{2}{3}$

5. $\int_c (4x + 18z)ds$，c 為曲線，$x = t$，$y = t^2$，$z = t^2$，$0 \le t < 1$

Ans：$\dfrac{1}{3}(14^{\frac{3}{2}} - 1)$

6. $\int_c xe^y ds$，c 為由 $(-1,2)$ 到 $(1,1)$ 的線段。

Ans：$\sqrt{5}(e^2 - 3e)$

7. $\int_c x^2 y^3 ds$，C 為 xy 平面上 $y = 2x$ 由 $(-1,-2,0)$ 到 $(1,2,0)$ 的直線。

Ans：0

8. $\int_c (x^2 + y^2 + z^2)ds$，C 為圓螺線 $r(t) = \cos t\mathbf{i} + \sin t\mathbf{j} + 3t\mathbf{k}$ 由 $(1,1,0)$ 到 $(1,0,6\pi)$ 之弧。

Ans：$\sqrt{10}(2\pi + 24\pi^3)$

9. 求 $\int_c \mathbf{F} \cdot d\mathbf{r}$，$\mathbf{F} = z\mathbf{i} + x\mathbf{j} + y\mathbf{k}$，C 為圓螺線 $r(t) = \cos t\mathbf{i} + \sin t\mathbf{j} + 3t\mathbf{k}$，$0 \leq t \leq 2\pi$ 弧。

Ans：7π

10. 若 $\mathbf{F} = (5xy - 6x^2)\mathbf{i} + (2y - 4x)\mathbf{j}$，$\mathbf{r} = x\mathbf{i} + y\mathbf{j}$，積分路徑為 xy 平面上 $y = x^3$ 由點 $(1,1)$ 至 $(2,8)$ 求，$\int_c \mathbf{F} \cdot d\mathbf{r}$。

Ans：35

11. 若 $\mathbf{F} = 3xy\mathbf{i} - y^2\mathbf{j} + xz\mathbf{k}$，$\mathbf{r} = x\mathbf{i} + y\mathbf{j} + z\mathbf{k}$，求 $\int_c \mathbf{F} \cdot d\mathbf{r}$，其中 c 為 xy 平面上 $y = 2x^2$ 由 $(0,0)$ 到 $(1,2)$ 的路徑。

Ans：$\dfrac{-7}{6}$

12. 若 $\mathbf{F} = e^x\mathbf{i} - e^{-y}\mathbf{j}$，$C$ 為曲線 $x = 3\ln t$，$y = \ln 2t$，$1 \leq t \leq 5$，求所作之功。

Ans：123.6

13. $\int_c ydx + xdy$，c 為曲線 $y = x^2$，$0 \leq x \leq 1$

Ans：1

6-6　格林定理

　　在基本微積分中，吾人已了解一平面區域的雙重積分並不十分方便計算，有時必須利用變數轉換使積分形式簡化，不過其仍為雙重積分形態實用上並不方便，本節中將介紹將一平面區域之雙重積分轉換成對此區域邊界線分的方法（反之亦然），即格林定理(Green's Theorem)。

 定理 6.6

格林定理(Green's Theorem)

設 C 為簡單封閉曲線，在其 xy 平面上形成一區域 S 的邊界，若 $M(x, y)$，$N(x, y)$ 連續，則

$$\iint_S \left(\frac{\partial N}{\partial x} - \frac{\partial M}{\partial y} \right) dxdy = \oint_c (Mdx + Ndy) \tag{6.40}$$

證明　　若區域 S 如圖 6.23 所示，即

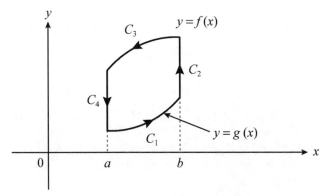

◎ 圖 6.23　格林定理之證明

$$S = \{(x,y) : g(x) \leq y \leq f(x), \ a \leq x \leq b\}$$

而其四個邊界由 C_1, C_2, C_3, C_4 組成（C_2, C_4 可能不存在）

$$\oint_c M dx = \int_{C_1} M dx + \int_{C_2} M dx + \int_{C_3} M dx + \int_{C_4} M dx$$

因 C_2, C_4 的積分中由於 $dx = 0$，所以其值為零。因此

$$\oint_c M dx = \int_a^b M[x, g(x)] dx + \int_b^a M[x, f(x)] dx$$

$$= -\int_a^b \left[M(x, f(x)) - M(x, g(x)) \right] dx$$

$$= -\int_a^b \int_{g(x)}^{f(x)} \frac{\partial M(x,y)}{\partial y} dy dx$$

$$= -\iint_s \frac{\partial M}{\partial y} dy dx$$

同理可得

$$\oint_c N dy = \iint_s \frac{\partial N}{\partial x} dy dx$$

故得證。

例 35

求 $\oint_c (4x^2 y dx + 2y dy)$ 之值，其中積分路徑 C 為以 $(0,2)$，$(0,0)$，$(1,2)$

三點為頂點之三角形邊界（逆時針方向）如圖 6.24

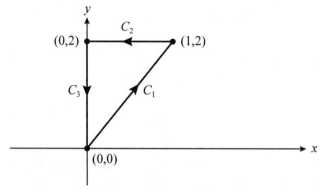

◎ 圖 6.24 例 35 之積分路徑

解 (a) 直接計算線積分時

在計算 C_1 路徑時，$y = 2x$，$dy = 2dx$

$$\int_{c_1} (4x^2 y dx + 2y dy) = \int_0^1 (8x^3 dx + 8x dx) = \left[2x^4 + 4x^2 \right]_0^1 = 6$$

在計算 C_2 路徑時因 $y = 2$，$dy = 0$，可得

$$\int_{c_2} (4x^2 y dx + 2y dy) = \int_0^1 8x^2 dx = \frac{8}{3} x^3 \Big|_1^0 = -\frac{8}{3}$$

在計算 C_3 路徑時因 $dx = 0$，可得

$$\int_{c_3} (4x^2 y dx + 2y dy) = \int_0^2 2y dy = y^2 \Big|_2^0 = -4$$

合併積分結果可得

$$\oint_c (4x^2 y dx + 2y dy) = 6 - \frac{8}{3} - 4 = -\frac{2}{3}$$

(b) 比較(6.40)式得 $M = 4x^2y$ 及 $N = 2y$，利用格林定理

$$\oint_c (4x^2 y dx + 2y dy) = \int_0^1 \int_{2x}^2 \left[\frac{\partial}{\partial x}(2y) - \frac{\partial}{\partial y}(4x^2 y) \right] dy dx$$

$$= \int_0^1 \int_{2x}^2 (0 - 4x^2) dy dx = \int_0^1 \left[-4x^2 y \right] \Big|_{2x}^2 dx$$

$$= \int_0^1 (-8x^2 + 8x^3) dx = \left[\frac{-8}{3}x^3 + 2x^4 \right] \Big|_0^1$$

$$= -\frac{2}{3}$$

💡 **注意** 在往後例題中若無強調 C 之方向則都定為逆時針方向。

例 36

求 $\oint_c \left[2xy^3 dx + 3x^2 y^2 dy \right]$，其中 C 為 $x^2 + y^2 = 1$ 沿逆時鐘方向

解 由原式可得

$$M = 2xy^3 \text{ , } \frac{\partial M}{\partial y} = 6xy^2$$

$$N = 3x^2 y^2 \text{ , } \frac{\partial N}{\partial x} = 6xy^2$$

由格林定理將線積分改成面積分可得

$$\oint_c \left[2xy^3 dx + 3x^2 y^2 dy \right] = \iint_s (6xy^2 - 6xy^2) dx dy = 0$$

🖎 6-6-1 格林定理的向量形式

若 C 為 x、y 平面中一平滑，簡單的封閉曲線，以弧長參數式 $x = x(s)$，$y = y(s)$ 表示一逆時針方向，則可得其單位切向量為

$$\mathbf{T} = \frac{dx}{ds}\mathbf{i} + \frac{dy}{ds}\mathbf{j}$$

而其單位法向量為

$$\mathbf{n} = \frac{dy}{ds}\mathbf{i} - \frac{dx}{ds}\mathbf{j}$$

其表示如圖 6.25。

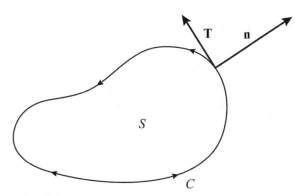

🖎 圖 6.25 封閉曲線之切向量與法向量

若 $\mathbf{F}(x, y) = M(x, y)\mathbf{i} + N(x, y)\mathbf{j}$ 為一向量場，則

$$\oint_c \mathbf{F} \cdot \mathbf{n}\, ds = \oint_c (M\mathbf{i} + N\mathbf{j}) \cdot \left(\frac{dy}{ds}\mathbf{i} - \frac{dx}{ds}\mathbf{j} \right) ds$$

$$= \oint_c (-N dx + M dy)$$

$$= \iint_s \left(\frac{\partial M}{\partial x} + \frac{\partial N}{\partial y} \right) dx dy$$

同時因

$$divF = \nabla \cdot F = \frac{\partial M}{\partial x} + \frac{\partial N}{\partial y}$$

我們亦可得到以下關係式

$$\oint_c F \cdot nds = \iint_S div F dxdy = \iint_S \nabla \cdot F dxdy \tag{6.41}$$

而上式可稱為平面中之**高斯散度定理**，而 $\oint_c F \cdot nds$ 為向量場 F 以向外方向流過曲線 C 的**通量**(flux)，標示成 ϕ。

　　格林定理除了上述表示之外尚有另一種向量形式，若 F 可寫成空間中的平面向量，即 $F = Mi + Nj$，則

$$\oint_c F \cdot Tds = \oint_c (Mdx + Ndy) = \iint_S \left(\frac{\partial N}{\partial x} - \frac{\partial M}{\partial y} \right) dxdy$$

曲旋度定義(6.35)式可得

$$curl F = \nabla \times F = \begin{vmatrix} i & j & k \\ \frac{\partial}{\partial x} & \frac{\partial}{\partial y} & \frac{\partial}{\partial z} \\ M & N & 0 \end{vmatrix} = \left(\frac{\partial N}{\partial x} - \frac{\partial M}{\partial y} \right) k$$

故可得格林定理之向量形式

$$\oint_c F \cdot Tds = \iint_S (curl F) \cdot k dxdy$$

$$= \iint_S (\nabla \times F) \cdot k dxdy \tag{6.42}$$

上式亦可稱為平面上的司托克定理（見 6.9 節）。

例 37

若 $\mathbf{F} = y^2\mathbf{i} + x^2\mathbf{j}$，$C$ 為以 $(0,0)$、$(1,0)$、$(1,1)$、$(0,1)$為頂點的單位正方形邊界，試求

(a) $\oint \mathbf{F} \cdot \mathbf{n}\,ds$，(b) $\oint \mathbf{F} \cdot \mathbf{T}\,ds$

解 由原式可得

$$\left. \begin{array}{l} M(x,y) = y^2, \quad \dfrac{\partial M}{\partial x} = 0 \\[2mm] N(x,y) = x^2, \quad \dfrac{\partial N}{\partial y} = 0 \end{array} \right\} \Rightarrow \nabla \cdot \mathbf{F} = 0$$

故可得

(a) $\quad \oint \mathbf{F} \cdot \mathbf{n}\,ds = \iint \nabla \cdot \mathbf{F}\,dxdy = 0$

(b) $\quad \oint \mathbf{F} \cdot \mathbf{T}\,ds = \iint \left(\dfrac{\partial N}{\partial x} - \dfrac{\partial M}{\partial y} \right) dxdy = 0$

例 38

若 $\mathbf{F} = (x^2 + y^2)\mathbf{i} + 2xy\mathbf{j}$，求 $\mathbf{F}$ 通過頂點為 $(0,0)$、$(1,0)$、$(1,1)$、$(0,1)$ 之單位正方形邊界 C 的通量。

解 由原式可得

$$M(x,y) = x^2 + y^2, \dfrac{\partial M}{\partial x} = 2x$$

$$N(x,y) = 2xy \quad , \dfrac{\partial N}{\partial y} = 2x$$

由(6.41)式可得通量為

$$\phi = \oint_c \mathbf{F} \cdot \mathbf{n} ds = \iint_S (2x + 2x) dx dy$$

$$= \int_0^1 \int_0^1 4x dx dy$$

$$= \int_0^1 2 dy$$

$$= 2$$

習題 6-6

利用格林定理求 1-4 題積分（積分路徑若未強調，則視其為反時針方向）

1. $\oint_c 2xydx + y^2dy$，其中 C 為介於 $y = \dfrac{x}{2}$ 到 $y = \sqrt{x}$ 所形成封閉區域之邊界。

    Ans：$\dfrac{-64}{15}$

2. $\oint_c \left[y^3 dx + (x^3 + 3y^2 x)dy \right]$，$C$ 為以 $y = x^2$，$y = x$ 所圍成之區域的邊界。

    Ans：$\dfrac{3}{20}$

3. 試求 $\oint_c (3x^2 + y)dx + 4y^2 dy$，$C$ 為以 $(0,0)$、$(1,0)$、$(0,2)$ 所形成三角形之邊界。

    Ans：1

4. $\oint (2xy - x^2)dx + (x + y^2)dy$，$C$ 為由 $y = x^2$，$y^2 = x$ 所圍成之區域的邊界。

    Ans：$\dfrac{1}{30}$

5. 若 $\mathbf{F} = y^3\mathbf{i} + x^3\mathbf{j}$，$C$ 為單位圓，試求 $\oint \mathbf{F} \cdot \mathbf{n}ds$ 及 $\oint \mathbf{F} \cdot \mathbf{T}ds$。

    Ans：0，0

6. 若 $\mathbf{F} = x\mathbf{j} + y\mathbf{j}$，$C$ 為單位圓，試求 $\oint \mathbf{F} \cdot \mathbf{n}ds$ 及 $\oint \mathbf{F} \cdot \mathbf{T}ds$。

    Ans：2π，0

7. 若 $\mathbf{F} = (x^2 + y^2)\mathbf{i} - 2xy\mathbf{j}$，試求沿 $(0,0)$，$(1,0)$，$(1,1)$，$(0,1)$ 之單位正方形路徑所作的功。

    Ans：-2

6-7 ◀ 面積分

若一區面 S 可以用 $z = g(x, y)$ 表示，令 $x = u$，$y = v$，則可得參數式

$$\mathbf{r}(u, v) = u\mathbf{i} + v\mathbf{j} + g(u, v)\mathbf{k}$$

而曲面面積 A 可得為

$$A = \iint_{\bar{S}} \sqrt{1 + \left(\frac{\partial g}{\partial x}\right)^2 + \left(\frac{\partial g}{\partial y}\right)^2}\, dxdy$$

式中 $\bar{S}$ 為 S 在 xy 平面之正投影如圖 6.26

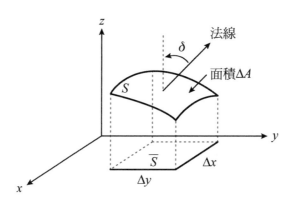

@ 圖 6.26　曲面 S 及其投影 $\bar{S}$

而

$$dA = \sqrt{1 + \left(\frac{\partial g}{\partial x}\right)^2 + \left(\frac{\partial g}{\partial y}\right)^2}\, dxdy = \sec\delta\, dxdy \tag{6.43}$$

其中 δ 為 z 軸與 S 上法線之夾角（取銳角）。而一連續純量函數在區面 S 上之面積分為

$$\iint_S f(x,y,z)dA$$

$$= \iint_{\overline{S}} f\left[x,y,g(x,y)\right]\sqrt{1+\left(\frac{\partial g}{\partial x}\right)^2+\left(\frac{\partial g}{\partial y}\right)^2}\,dxdy \qquad (6.44)$$

例 39

若平面 $2x+2y+z=2$ 與座標軸相交於三點 A,B,C 而形成一曲面 S，如圖 6.27，試求函數 $f=x^2+2y+z-2$ 在曲面上之積分

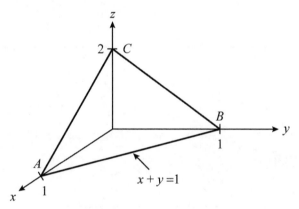

📎 **圖 6.27　例 38 之圖**

解 由平面函數表示式可得

$$z=g(x,y)=2-2x-2y$$

由(6.43)式可得

$$dA=\sqrt{1+\left(\frac{\partial g}{\partial x}\right)^2+\left(\frac{\partial g}{\partial y}\right)^2}\,dxdy=\sqrt{1+2^2+2^2}\,dxdy$$

$$=3dxdy$$

代入(6.44)式可得

$$\iint_{\bar{S}}(x^2+2y+z-1)dA$$

$$= \int_0^1\int_0^{1-y}(x^2+2y+z-1)3dxdy$$

$$= \int_0^1\int_0^{1-y}3\big[x^2+2y+(2-2x-2y)-1\big]dxdy$$

$$= 3\int_0^1\int_0^{1-y}(x-1)^2dxdy = \int_0^1(-y^3+1)dy$$

$$= \frac{3}{4}$$

例 40

求函數 $f(x,y,z)=x^2+y^2+z$ 在平面 $z=x+y+1$，$0\le x\le 1$，$0\le y\le 1$的面積分。

解

$$dA = \sqrt{1+\left[\frac{\partial}{\partial x}(x+y+1)\right]^2+\left[\frac{\partial}{\partial y}(x+y+1)\right]^2}\, dxdy$$

$$= \sqrt{3}dxdy$$

故由(6.44)式可得

$$\iint_{\bar{S}}f(x,y,z)dA$$

$$= \iint_{\bar{S}}f(x^2+y^2+z)dA$$

$$= \iint_{\bar{S}}\big[x^2+y^2+(x+y+1)\big]\sqrt{3}dxdy$$

$$= \int_0^1 \int_0^1 \sqrt{3}(x^2 + y^2 + x + y + 1)dxdy$$

$$= \frac{8}{3}\sqrt{3}$$

面積分另一個重要應用可說明如下。

定理 6.7

若 B 為一所給 $z = g(x,y)$ 的圓滑雙邊區面，其中 (x,y) 在區域 R 中，若令 $\mathbf{n}$ 為在 B 上向上的單位法向量。若 $g(x,y)$ 且有連續一階偏導數，而 $\mathbf{F} = M\mathbf{i} + N\mathbf{j} + P\mathbf{k}$ 為一連續向量場，則 $\mathbf{F}$ 通過 B 之通量為

$$flur\mathbf{F} = \iint_B \mathbf{F} \cdot \mathbf{n}ds = \iint_R \left[-M\frac{\partial g}{\partial x} - N\frac{\partial g}{\partial y} + P \right]dxdy \tag{6.45}$$

例 41

求 $\mathbf{F} = -y\mathbf{i} + x\mathbf{j}$ 在平面 $z = 8x - 4y - 5$ 上以頂點 $(0,0,0)$，$(0,1,0)$，$(1,0,0)$ 所形成三角形之通量，如圖 6.28。

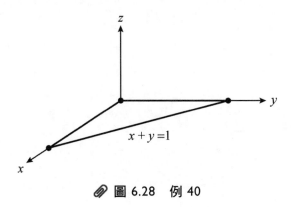

🔗 圖 6.28　例 40

解 因

$$z = g(x, y) = 8x - 4y - 5$$

可得

$$\frac{\partial g}{\partial x} = 8 \text{ , } \frac{\partial g}{\partial y} = -4$$

由(6.45)式及圖 6.28 得通量為

$$
\begin{aligned}
flur\mathbf{F} &= \iint_B \mathbf{F} \cdot \mathbf{n} \, ds \\
&= \iint_R \left(-M\frac{\partial g}{\partial x} - N\frac{\partial g}{\partial y} + P \right) dA \\
&= \int_0^1 \int_0^{1-y} (8y + 4x) \, dx \, dy \\
&= \int_0^1 (-6y^2 + 4y + 2) \, dy = 2
\end{aligned}
$$

習題 6-7

在問題 1 至 4 中計算 $\displaystyle\iint_S f(x,y,z)dA$ 之值。

1. $f(x,y,z)=4x$，曲面 S 為 $x+y+2z=4$，$0\le x\le 1$，$0\le y\le 1$。

   Ans：$\sqrt{6}$

2. $f(x,y,z)=4y$，曲面 S 為 $z=4-y^2$，$0\le x\le 3$，$0\le y\le 2$。

   Ans：$17^{\frac{3}{2}}-1$

3. $f(x,y,z)=x+y$，曲面 S：$z=\sqrt{4-x^2}$，$0\le x\le\sqrt{3}$，$0\le y\le 1$。

   Ans：$\dfrac{\pi+6}{3}$

4. $f(x,y,z)=x(z^2+12y-y^4)$，曲面 S：$z=y^2$，$0\le x\le 1$，$0\le y\le 1$。

   Ans：$\dfrac{1}{2}(\sqrt{125}-1)$

求下列各題 $\mathbf{F}$ 流過 S 的通量

5. $\mathbf{F}=(9-x^2)\mathbf{j}$，$S$ 為平面 $2x+3y+6z=6$ 在第一象限部分。

   Ans：$\dfrac{45}{4}$

6. $\mathbf{F}=y\mathbf{i}-x\mathbf{j}+2\mathbf{k}$，$S$ 為由 $z=\sqrt{1-y^2}$，$0\le x\le 5$ 所決定之曲面。

   Ans：20

7. $\mathbf{F}=18z\mathbf{i}-12\mathbf{j}+3y\mathbf{k}$，$S$ 為平面 $2x+3y+6z=12$ 第一象限部分。

   Ans：24

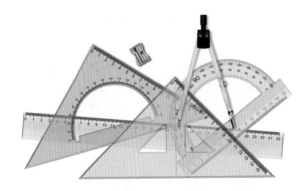

Chapter

07 傅立葉級數

　　傅立葉級數(Fourier series)在工程應用上的運用十分廣泛，它可以把週期函數展成其諧波的無限級數和，而方便在雜音分析、調變理論、熱流動問題……等的討論。而傅立葉轉換更可推廣至非週期信號，使其函數 $f(t)$ 由時間函數轉換成頻率函數而使得問題簡化，試說明如下。

7-1 ◀ 傅立葉級數：概觀

定義 7.1

週期函數：

　　週期函數定義如下：

　　若函數 $f(x)$ 對所有的實數 x 都有定義，而且存在某正數 T 使得

$$f(x) = f(x + NT) \tag{7.1}$$

式中 N 為整數，則 $f(x)$ 稱為週期函數(period function)而 T 稱為其週期。同時 $2T, 3T, 4T, \cdots$，也都為 $f(x)$ 之週期。

　　若二函數 $f(x)$ 及 $g(x)$ 皆為週期函數，且其週期都為 T，則

$$h(x) = f(x) + g(x)$$

亦為週期函數且具有相同的週期 T。而 $f(x) = 常數 = C$ 亦為一週期函數。

定義 7.2

正交：

　　有兩個函數序列中 $\phi_n(x), \phi_m(x)$，式中 n, m 為整數，由第五章可得其在區域 $[a, b]$ 間的內積為

$$(\phi_n, \phi_m) = \int_a^b \phi_n(x)\phi_m(x)dx$$

若其滿足在 $m = n$ 時上述積分有值，及 $m \neq n$ 時上式積分為零，即

$$(\phi_n, \phi_m) = \int_a^b \phi_n(x)\phi_m(x)dx$$

$$= \begin{cases} 0 & , \quad m \neq n \\ \text{固定值} & , \quad m = n \end{cases} \tag{7.2}$$

則稱其在 $[a, b]$ 區域內為正交(orthogonal)。正交性質在傅立葉級數的證明上極其重要，舉例說明如下：

定理 7.1

正弦與餘弦函數之正交性質

$\sin nx$ 與 $\cos nx$ 在週期 $T = 2\pi$ 時即為正交集合，因其滿足以下性質

1. $\displaystyle \int_{-\pi}^{\pi} \sin nx \sin mx \, dx = \begin{cases} 0 & , \quad m \neq n \\ \pi & , \quad m = n \end{cases}$

2. $\displaystyle \int_{-\pi}^{\pi} \cos nx \sin mx \, dx = 0$

3. $\displaystyle \int_{-\pi}^{\pi} \cos nx \cos mx \, dx = \begin{cases} 0 & , \quad m \neq n \\ \pi & , \quad m = n \end{cases}$

4. $\displaystyle \int_{-\pi}^{\pi} \sin nx \, dx = 0$，對所有 n

5. $\displaystyle\int_{-\pi}^{\pi}\cos nx\,dx = \begin{cases} 0 & , \quad n \neq 0 \\ 2\pi & , \quad n = 0 \end{cases}$

式中 m,n 為整數

利用三角函數積化和差可得

$$\sin A \sin B = \frac{1}{2}\left[\cos(A-B) - \cos(A+B)\right]$$

可得

$$\int_{-\pi}^{\pi}\sin(nx)\sin(mx)\,dx$$

$$= \int_{-\pi}^{\pi}\frac{1}{2}\left[\cos(n-m)x - \cos(n+m)x\right]dx$$

若上式 $n \neq m$，則 cos 函數積分一整數週期必為零。而若 $n = m$ 時，則上式變成

$$\int_{-\pi}^{\pi}\frac{1}{2}\left[1 - \cos 2nx\right]dx = \pi$$

故得證，同理性質 2、3 可得證，而(5)式為當 n, m 中有一為零時之特例。

有了正交觀念後傅立葉級數便可輕易推出如下：

定義 7.3

傅立葉級數：

一週期為 2π 的週期函數 $f(x)$ 的**傅立葉級數**(Fourier series)展開定義成

$$f(x) = a_0 + \sum_{n=1}^{\infty}(a_n \cos nx + b_n \sin nx) \tag{7.3}$$

式中 a_0, a_n, b_n 稱為**傅立葉係數**(Fourier coefficient)。而其中

$$a_0 = \frac{1}{2\pi} \int_{-\pi}^{\pi} f(x)dx \tag{7.4.a}$$

$$a_n = \frac{1}{\pi} \int_{-\pi}^{\pi} f(x)\cos nxdx \quad , \quad n = 1,2,3\cdots \tag{7.4.b}$$

$$b_n = \frac{1}{\pi} \int_{-\pi}^{\pi} f(x)\sin nxdx \quad , \quad n = 1,2,3\cdots \tag{7.4.c}$$

由直接積分及利用正弦及餘弦函數正交性（性質 4、5）可得

$$\int_{-\pi}^{\pi} f(x)dx = \int_{-\pi}^{\pi}\left[a_0 + \sum_{n=1}^{\infty}(a_n \cos nx + b_n \sin nx)\right]dx = 2\pi a_0$$

故得

$$a_0 = \frac{1}{2\pi} \int_{-\pi}^{\pi} f(x)dx$$

對 $m \neq 0$，利用性質 2、3、5 可得

$$\int_{-\pi}^{\pi} f(x)\cos mxdx$$

$$= \int_{-\pi}^{\pi}\left[a_0 + \sum_{n=1}^{\infty}(a_n \cos nx + b_n \sin nx)\right]\cos mxdx$$

$$= \int_{-\pi}^{\pi} a_0 \cos mxdx + \sum_{n=1}^{\infty}\left[\int_{-\pi}^{\pi}(a_n \cos nx)\cos mxdx + \int_{-\pi}^{\pi}(b_n \sin nx)\cos mxdx\right]$$

$$= \int_{-\pi}^{\pi} \sum_{n=1}^{\infty}(a_n \cos nx)\cos mxdx \quad （利用性質 2）$$

$$= a_m\pi \quad （利用性質 3 在 m=n 時有值）$$

故

$$a_m = \frac{1}{\pi} \int_{-\pi}^{\pi} f(x)\cos mxdx$$

同理可得證

$$b_m = \frac{1}{\pi} \int_{-\pi}^{\pi} f(x) \sin mx\, dx$$

例 1

求圖 7.1 週期性方波的傅立葉級數展開

$$f(x) = \begin{cases} -A & , & -\pi < x < 0 \\ A & , & 0 < x < \pi \end{cases} \quad , \quad T = 2\pi \quad , \quad \omega_0 = \frac{2\pi}{T} = 1$$

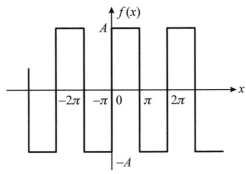

圖 7.1　例 1 之方波

解 由(7.4)式及圖 7.1 可得

$$a_0 = \frac{1}{2\pi} \int_{-\pi}^{\pi} f(x)\, dx$$

$$= \frac{1}{2\pi} \left[\int_{-\pi}^{0} (-A)\, dx + \int_{0}^{\pi} A\, dx \right]$$

$$= \frac{1}{2\pi} [-\pi + \pi] = 0$$

（亦可直接由圖看出，因 a_0 之物理意義即為函數之平均值。）

$$a_n = \frac{1}{\pi} \int_{-\pi}^{\pi} f(x) \cos nx\, dx$$

$$= \frac{1}{\pi} \left[\int_{-\pi}^{0} (-A) \cos nx\, dx + \int_{0}^{\pi} A \cos nx\, dx \right]$$

$$= \frac{1}{\pi} \left[-A \frac{\sin nx}{n} \Big|_{-\pi}^{0} + A \frac{\sin nx}{n} \Big|_{0}^{\pi} \right]$$

$$= 0$$

$$b_n = \frac{1}{\pi} \int_{-\pi}^{\pi} f(x) \sin nx\, dx$$

$$= \frac{1}{\pi} \left[\int_{-\pi}^{0} (-A) \sin nx\, dx + \int_{0}^{\pi} A \sin nx\, dx \right]$$

$$= \frac{1}{\pi} \left[A \frac{\cos nx}{n} \Big|_{-\pi}^{0} - A \frac{\cos nx}{n} \Big|_{0}^{\pi} \right]$$

$$= \frac{2A}{n\pi}(1 - \cos n\pi)$$

$$= \begin{cases} \dfrac{4A}{n\pi} & , \quad n\text{為奇數} \\[2mm] 0 & , \quad n\text{為偶數} \end{cases}$$

分別代入 n 可得 $b_1 = \dfrac{4A}{\pi}$，$b_2 = 0$，$b_3 = \dfrac{4A}{3\pi}$，$b_4 = 0$，$\cdots$，故其傅立葉

級數展開為

$$f(x) = \sum_{n=1}^{\infty} b_n \sin nx = \sum_{n=\text{奇數}}^{\infty} \frac{4A}{n\pi} \sin nx$$

$$= \frac{4A}{\pi} \left(\sin x + \frac{1}{3} \sin 3x + \frac{1}{5} \sin 5x + \cdots \right)$$

$$= \frac{4A}{\pi} \sum_{m=1}^{\infty} \frac{\sin(2m-1)x}{2m-1}$$

因本例中週期 $T = 2\pi$ ，其基頻頻率 $\omega_0 = \dfrac{2\pi}{T} = \dfrac{2\pi}{2\pi} = 1$ ，而 $\sin 3x$ ，

$\sin 5x \cdots$ 依序稱為其三次、五次諧波$\cdots$。若求其部分和可得

$$S_1 = \frac{4A}{\pi} \sin x$$

$$S_2 = \frac{4A}{\pi} \left(\sin x + \frac{1}{3} \sin 3x \right)$$

$$S_3 = \frac{4A}{\pi} \left(\sin x + \frac{1}{3} \sin 3x + \frac{1}{5} \sin 5x \right)$$

其圖形表示為

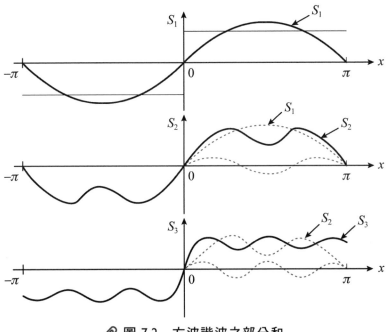

📎 圖 7.2　方波諧波之部分和

由圖 7.2 可得若部分和包含較多諧波成分，則合成函數愈接近原來函數。
而其不連續點 $(-\pi, 0, \pi \cdots)$ 的值恰為已知函數值 k 與 $-k$ 之算術平均值。

例 2

試求如圖 7.3 週期為 2π 函數之傅立葉展開式

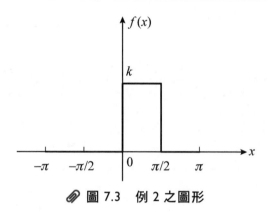

◍ 圖 7.3　例 2 之圖形

解　觀察圖 7.3 及由式(7.4.a.b.c)可得

$$a_0 = \frac{1}{2\pi}\int_{-\pi}^{\pi} f(x)dx = \frac{1}{2\pi}\int_{0}^{\frac{\pi}{2}} kdx = \frac{k}{4}$$

$$a_n = \frac{1}{\pi}\int_{-\pi}^{\pi} f(x)\cos nx\, dx$$

$$= \frac{1}{\pi}\int_{0}^{\frac{\pi}{2}} k\cos nx\, dx = \frac{k}{n\pi}\sin nx\Big|_{0}^{\frac{\pi}{2}}$$

$$= \frac{k}{n\pi}\sin\frac{n\pi}{2}$$

$$b_n = \frac{1}{\pi}\int_{-\pi}^{\pi} f(x)\sin nx\, dx$$

$$= \frac{1}{\pi}\int_{0}^{\frac{\pi}{2}} k\sin nx\, dx = \frac{k}{n\pi}(-\cos nx)\Big|_{0}^{\frac{\pi}{2}}$$

$$= \frac{k}{n\pi}\left(1 - \cos\frac{n\pi}{2}\right)$$

故其傅立葉級數展開式為

$$f(x) = a_0 + \sum_{n=1}^{\infty} (a_n \cos nx + b_n \sin nx)$$

$$= \frac{k}{4} + \sum_{n=1}^{\infty} \left[\frac{k}{n\pi} \sin \left(\frac{n\pi}{2} \right) \cos nx + \frac{k}{n\pi} \left(1 - \cos \frac{n\pi}{2} \right) \sin nx \right]$$

$$= \frac{k}{4} + \frac{k}{\pi} \sum_{n=1}^{\infty} \left[\frac{1}{n} \sin \left(\frac{n\pi}{2} \right) \cos nx + \frac{1}{n} \left(1 - \cos \frac{n\pi}{2} \right) \sin nx \right]$$

$$= \frac{k}{4} + \frac{k}{\pi} \left[\cos x + \sin x + \sin 2x - \frac{1}{3} \cos 3x + \frac{1}{3} \sin 3x \cdots \right]$$

定理 7.2

收斂性

一傅立葉級數是否收斂則必須判斷其是否滿足狄瑞西雷條件(Dirichlet's condition)，即

1. $f(x)$ 為週期函數。

2. 在週期間隔中 $f(x)$ 之不連續點為有限個。

3. 在週期間隔中 $f(x)$ 之極大極小點為有限個。

4. $\int_{-\frac{T}{2}}^{\frac{T}{2}} |f(x)| dx$ 存在。

一般而言，在物理上可實現的週期號源都能滿足狄瑞西雷條件。

習題 7-1

求下列週期為 $T = 2\pi$ 之週期函數傅立葉展開式

1.

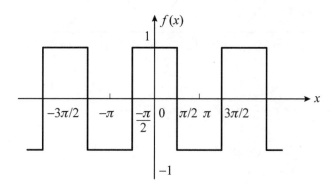

Ans： $\dfrac{4}{\pi}\left[\cos x - \dfrac{1}{3}\cos 3x + \dfrac{1}{5}\cos 5x - \dfrac{1}{7}\cos 7x + - + - \cdots\right]$

2. $f(x) = |x|$ ， $-\pi < x < \pi$ ， $T = 2\pi$

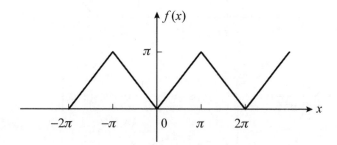

Ans： $\dfrac{\pi}{2} - \dfrac{4}{\pi}\left[\cos x + \dfrac{1}{9}\cos 3x + \dfrac{1}{25}\cos 5x + \cdots\right]$

3. $f(x)=\begin{cases} \pi+x & , \quad -\pi<x<0 \\ \pi-x & , \quad 0<x<\pi \end{cases}$

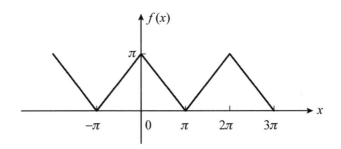

Ans : $\dfrac{\pi}{2}+\dfrac{4}{\pi}\left[\cos x+\dfrac{1}{9}\cos 3x+\dfrac{1}{25}\cos 5x+\cdots\right]$

4. $f(x)=\begin{cases} 0 & , \quad -\pi<x<0 \\ x & , \quad 0<x<\pi \end{cases}$

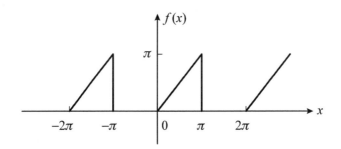

Ans : $\dfrac{\pi}{4}+\sum_{n=1}^{\infty}\left[\dfrac{1}{n^2\pi}(\cos n\pi-1)\cos nx+\dfrac{-1}{n}\cos n\pi\sin nx\right]$

$=\dfrac{\pi}{4}-\dfrac{2}{\pi}\left[\cos x+\dfrac{1}{9}\cos 3x+\dfrac{1}{25}\cos 5x+\cdots\right]$

$+\left[\sin x-\dfrac{1}{2}\sin 2x+\dfrac{1}{3}\sin 3x-\dfrac{1}{4}\sin 4x+-+\cdots\right]$

7-2　◀　任意週期的週期函數

在上節所討論的函數皆以週期為 2π 的函數為主，但實際的應用上週期函數可能具有任意週期 T，故上節之結論必須加以適當修正。

若令 $t = \dfrac{T}{2\pi}x$，$x = \dfrac{2\pi}{T}t$，$dx = \dfrac{2\pi}{T}dt$，將(7.3)(7.4)作變數轉換，代入 $x = \dfrac{2\pi}{T}t$ 則 $f(x)$ 之傅立葉級數可寫成

$$f(t) = a_0 + \sum_{n=1}^{\infty}\left(a_n \cos\frac{2n\pi}{T}t + b_n \sin\frac{2n\pi}{T}t \right)$$

$$= a_0 + \sum_{n=1}^{\infty}(a_n \cos n\omega_0 t + b_n \sin n\omega_0 t) \tag{7.5}$$

式中 $\omega_0 = \dfrac{2\pi}{T}$ 稱為基頻，而其相對傅立葉係數為

$$a_0 = \frac{1}{T}\int_{-\frac{T}{2}}^{\frac{T}{2}} f(t)dt \tag{7.6.a}$$

$$a_n = \frac{2}{T}\int_{-\frac{T}{2}}^{\frac{T}{2}} f(t)\cos\frac{2n\pi}{T}dt$$

$$= \frac{2}{T}\int_{-\frac{T}{2}}^{\frac{T}{2}} f(t)\cos n\omega_0 t dt，n = 1,2,3\cdots \tag{7.6.b}$$

$$b_n = \frac{2}{T}\int_{-\frac{T}{2}}^{\frac{T}{2}} f(t)\sin\frac{2n\pi}{T}dt$$

$$= \frac{2}{T}\int_{-\frac{T}{2}}^{\frac{T}{2}} f(t)\sin n\omega_0 t dt，n = 1,2,3\cdots \tag{7.6.c}$$

另外在實用上(7.5),(7.6)式的積分上下限不見得一定要由 $-\dfrac{T}{2}$ 到 $\dfrac{T}{2}$，亦可由長度為週期 T 的任意區間來代替，例如由 t_0 到 $t_0 + T$ 亦可。

例 3

試求週期函數如圖 7.4 傅立葉級數展開式 $(T=4)$

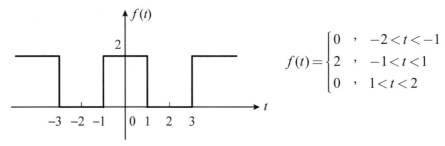

$$f(t)=\begin{cases} 0 & , \quad -2<t<-1 \\ 2 & , \quad -1<t<1 \\ 0 & , \quad 1<t<2 \end{cases}$$

圖 7.4　例 3 之週期方波

解 由圖 7.4 得其週期 $T=4$，基頻 $\omega_0=\dfrac{2\pi}{T}=\dfrac{\pi}{2}$，而其傅立葉係數分別為

$$a_0=\frac{1}{4}\int_{-2}^{2}f(t)dt=\frac{1}{4}\int_{-1}^{1}2dt$$

$$=\frac{1}{2}t\Big|_{-1}^{1}=1 \qquad （亦可由圖形直接看出）$$

$$a_n=\frac{1}{2}\int_{-2}^{2}f(t)\cos n\frac{\pi}{2}t\,dt$$

$$=\frac{1}{2}\int_{-1}^{1}2\cos\frac{n\pi}{2}t\,dt$$

$$=\frac{2}{n\pi}\sin\frac{n\pi}{2}t\Big|_{-1}^{1}=\frac{4}{n\pi}\sin\frac{n\pi}{2}$$

$$=\begin{cases} 0 & , \quad n=偶數 \\ \dfrac{4}{n\pi} & , \quad n=1,5,9 \\ \dfrac{-4}{n\pi} & , \quad n=3,7,11\cdots \end{cases}$$

$$b_n = \frac{1}{2} \int_{-2}^{2} f(t) \sin n\frac{\pi}{2} t \, dt$$

$$= \int_{-1}^{1} \sin \frac{n\pi}{2} t \, dt = \frac{-2}{n\pi} \cos \frac{n\pi}{2} t \bigg|_{-1}^{1}$$

$$= 0$$

故其傅立葉級數展開為

$$f(t) = a_0 + \sum_{n=1}^{\infty} a_n \cos n\omega_0 t$$

$$= 1 + \frac{4}{\pi} \left(\cos \omega_0 t - \frac{1}{3} \cos 3\omega_0 t + \frac{1}{5} \cos 5\omega_0 t \cdots \right)$$

$$= 1 + \frac{4}{\pi} \left(\cos \frac{\pi}{2} t - \frac{1}{3} \cos \frac{3\pi}{2} t + \frac{1}{5} \cos \frac{5\pi}{2} t - + - + \cdots \right)$$

與例 1 比較可得一重要結論：方波是由各奇次諧波所組成。

例 4

求下列週期函數之傅立葉級數展開

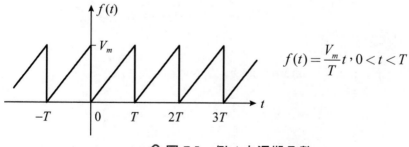

$$f(t) = \frac{V_m}{T} t \,,\, 0 < t < T$$

🔖 圖 7.5 例 4 之週期函數

解 設 $\omega_0 = \dfrac{2\pi}{T}$，為方便積分起見選擇由零開始積分，則

$$a_0 = \frac{1}{T}\int_0^T \left(\frac{V_m}{T}\right)t\,dt = \frac{V_m}{2T^2}t^2\Big|_0^T = \frac{1}{2}V_m$$

$$a_n = \frac{2}{T}\int_0^T \left(\frac{V_m}{T}t\right)\cos n\omega_0 t\,dt$$

$$= \frac{2V_m}{T^2}\int_0^T t\cos n\omega_0 t\,dt$$

利用積分公式（請參閱附錄）

$$\int x\cos x\,dx = \cos x + x\sin x$$

及令變數轉換 $n\omega_0 t = x$，$t = \dfrac{x}{n\omega_0}$，$dt = \dfrac{dx}{n\omega_0}$，可得

$$a_n = \frac{2V_m}{T^2}\left[\frac{1}{n^2\omega_0^2}\cos n\omega_0 t + \frac{t}{n\omega_0}\sin n\omega_0 t\right]\Bigg|_0^T$$

$$= \frac{2V_m}{T^2}\left[\frac{1}{n^2\omega_0^2}(\cos 2n\pi - 1)\right] \qquad (\because \ \omega_0 T = 2\pi)$$

$$= 0 \qquad \text{，對所有 } n$$

$$b_n = \frac{2}{T}\int_0^T \left(\frac{V_m}{T}t\right)\sin n\omega_0 t\,dt$$

同理利用積分公式

$$\int x\sin x\,dx = \sin x - x\cos x$$

可得

$$b_n = \frac{2V_m}{T^2} \left[\frac{1}{n^2 \omega_0^2} \sin n\omega_0 t - \frac{t}{n\omega_0} \cos n\omega_0 t \right]\Bigg|_0^T$$

$$= \frac{2V_m}{T^2} \left[0 - \frac{T}{n\omega_0} \cos 2n\pi \right] = \frac{2V_m}{T^2} \cdot \frac{-T}{n\frac{2\pi}{T}}$$

$$= \frac{-V_m}{n\pi}$$

故

$$f(t) = \frac{V_m}{2} - \frac{V_m}{\pi} \sum_{n=1}^{\infty} \frac{1}{n} \sin n\omega_0 t$$

$$= \frac{V_m}{2} - \frac{V_m}{\pi} \sin \omega_0 t - \frac{V_m}{2\pi} \sin 2\omega_0 t - \frac{V_m}{3\pi} \sin 3\omega_0 t - \cdots$$

習題 7-2

求下列任意週期函數之傅立葉級數展開

1. $f(x) = \cos x$ ， $-\dfrac{\pi}{2} < x < \dfrac{\pi}{2}$ ， $T = \pi$

Ans：

$$f(x) = \frac{2}{\pi} + \frac{4}{\pi}\left(\frac{1}{3}\cos 2x - \frac{1}{15}\cos 4x + \frac{1}{35}\cos 6x - + \cdots\right)$$
$$= \frac{2}{\pi} + \sum_{n=1}^{\infty} \frac{4(-1)^{n+1}}{\pi(2n+1)(2n-1)}\cos 2nx$$

2. 求下圖之傅立葉級數展開

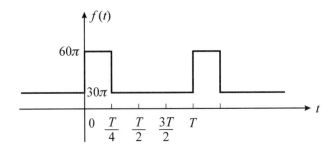

Ans： $\dfrac{150\pi}{4} + \displaystyle\sum_{n=1}^{\infty}\left[\dfrac{30}{n}\sin\dfrac{n\pi}{2}\sin\dfrac{2n\pi}{T}t + \dfrac{30}{n}\left(1 - \cos\dfrac{n\pi}{2}\right)\cos\dfrac{2n\pi}{T}t\right]$

3. $f(x) = \sin x$ ， $-\dfrac{\pi}{2} \le x \le \dfrac{\pi}{2}$ ， $T = \pi$

Ans： $\dfrac{2}{\pi} + \displaystyle\sum_{n=1}^{\infty}\left\{\dfrac{\sin\left[\left(\dfrac{1}{2} - n\right)\pi\right]}{1 - 2n} - \dfrac{\sin\left[\left(\dfrac{1}{2} + n\right)\pi\right]}{1 + 2n}\right\}\sin 2nx$

4. $f(x)=\dfrac{x^2}{4}$，$-\pi<x<\pi$，$T=2\pi$

(a) 求傅立葉級數展開

(b) 證明 $1+\dfrac{1}{4}+\dfrac{1}{9}+\dfrac{1}{16}+\dfrac{1}{25}+\cdots=\dfrac{\pi^2}{6}$

(c) 證明 $1-\dfrac{1}{4}+\dfrac{1}{9}-\dfrac{1}{16}+\dfrac{1}{25}+\cdots=\dfrac{\pi^2}{12}$

Ans：$f(x)=\dfrac{\pi^2}{12}-\cos x+\dfrac{1}{4}\cos 2x-\dfrac{1}{9}\cos 3x+\dfrac{1}{16}\cos 4x-+\cdots$

5. $f(t)=t$，$-1<t<1$，$T=2$

Ans：$f(t)=\displaystyle\sum_{n=1}^{\infty}\dfrac{2(-1)^{n+1}}{n\pi}\sin n\pi t$

$\qquad =\dfrac{2}{\pi}\left[\sin \pi t-\dfrac{1}{2}\sin 2\pi t+\dfrac{1}{3}\sin 3\pi t-+\cdots\right]$

6. $f(x)=\left|\sin x\right|$，$-\pi<x<\pi$

Ans：

$$f(x)=\dfrac{2}{\pi}-\dfrac{2}{\pi}\sum_{n=1}^{\infty}\dfrac{1+\cos n\pi}{n^2-1}\cos nx$$

$$=\dfrac{2}{\pi}-\dfrac{4}{\pi}\left(\dfrac{1}{3}\cos 2x+\dfrac{1}{15}\cos 4x+\dfrac{1}{35}\cos 6x+\cdots\right)$$

7-3 ◀ 對稱在求傅立葉係數上的應用

在一般情形下，求傅立葉係數為一單調繁複的工作，若能瞭解函數形式而簡化其係數求法，實是一件大有助益的事。觀察函數對稱性恰能滿足此項需求，試說明如下。

定理 7.3

偶函數對稱

若函數滿足

$$f(t) = f(-t)$$

則此函數稱為偶函數，如 $\cos t$，t^2，$1+t^4$ 等。而若一週期函數為偶函數則其傅立葉係數求法可簡化成

$$a_0 = \frac{2}{T} \int_0^{\frac{T}{2}} f(t)dt \tag{7.7.a}$$

$$a_n = \frac{4}{T} \int_0^{\frac{T}{2}} f(t)\cos n\omega_0 t\, dt \tag{7.7.b}$$

$$b_n = 0 \text{ 對所有的 } n \tag{7.7.c}$$

證明

$$a_0 = \frac{1}{T} \int_{-\frac{T}{2}}^{\frac{T}{2}} f(t)dt$$

$$= \frac{1}{T} \int_{-\frac{T}{2}}^{0} f(t)dt + \frac{1}{T} \int_0^{\frac{T}{2}} f(t)dt$$

$$= \frac{2}{T} \int_0^{\frac{T}{2}} f(t)dt$$

上式中利用了變數換變，（令 $t = -x$，$dt = -dx$）而可得

$$\int_{-\frac{T}{2}}^{0} f(t)dt = \int_{\frac{T}{2}}^{0} f(x)(-dx) = \int_{0}^{\frac{T}{2}} f(x)dx = \int_{0}^{\frac{T}{2}} f(t)dt$$

而

$$a_n = \frac{2}{T}\int_{-\frac{T}{2}}^{0} f(t)\cos n\omega_0 t dt + \frac{2}{T}\int_{0}^{\frac{T}{2}} f(t)\cos n\omega_0 t dt$$

$$= \frac{4}{T}\int_{0}^{\frac{T}{2}} f(t)\cos n\omega_0 t dt$$

同理式中利用了變數轉換，$t=-x$，$dt=-dx$，及

$$\int_{-\frac{T}{2}}^{0} f(t)\cos n\omega_0 t dt = \int_{\frac{T}{2}}^{0} f(x)\cos(-n\omega_0 x)(-dx)$$

$$= \int_{0}^{\frac{T}{2}} f(x)\cos n\omega_0 x dx$$

再因

$$\int_{-\frac{T}{2}}^{0} f(t)\sin n\omega_0 t dt = \int_{\frac{T}{2}}^{0} f(x)\sin(-n\omega_0 x)(-dx)$$

$$= -\int_{0}^{\frac{T}{2}} f(x)\sin n\omega_0 x dx$$

故

$$b_n = \frac{2}{T}\int_{-\frac{T}{2}}^{\frac{T}{2}} f(t)\sin n\omega_0 t dt$$

$$= \frac{2}{T}\int_{-\frac{T}{2}}^{0} f(t)\sin n\omega_0 t dt + \frac{2}{T}\int_{0}^{\frac{T}{2}} f(t)\sin n\omega_0 t dt$$

$$= \frac{-2}{T}\int_{0}^{\frac{T}{2}} f(t)\sin n\omega_0 t dt + \frac{2}{T}\int_{0}^{\frac{T}{2}} f(t)\sin n\omega_0 t dt$$

$$= 0$$

故得證。

上述之結果亦可簡單討論如下：因 a_0, a_n 可視其為偶函數成分（在 $\cos n\omega_0 t$ 前之係數，而 $\cos n\omega_0 t$ 為偶函數），而 b_n 則為奇函數成分。故若已知一週期函數為偶函數時，其係數 b_n 必為零。

 定理 7.4

奇函數對稱

若一函數可寫成

$$f(t) = -f(-t)$$

則此函數定義為奇函數，如 $\sin \omega t$，t，t^3 等。若一週期函數為奇函數，則其係數求法可簡化成

$$a_0 = 0 \tag{7.8.a}$$

$$a_n = 0 \text{，對所有 } n \tag{7.8.b}$$

$$b_n = \frac{4}{T} \int_0^{\frac{T}{2}} f(t) \sin n\omega_0 t \, dt \tag{7.8.c}$$

其證明方法同前，但亦可由前述結論很快得到一奇函數內不可能有偶函數成分，故 $a_0 = a_n = 0$。

 定理 7.5

半波對稱

若週期函數滿足以下限制

$$f(t) = -f\left(t - \frac{T}{2}\right)$$

則稱其為半波對稱函數，其傅立葉係數可簡化成

$$a_0 = 0$$

$$a_n = 0 \qquad\qquad\qquad ， n \text{ 為偶數}$$

$$a_n = \frac{4}{T}\int_0^{\frac{T}{2}} f(t)\cos n\omega_0 t\, dt \quad ， n \text{ 為奇數時} \qquad (7.9.\text{a})$$

$$b_n = 0 \qquad\qquad\qquad ， n \text{ 為偶數}$$

$$b_n = \frac{4}{T}\int_0^{\frac{T}{2}} f(t)\sin n\omega_0 t\, dt \quad ， n \text{ 為奇數時} \qquad (7.9.\text{b})$$

即若一函數為半波對稱，則其偶次諧波前之係數必為零。而僅由奇次諧波所組成，例如本章例 1、例 3。

 證明

因半波對稱之平均值為零，故 $a_0 = 0$

$$a_n = \frac{2}{T}\int_{-\frac{T}{2}}^{\frac{T}{2}} f(t)\cos n\omega_0 t\, dt$$

$$= \frac{2}{T}\int_{-\frac{T}{2}}^{0} f(t)\cos n\omega_0 t\, dt + \frac{2}{T}\int_0^{\frac{T}{2}} f(t)\cos n\omega_0 t\, dt$$

若令 $t = x - \dfrac{T}{2}$ 作變數轉換，可得

$$\int_{-\frac{T}{2}}^{0} f(t)\cos n\omega_0 t\, dt = \int_0^{\frac{T}{2}} f\left(x - \frac{T}{2}\right)\cos n\omega_0\left(x - \frac{T}{2}\right) dx$$

$$= \int_0^{\frac{T}{2}} -f(x)\cos n\pi \cos n\omega_0 x\, dx$$

上式利用了 $f\left(x - \dfrac{T}{2}\right) = -f(x)$

及 $\cos n\omega_0\left(x - \dfrac{T}{2}\right) = \cos n\pi \cos n\omega_0 x$ ，整理可得

$$a_n = \frac{2}{T}(1 - \cos n\pi)\int_0^{\frac{T}{2}} f(t)\cos n\omega_0 t\, dt$$

$$= \begin{cases} 0 & , \quad n\text{為偶數時} \\ \dfrac{4}{T}\displaystyle\int_0^{\frac{T}{2}} f(t)\cos n\omega_0 t\,dt & , \quad n\text{為奇數時} \end{cases}$$

同理可得 b_n。

例 5

求下圖之傅立葉級數展開式

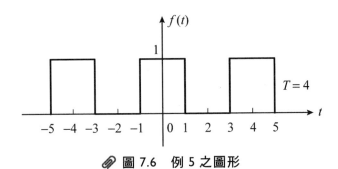

📎 **圖 7.6　例 5 之圖形**

解 觀察圖形因 $f(t)=f(-t)$ 為偶函數，故 $b_n=0$，而因 $T=4$，故 $\omega_0=\dfrac{2\pi}{T}=\dfrac{\pi}{2}$，故可得

$$a_0=\frac{1}{4}\times 2\times 1=\frac{1}{2}$$

$$a_n=\frac{4}{T}\int_0^{\frac{T}{2}} f(t)\cos n\omega_0 t\,dt$$

$$=\frac{4}{4}\int_0^1 1\cdot\cos\frac{n\pi}{2}t\,dt$$

$$=\frac{2}{n\pi}\sin\frac{n\pi}{2}t\Big|_0^1=\frac{2}{n\pi}\sin\frac{n\pi}{2}$$

$$= \begin{cases} 0 & , \quad n\text{為偶數時} \\ \dfrac{2}{n\pi} & , \quad n = 1,5,9,\cdots \\ \dfrac{-2}{n\pi} & , \quad n = 3,7,11,\cdots \end{cases}$$

故其傅立葉展開式為

$$f(t) = \frac{1}{2} + \frac{2}{\pi}\left[\cos\frac{\pi}{2}t - \frac{1}{3}\cos\frac{3\pi}{2}t + \frac{1}{5}\cos\frac{\pi}{5}t - \frac{1}{7}\cos\frac{\pi}{7}t + \cdots\right]$$

在實際應用上若一函數寫成兩函數 f_1, f_2 之和，則其傅立葉係數亦相等於兩函數傅立葉係數之和。

例 6

求下圖之傅立葉級數

$$f(t) = \begin{cases} t & , \quad -\dfrac{\pi}{8} < t < \dfrac{\pi}{8} \\ \dfrac{\pi}{4} - t & , \quad \dfrac{\pi}{8} < t < \dfrac{3}{8}\pi \end{cases} \ ; \ T = \frac{\pi}{2}$$

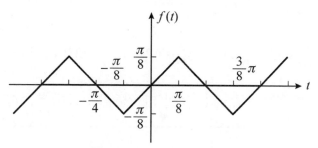

📎 圖 7.7　例 6 之週期函數

解 因其為奇函數對稱,故 $a_0 = a_n = 0$,而其基頻為

$$\omega_0 = \frac{2\pi}{T} = \frac{2\pi}{\dfrac{\pi}{2}} = 4$$

由式(7.9)可得

$$b_n = \frac{4}{T}\int_0^{\frac{T}{2}} f(t)\sin n\omega_0 t\, dt$$

$$= \frac{4}{\dfrac{\pi}{2}}\left[\int_0^{\frac{\pi}{8}} t\sin 4nt\, dt + \int_{\frac{\pi}{8}}^{\frac{\pi}{4}}\left(\frac{\pi}{4}-t\right)\sin 4nt\, dt\right]$$

$$= \frac{8}{\pi}\left\{\frac{1}{8n^2}\left[\sin\frac{n\pi}{2}-\frac{n\pi}{2}\cos\frac{n\pi}{2}\right]+\frac{\pi\cos n\pi}{16n}-\frac{\pi\cos n\pi}{16n}+\frac{\pi}{16n}\cos\frac{n\pi}{2}\right\}$$

$$= \frac{1}{n^2\pi}\sin\frac{n\pi}{2}$$

$$= \begin{cases} 0 & ,\ n\text{為偶數時} \\[2mm] \dfrac{1}{n^2\pi} & ,\ n=1,5,9,13,\cdots \\[2mm] \dfrac{-1}{n^2\pi} & ,\ n=3,7,11,\cdots \end{cases}$$

$$\therefore f(t) = \sum_{n=1}^{\infty} b_n\sin\frac{2n\pi}{T}t = \sum_{n=1}^{\infty} b_n\sin 4nt$$

$$= \frac{1}{\pi}\left(\sin 4t - \frac{1}{9}\sin 12t + \frac{1}{25}\sin 20t - \frac{1}{49}\sin 28t + \cdots\right)$$

因此例亦為半波對稱,讀者亦可自行驗證上式中僅含奇次諧波成分。

例 7

求下圖之傅立葉級數展開

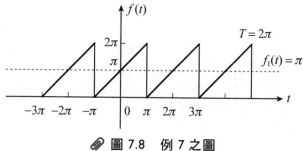

圖 7.8 例 7 之圖

解 圖 7.8 可寫成一直流 $f_1(t)=\pi$ 與一奇函數 $f_2(t)=t$ ， $T=2\pi$ 之和，因 $f_2(t)$ 為奇函數故對 $f_2(t)$ 的傅立葉係數而言 $a_0=a_n=0$ ，及 $\omega_0=\dfrac{2\pi}{T}=1$ ，故可得 $f_2(t)$ 的 b_n 如下式

$$b_n=\frac{4}{2\pi}\int_0^\pi t\cdot\sin nt\,dt$$

$$=\frac{2}{\pi}\left[\frac{-t\cos nt}{n}\Big|_0^\pi+\frac{1}{n}\int_0^\pi\cos nt\,dt\right]$$

$$=\frac{2}{\pi}\left[\frac{-\pi\cos n\pi}{n}+\frac{1}{n^2}\sin nt\Big|_0^\pi\right]$$

$$=-\frac{2}{n}\cos n\pi$$

故其傅立葉展開式即為 $f_2(t)$ 之展開式再加一直流值 π

$$f(t)=f_1(t)+f_2(t)$$

$$=\pi+2\left(\sin x-\frac{1}{2}\sin 2x+\frac{1}{3}\sin 3x-+\cdots\right)$$

例 8

求圖 7.9 週期函數之傅立葉之級數展開

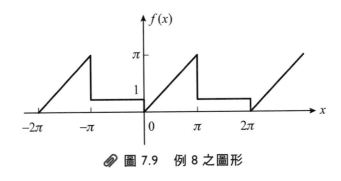

📎 圖 7.9　例 8 之圖形

解 原函數可分解成下列兩圖形之和

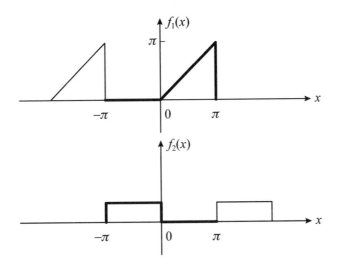

其中對 $f_1(x)$ 而言，其傅立葉級數展開式為

$$f_1(x) = \frac{\pi}{4} - \frac{2}{\pi}\sum_{n=1}^{\infty}\frac{\cos(2n-1)x}{(2n-1)^2} - \sum_{n=1}^{\infty}(-1)^n\frac{\sin nx}{n}$$

而 $f_2(x)$ 可由例 1 令 $k=\dfrac{1}{2}$，及加上一直流值 $\dfrac{1}{2}$，並把例 1 之圖形乘上

負值可得

$$f_2(x)=\frac{1}{2}-\frac{2}{\pi}\sum_{n=1}^{\infty}\frac{\sin(2n-1)x}{2n-1}$$

故

$$f(x)=f_1(x)+f_2(x)$$

$$=\frac{\pi}{4}-\frac{2}{\pi}\sum_{n=1}^{\infty}\frac{\cos(2n-1)x}{(2n-1)^2}-\sum_{n=1}^{\infty}(-1)^n\frac{\sin nx}{n}$$

$$+\frac{1}{2}-\frac{2}{\pi}\sum_{n=1}^{\infty}\frac{\cos(2n-1)x}{2n-1}$$

7-4 ◀ 半幅展開式

　　在實際物理與工程應用中，有時只需對在某區間 $0 \leq x \leq L$ 內有定義的函數 $f(x)$ 作傅立葉級數展開即可。例如偏微分方程中在某一區間內機械運動或材料之熱傳導之分析時就需用到上述之半幅展開式(half-range expansion forms)，一般而言，在 $0 \leq x \leq L$ 有定義的函數 $f(x)$ 可有偶函數延伸及奇函數延伸，如圖 7.10 所示。

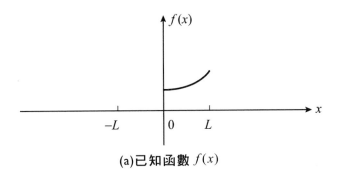

(a)已知函數 $f(x)$

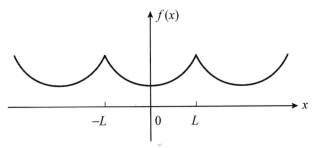

(b)偶函數延伸 $T = 2L$

📎 圖 7.10　餘弦半幅展開及正弦半幅展開

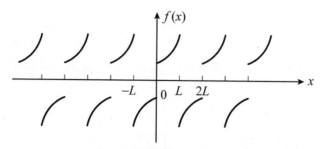

(c)奇函數延伸 $T = 2L$

📎 圖 7.10　餘弦半幅展開及正弦半幅展開（續）

圖 7.10(b)稱為餘弦半幅展開式，可寫成

$$f(x) = a_0 + \sum_{n=1}^{\infty} a_n \cos\frac{n\pi}{L}x$$

$$\omega_0 = \frac{2\pi}{T} = \frac{2\pi}{2L} = \frac{\pi}{L}$$

其中

$$a_0 = \frac{1}{L}\int_0^L f(x)dx$$

$$a_n = \frac{2}{L}\int_0^L f(x)\cos\frac{n\pi}{L}xdx , \quad n = 1,2,\cdots \tag{7.10}$$

而圖 7.10(c)稱為正弦半幅展開式，可寫成

$$f(x) = \sum_{n=1}^{\infty} b_n \sin\frac{n\pi}{L}x$$

其中

$$b_n = \frac{2}{L}\int_0^L f(x)\sin\frac{n\pi x}{L}dx , n = 1,2,\cdots \tag{7.11}$$

例 9

若 $f(t)=t$，$0<t<\pi$，求其(a)正弦級半幅展開式，(b)餘弦半幅展開式。

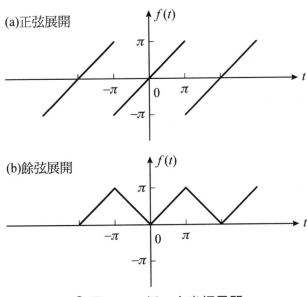

(a)正弦展開

(b)餘弦展開

📎 圖 7.11　例 9 之半幅展開

解 (a) 正弦半幅展開如圖 7.11(a)，由前節例 7 可得

$$f(t)=2\left(\sin t-\frac{1}{2}\sin 2t+\frac{1}{3}\sin 3t-+\cdots\right)$$

(b) 餘弦半幅展開式如圖 7.11(b)，可得

$$T=2\pi，L=\pi，\omega_0=1$$

$$a_0=\frac{1}{2\pi}\times 2\pi\times\pi\times\frac{1}{2}=\frac{\pi}{2}$$

$$a_n = \frac{2}{\pi} \int_0^\pi t \cos nt \, dt$$

$$= \frac{2}{n^2\pi} \left[\cos nt + nt \sin nt \right] \Big|_0^\pi = \frac{2}{n^2\pi} \left[\cos n\pi - 1 \right]$$

$$= \begin{cases} 0 & , \quad n = 偶數 \\ -\dfrac{4}{n^2\pi} & , \quad n = 奇數 \end{cases}$$

$$\therefore \quad f(t) = \frac{\pi}{2} - \frac{4}{\pi} \left[\cos t + \frac{1}{9} \cos 3t + \frac{1}{24} \cos 3t + \cdots \right]$$

比較(a)(b)兩組答案，可看出(b)的係數收斂比(a)快，實用上若欲取函數近似值，則以(b)為佳，但在實際的工程應用上，仍依其需要來選擇展開方式。

習題 7-4

求下列函數之正弦半幅展開式

1. $f(t)=t$ ， $0<t<\pi$

Ans：

$$f(t)=2\sum_{n=1}^{\infty}\frac{(-1)^{n+1}}{n}\sin nt$$

$$=2\left(\sin t-\frac{1}{2}\sin 2t+\frac{1}{3}\sin 3t+\cdots\right)$$

2. $f(t)=t$ ， $0\leq t<1$

Ans：

$$f(t)=\sum_{n=1}^{\infty}\frac{2}{n\pi}(-1)^{n+1}\sin n\pi t$$

$$=\frac{2}{\pi}\left[\sin \pi t-\frac{1}{2}\sin 2\pi t+\frac{1}{3}\sin 3\pi t-+\cdots\right]$$

3. $f(t)=1$ ， $0<t<L$

Ans：

$$f(t)=\frac{4}{\pi}\left[\sin\frac{\pi}{L}t+\frac{1}{3}\sin\frac{3\pi}{L}t+\frac{1}{5}\sin\frac{5\pi}{L}t+\cdots\right]$$

4. $f(t)=t-t^2$ ， $0<t<1$

Ans：

$$f(t)=\sum_{n=1}^{\infty}\frac{4(1-\cos n\pi)}{n^3\pi^3}\sin n\pi t$$

$$=\frac{8}{\pi^3}\left(\sin \pi t+\frac{1}{27}\sin 3\pi t+\frac{1}{125}\sin 5\pi t+\cdots\right)$$

求下列函數之餘弦展開式

5. $f(t)=1$，$0<t<L$

　　Ans：$f(t)=1$

6. $f(t)=t$，$0<t<L$

　　Ans：

$$f(t)=\frac{L}{2}-\frac{4L}{\pi^2}\left[\cos\frac{\pi}{L}t+\frac{1}{9}\cos\frac{3\pi}{L}t+\cdots\right]$$

7. $f(t)=t^2$，$0<t<L$

　　Ans：

$$f(t)=\frac{L^2}{3}+\sum_{n=1}^{\infty}(-1)^n\frac{4L^2}{n^2\pi^2}\cos n\frac{\pi}{L}t$$

$$=\frac{L^2}{3}-\frac{4L^2}{\pi^2}\left(\cos\frac{\pi}{L}t-\frac{1}{4}\cos\frac{2\pi}{L}t+\frac{1}{9}\cos\frac{3\pi}{L}t-+\cdots\right)$$

8. $f(t)=t-t^2$，$0<t<1$

　　Ans：

$$f(t)=\frac{1}{6}+\sum_{n=1}^{\infty}\frac{-2(1+\cos n\pi)}{n^2\pi^2}\cos n\frac{\pi}{L}t$$

$$=\frac{1}{6}-\frac{4}{\pi^2}\left(\frac{\cos 2\pi t}{4}+\frac{\cos 4\pi t}{16}+\frac{\cos 6\pi t}{36}+\cdots\right)$$

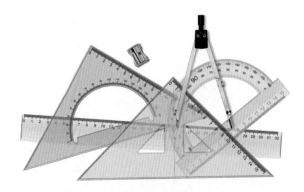

Chapter

08 偏微分方程

8-1 ◀ 基本觀念及常見之偏微分方程

定義 8.1

偏微分方程式：

　　若一微分方程中包含二個或更多自變數的偏導數時，則稱其為偏微分程式(partial differential equation)。而偏導數的最高階為方程式的階(order)。而若微分方程之因變數及其偏導數均為一次時，則稱其為線性。若此方程式各項內均含有因變數及其偏導數時，則稱此方程式為齊次，反之則為非齊次。一些常見的重要二階偏微分方程分列如下

(1) $\dfrac{\partial^2 u}{\partial t^2} = a^2 \dfrac{\partial^2}{\partial x^2}$　　　　　　　　　　一維波動方程式

(2) $\dfrac{\partial u}{\partial t} = a^2 \dfrac{\partial^2 u}{\partial x^2}$　　　　　　　　　　一維熱傳方程式

(3) $\dfrac{\partial^2 u}{\partial x^2} + \dfrac{\partial^2 u}{\partial y^2} = 0$　　　　　　　　　二維拉式方程式

(4) $\dfrac{\partial^2 u}{\partial x^2} + \dfrac{\partial^2 u}{\partial y^2} + \dfrac{\partial^2 u}{\partial z^2} = 0$　　　　　　三維拉式方程式

(5) $\dfrac{\partial^2 u}{\partial x^2} + \dfrac{\partial^2 u}{\partial y^2} = f(x,y)$　　　　　　二維波松方程式

　　通常一偏微分方程式有許多解，例如

　　　　$u = x^2 - y^2$，$u = (Mx+N)(Py+Q)$，$u = e^x \cos y$

皆是二維拉式方程式 $\dfrac{\partial^2 u}{\partial x^2} + \dfrac{\partial^2 u}{\partial y^2} = 0$ 的解，（讀者可自行微分代入即可證

實），因此必須利用已知的邊界條件或起始條件(initial condition)來獲得唯

一解。

定理 8.1

重疊定理

若 u_1 與 u_2 分別為線性齊次偏微分方程式在某一區段內的任意解，則

$$u = c_1 u_1 + c_2 u_2$$

亦為方程式的解，式中 c_1, c_2 為任意常數。

在本章中有時為了方便書寫起見可將偏微分寫成

$$\frac{\partial u(x,y)}{\partial x} = u_x \quad , \quad \frac{\partial u(x,y)}{\partial y} = u_y$$

$$\frac{\partial^2 u(x,y)}{\partial x^2} = u_{xx} \quad , \quad \frac{\partial^2 u(x,y)}{\partial y^2} = u_{yy}$$

及

$$\frac{\partial^2 u(x,y)}{\partial x \partial y} = u_{xy} \quad , \quad \frac{\partial^2 u(x,y)}{\partial y \partial x} = u_{yx}$$

對簡單的偏微分可利用直接積分或觀察法求解。

例 1

試解 $u_y = 2y^2$

解 原式可寫成

$$\frac{\partial u(x,y)}{\partial y} = 2y^2$$

分離變數，並直接對 y 積分可得

$$\int \partial u(x,y) = \int 2y^2 dy \Rightarrow u(x,y) = \frac{2}{3}y^3 + f(x)$$

式中 $f(x)$ 可視為對 y 積分所產生之常數項。

例 2

解 $u_{xx} = 0$

解 直接對 x 積分可得

$$u_x = \int 0 dx = f(y)$$

$$u = \int f(y)dx = xf(y) + g(y)$$

式中 $f(y)$，$g(y)$ 對 x 而言為一常數。

8-2 ◀ 分離變數法

　　分離變數法是最簡單的偏微分方程解法，其主要乃利用求一與已知（原）方程有關的新方程式，再把已知的偏微分方程轉換成普通的微分方程式來求解。通常來講我們會假設方程式的解為每一個自變數的乘積（故分離變數法又名**乘積法**），而把偏微分轉換成普通常微分。最後再代入其邊界條件與起始條件即可得解。

例 3

求 $\dfrac{\partial u}{\partial x} + \dfrac{\partial u}{\partial y} = 0$，即 $u_x + u_y = 0$ 的通解 $u(x, y)$

解 利用變數分離法，令 $u(x, y) = F(x)G(y)$ 並求導數得

$$u_x = \frac{\partial u}{\partial x} = F'(x)G(y)$$

$$u_y = \frac{\partial u}{\partial y} = F(x)G'(y)$$

代入原式可得

$$G(y)F'(x) + F(x)G'(y) = 0$$

上式可分離變數得

$$\frac{F'(x)}{F(x)} = -\frac{G'(y)}{G(y)}$$

觀察上式左邊為 x 之函數而右側卻為 y 之函數，故上式值必為一常數 k 即

$$\frac{F'(x)}{F(x)} = -\frac{G'(y)}{G(y)} = k \tag{8.1}$$

而可得兩線性常微分方程式

$$\frac{F'(x)}{F(x)} = k \quad 及 \quad -\frac{G'(y)}{G(y)} = k$$

分別解之可得

$$F(x) = C_1 e^{kx} \quad 及 \quad G(y) = C_2 e^{-ky}$$

而其通解為

$$u(x,y) = F(x)G(y) = Ce^{k(x-y)}$$

式中 $C = C_1 \cdot C_2$ 為另一常數。

例 4

求下列偏微分方程之通解 $u(x,y)$
$$u_x + u_y = 4(x+y)u$$

解 令 $u(x,y) = F(x)G(y)$，參照例 3 分別求出 u_x 及 u_y 並代入原式得

$$F'(x)G(y) + F(x)G'(y) = 4(x+y)F(x)G(y)$$

同除 $F(x)G(y)$，則

$$\frac{F'(x)}{F(x)} + \frac{G'(y)}{G(y)} = 4(x+y)$$

上式可分離變數得(8-1)形式

$$\frac{F'(x)}{F(x)} - 4x = 4y - \frac{G'(y)}{G(y)} = k$$

利用分離變數法可得

$$\frac{F'(x)}{F(x)} = 4x + k$$

解之可得

$$\ln F(x) = 2x^2 + kx + C$$

或

$$F(x) = C_1 e^{2x^2 + kx}$$

同理可得

$$G(y) = C_2 e^{2y^2 - ky}$$

故通解為

$$u(x,y) = F(x)G(y) = C^* e^{(2x^2 + 2y^2 + kx - ky)}$$

例 5

試解一維波動方程式（小提琴弦之振動方程式）

$$\frac{\partial^2 u}{\partial t^2} = a^2 \frac{\partial^2 u}{\partial x^2} \tag{8.2}$$

因弦在 $x = 0$，$x = L$ 為固定，故其邊界條件為

$$u(0,t) = 0 \ , \ u(L,t) = 0 \tag{8.3}$$

而琴弦之振動與初始偏移 $(t = 0)$ 時之偏移及初速度$(t = 0$時之速度)有關，故可得兩初始條件如下，其中 $w(x)$ 代表偏移，而 $v(x)$ 代表初速度

$$u(x,0) = w(x) \tag{8.4}$$

$$\left. \frac{\partial u}{\partial t} \right|_{t=0} = v(x) \tag{8.5}$$

解 因偏微分方程解法較為繁複,故可分成以下三個主要步驟求解。

(一)先求常微分方程式

利用分離變數令

$$u(x,t) = F(x)G(t)$$

對上式微分可得

$$\frac{\partial^2 u}{\partial t^2} = F\ddot{G} \quad 及 \quad \frac{\partial^2 u}{\partial x^2} = F''G$$

式中($\dot{}$)代表對 t 微分,而撇號($'$)代表對 x 微分,代入原式可得

$$F\ddot{G} = a^2 F''G$$

或分離變數得

$$\frac{\ddot{G}}{a^2 G} = \frac{F''}{F} = k \quad,\quad k \text{ 為任意常數}$$

故可得兩線性常微分方程

$$F'' - kF = 0 \tag{8.6}$$

及

$$\ddot{G} - a^2 kG = 0 \tag{8.7}$$

(二)解邊界條件

將邊界條件(8.3)式代入通解 $u(x,t)$ 得

$$u(0,t) = F(0)G(t) = 0 \quad 及 \quad u(L,t) = F(L)G(t) = 0$$

由上式可看出因 $G(t) \neq 0$,則可得

$$F(0) = 0 \quad 及 \quad F(L) = 0 \tag{8.8}$$

在式(8.6)中若 $k=0$，則 $F=mx+n$，代入(8.8)式得 $m=n=0$ 故不合。
若令 $k=\mu^2$ 為一正值，則(8.6)式的通解為

$$F(x)=Ae^{\mu x}+Be^{-\mu x}$$

代入(8.8)亦得 $A=B=0$，亦不合。故令 $k=-p^2$ 為一負值，而(8.6)式
可寫成

$$F''+p^2F=0$$

其通解為

$$F(x)=A\cos px+B\sin px$$

代入(8.8)式可得

$$F(0)=A=0 \quad 及 \quad F(L)=B\sin PL=0$$

因 $B\neq 0$ 故可得 $\sin pL=0$，即 pL 一定為 π 之整數倍，即

$$pL=n\pi \quad 或 \quad p=\frac{n\pi}{L}，n 為整數 \tag{8.9}$$

為方便計令常數 $B=1$ 可得無窮解（為一數列）為

$$F(x)=F_n(x)=\sin\frac{n\pi}{L}x，n=1,2,\cdots 整數 \tag{8.10}$$

對(8.7)而言，因 $k=-p^2=-\left(\frac{n\pi}{L}\right)^2$，若令 $\lambda_n=\frac{an\pi}{L}$ 則(8.7)式變成

$$\ddot{G}+\lambda_n^2 G=0，\lambda_n=\frac{an\pi}{L} \tag{8.11}$$

其通解為

$$G_n(t)=B_n\cos\lambda_n t+B_n^*\sin\lambda_n t，n=1,2,\cdots \tag{8.12}$$

故整個滿足邊界條件的偏微分解為

$$u_x(x,t) = F_n(x)G_n(t)$$

$$= (B_n \cos \lambda_n t + B_n^* \sin \lambda_n t) \sin \frac{n\pi}{L} x \quad , \quad (n = 1, 2, \cdots) \qquad (8.13)$$

上式稱為振動弦的**本徵函數**(eigenfunction)，而值 $\lambda_n = \dfrac{an\pi}{L}$ 為**本徵值**
(eigen value)而 $\lambda_1, \lambda_2, \lambda_3 \cdots \lambda_n$ 所形成之集合為**頻譜**(spectrum)。

（三）求整個問題的解

因(8.13)式僅為對某一項 n 的解，故完整的解由 8.1 節重疊定理可得
為(8.13)式之和，即

$$u(x,t) = \sum_{n=1}^{\infty} u_n(x,t)$$

$$= \sum_{n=1}^{\infty} (B_n \cos \lambda_n t + B_n^* \sin \lambda_n t) \sin \frac{n\pi}{L} x \qquad (8.14)$$

將初值條件(8.4)代入上式得

$$u(x,0) = \sum_{n=1}^{\infty} B_n \sin \frac{n\pi}{L} x = w(x) \qquad (8.15)$$

上式即為(7.11)的傅立葉正弦半幅展開式，故可得

$$B_n = \frac{2}{L} \int_0^L w(x) \sin \frac{n\pi}{L} x \, dx \quad , \quad n = 1, 2, \cdots$$

同理再將(8.14)式代入(8.5)中可得

$$\frac{\partial u}{\partial t}\bigg|_{t=0} = \left[\sum_{n=1}^{\infty} (-B_n \lambda_n \sin \lambda_n t + B_n^* \lambda_n \cos \lambda_n t) \sin \frac{n\pi x}{L} \right]_{t=0}$$

$$= \sum_{n=1}^{\infty} B_n^* \lambda_n \sin \frac{n\pi}{L} x = v(x)$$

上式亦為傅立葉半幅展開式，故

$$B_n^* \lambda_n = \frac{2}{L} \int_0^L v(x) \sin\frac{n\pi}{L} x \, dx \;, \quad n = 1, 2, \cdots \tag{8.16}$$

最後因係數 B_n，B_n^* 已得，故代入(8.14)式即為完整的一維波動方程式之解。

以變數分離法解下列偏微分方程

1. $u_{xx} + 4u = 0$

   Ans：$c_1(y)\cos(2x) + c_2(y)\sin 2x$

2. $u_y + 2yu = 0$

   Ans：$u(x,y) = c(x)e^{-y^2}$

3. $yu_x - xu_y = 0$

   Ans：$u(x,y) = ce^{\frac{k}{2}(x^2+y^2)}$

4. 解二維拉氏方程式 $u_{xx} + u_{yy} = 0$

   Ans：

   $(1)\, k > 0$ 時，$u(x,y) = \left(c_1 e^{\sqrt{k}x} + c_2 e^{-\sqrt{k}x}\right)\left(A_1 \cos\sqrt{k}y + A_2 \sin\sqrt{k}y\right)$

   $(2)\, k = 0$ 時，$u(x,y) = \left(A_1 x + A_2\right)\left(B_1 y + B_2\right)$

   $(3)\, k < 0$ 時，$u(x,y) = \left(c_1 \cos\sqrt{k}x + c_2 \sin\sqrt{k}x\right)\left(A_1 e^{\sqrt{k}y} + A_2 e^{-\sqrt{k}y}\right)$

5. $u_x - u_y = 0$

   Ans：$u(x,y) = ce^{k(x+y)}$

6. $u_x - yu_y = 0$

   Ans：$u(x,y) = ce^{kx} \cdot y^k$

7. $u_{xy} - u = 0$

   Ans：$u(x,y) = ce^{(kx+\frac{y}{k})}$

8. $xu_x - yu_y = 0$

　　Ans： $u(x,y) = cx^k y^k$

9. $\dfrac{\partial u}{\partial x} = 2xyu$

　　Ans： $u(x,y) = e^{x^2 + y + c(y)}$

10. $u_x - u_y = 2(x+y)u$

　　Ans： $u(x,y) = ce^{x^2 - y^2 + k(x+y)}$

11. $u_{xy} + u = 0$

　　Ans： $u(x,y) = ce^{kx - \frac{y}{k}}$

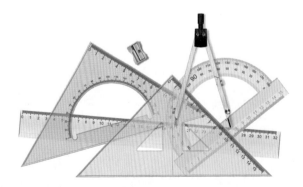

09 複變函數

　　在工程與物理應用上常會碰到實數無法解決之問題，而需以複數來表示，例如 $x^2+1=0$ 之解就必須以 $i=\sqrt{-1}$ 而得到 $x=\pm i$。如在第二章所提到彈簧振動系統，電路中的 RLC 串並聯等都需利用到複數的觀念，本章將介紹一些基本複變函數基礎。

9-1 ◀ 基本觀念

　　對一如下的方程式而言

$$z^2+2z+5=0$$

其解為

$$z=\frac{-2\pm\sqrt{4-20}}{2}=-1\pm\sqrt{-4}$$

$$=-1\pm2\sqrt{-1}$$

$$=-1\pm2i$$

式中就利用了虛數 $\sqrt{-1}=i$，而 z 就稱為複數，其可分為實數與虛數兩大部分，而實部(real part)通常以 $\mathrm{Re}(z)$ 表示，虛部(imaginary part)以 $\mathrm{Im}(z)$ 表示，可寫成

$$z=\mathrm{Re}(z)+i\mathrm{Im}(z)=-1\pm2i$$

其中實數部分及虛數部分如

$$\mathrm{Re}(z)=-1 \text{，} \mathrm{Im}(z)=2$$

✎ 9-1-1　複數之圖示

一複數在複數平面上通常表示成

$$z = x + iy = \mathrm{Re}(z) + i\mathrm{Im}(z)$$

式中 x, y 分別代表圖 9.1 中的直角座標，x 為實數軸座標，y 為虛數軸座標。

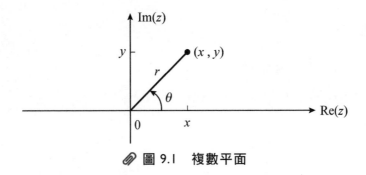

◎ 圖 9.1　複數平面

而若此複數以極座標形式表示可得

$$z = x + iy = r(\cos\theta + i\sin\theta)$$

$$= re^{i\theta} \tag{9.1}$$

式中

$$r = |z| = \sqrt{x^2 + y^2} \tag{9.2}$$

$$\theta = \arg(z) = \tan^{-1}\frac{y}{x} \tag{9.3}$$

在其物理意義方面，$r = |z|$ 為該複數之大小，或稱**模數**(modulus)，而 $\theta = \arg(z)$ 為其**幅角**(argument)，且以逆時針方向為正。但因

$$\theta = \arg(z) \pm 2N\pi，N\text{ 為整數}$$

故吾人常取 $-\pi < \theta \le \pi$ 稱為主值(principal value)。表示成

$$-\pi < \mathrm{Arg}(z) \le \pi$$

在(9.1)式中亦可得

$$\mathrm{Re}(z) = x = r\cos\theta \tag{9.4}$$

$$\mathrm{Im}(z) = y = r\sin\theta \tag{9.5}$$

例 1

試求下列複數之極座標表示式及主值角

(a) $z = -4 - 4i$　(b) $z = -3i$　(c) $z = 3 + 3\sqrt{3}i$

解 (a) 　　$\because\ z = -4 - 4i$

$$|z| = \sqrt{-4^2 + (-4)^2} = \sqrt{32} = 4\sqrt{2}$$

$$\arg(z) = \tan^{-1}\frac{-4}{-4} = -\frac{3}{4}\pi \pm 2N\pi$$

（注意 $\arg(z)$ 在第三象限）

$$主值角 = -\frac{3}{4}\pi$$

由(9.1)式得

$$z = 4\sqrt{2}\left[\cos\left(\frac{-3}{4}\pi\right) + i\sin\left(\frac{-3}{4}\pi\right)\right]$$

$$= 4\sqrt{2}e^{-\frac{3}{4}\pi i}$$

(b) 　　$\because\ z = -3i$

$$|z| = 3$$

$$\arg(z) = -\frac{\pi}{2} \pm 2N\pi$$

$$主值角 = -\frac{\pi}{2}$$

由(9.1)式得

$$z = 3\left[\cos\left(\frac{-\pi}{2}\right) + i\sin\left(\frac{-\pi}{2}\right)\right]$$

$$= 3e^{-\frac{\pi}{2}i}$$

(c) $$|z| = \sqrt{3^2 + (3\sqrt{3})^2} = 6$$

$$\arg(z) = \tan^{-1}\left(\frac{3\sqrt{3}}{3}\right) = \frac{\pi}{3} \pm 2N\pi$$

$$主值角 = \text{Arg}(z) = \frac{\pi}{3}$$

由(9.1)式得

$$z = 6\left[\cos\left(\frac{\pi}{3}\right) + i\sin\left(\frac{\pi}{3}\right)\right]$$

$$= 6e^{\frac{\pi}{3}i}$$

注意〉 在計算主值角時需考慮 z 所在之象限，因為 $\tan\theta$ 具有 π 的週期性，例如 $z = 1+i$ 及 $z = -1-i$ 具有 $\arg(1+i) = \arg(-1-i)$，若不察可能會以為其具有相同之主值角，事實上它們差了 $180°$。

9-1-2　複數之算術運算

若兩複數 $z_1 = x_1 + iy_1$，$z_2 = x_2 + iy_2$，其算術運算可分述如下：

(1) 加法

$$z_1 + z_2 = (x_1 + x_2) + i(y_1 + y_2)$$

(2) 減法

$$z_1 - z_2 = (x_1 - x_2) + i(y_1 - y_2)$$

由以上定義得知，兩複數在作相加（減）時，只需分別的把實數相加（減）同時複數也相加（減）即可。

(3) 乘法

$$z_1 z_2 = (x_1 + iy_1)(x_2 + iy_2)$$

$$= (x_1 x_2 - y_1 y_2) + i(x_1 y_2 + x_2 y_1)$$

(4) 除法

$$\frac{z_1}{z_2} = \frac{x_1 + iy_1}{x_2 + iy_2} = \frac{(x_1 + iy_1)(x_2 - iy_2)}{(x_2 + iy_2)(x_2 - iy_2)}$$

$$= \frac{x_1 x_2 + y_1 y_2}{x_2^2 + y_2^2} + i\frac{x_2 y_1 + x_1 y_2}{x_2^2 + y_2^2} \quad , \quad z_2 \neq 0$$

一般而言上述之運算應滿足以下性質，即

$$\left.\begin{array}{l}(z_1 + z_2) + z_3 = z_1 + (z_2 + z_3) \\ (z_1 z_2)z_3 = z_1(z_2 z_3)\end{array}\right\} \quad \text{結合律}$$

$$\left.\begin{array}{l}z_1 + z_2 = z_2 + z_1 \\ z_1 z_2 = z_2 z_1\end{array}\right\} \quad \text{交換律}$$

$$z_1(z_2 + z_3) = (z_1 z_2 + z_1 z_3) \qquad \text{交配律}$$

$$0 + z = z + 0$$

$$z + (-z) = (-z) + z = 0$$

$$z \cdot 1 = z$$

例 2

求下列兩複數之加減乘除四則運算
$$z_1 = 4 + 4i \text{ , } z_2 = 2 - 2i$$

解 其四則運算分別為

$$z_1 + z_2 = 6 + 2i$$

$$z_1 - z_2 = 2 + 6i$$

$$z_1 \cdot z_2 = (4 + 4i)(2 - 2i) = 8 + 8 - i(-8 + 8)$$

$$= 16$$

$$\frac{z_1}{z_2} = \frac{4 + 4i}{2 - 2i} = \frac{(4 + 4i)(2 + 2i)}{(2 - 2i)(2 + 2i)}$$

$$= \frac{8 - 8 + i(8 + 8)}{(4 + 4)} = 2i$$

定義 9.1

共軛複數：

若 $z = x + iy$，則其共軛複數以 $\bar{z}$ 來表示，並定義為

$$\bar{z} = x - iy$$

而利用上述定義，讀者可輕易推導以下兩式

$$\text{Re}(z) = x = \frac{1}{2}(z + \bar{z}) \tag{9.6}$$

$$\text{Im}(z) = y = \frac{1}{2i}(z - \bar{z}) \tag{9.7}$$

因　　$\bar{z} = x - iy$，所以

$$z + \bar{z} = x + iy + x - iy = 2x = 2\text{Re}(z)$$

$$z - \bar{z} = x + iy - x + iy = 2iy = 2i\text{Im}(z)$$

故得證。

共軛複數與 z 在複數平面上乃對稱於 x 軸，如圖 9.2。

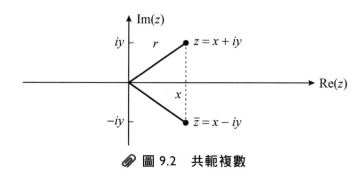

📎 圖 9.2　共軛複數

✎ 9-1-3　極座標式的複數乘除法

兩複數的乘（除），若以直角座標來進行會相當繁複，若以極座標形式來處理則只需對大小相乘（除），相位作相加（減）即可，即若

$$z_1 = x_1 + iy_1 = r_1(\cos\theta_1 + i\sin\theta_1) = r_1 e^{i\theta_1}$$

$$z_2 = x_2 + iy_2 = r_2(\cos\theta_2 + i\sin\theta_2) = r_2 e^{i\theta_2}$$

兩數相乘可得

$$z_1 z_2 = r_1 e^{\theta_1} \cdot r_2 e^{\theta_2} = r_1 r_2 e^{i(\theta_1 + \theta_2)}$$

$$= r_1 r_2 \left[\cos(\theta_1 + \theta_2) + i\sin(\theta_1 + \theta_2)\right]$$

故可得其相乘之結果為：原兩複數大小相乘即為結果之大小，而兩複數相角之相加則為結果之相角值。即

$$|z_1 z_2| = |z_1||z_2|$$

$$\arg(z_1 z_2) = \arg(z_1) + \arg(z_2)$$

同理可得除法為大小相除，相角相減，如

$$\frac{z_1}{z_2} = \frac{r_1}{r_2}\left[\cos(\theta_1 - \theta_2) + i\sin(\theta_1 - \theta_2)\right]$$

$$= \frac{r_1}{r_2} e^{i(\theta_1 - \theta_2)}$$

即

$$\left|\frac{z_1}{z_2}\right| = \frac{r_1}{r_2} = \frac{|z_1|}{|z_2|}$$

$$\arg\left(\frac{z_1}{z_2}\right) = \arg(z_1) - \arg(z_2)$$

例 3

若 $z_1 = 4 + 4i$，$z_2 = 2 - 2i$，$z_3 = i$，試求 $z_1 z_2$，$\dfrac{z_1}{z_2}$，$z_1 z_3$，$\dfrac{z_2}{z_3}$

解 以極座標表示可得

$$z_1 = \sqrt{32}e^{i\frac{\pi}{4}} \ , \ \ z_2 = \sqrt{8}e^{i\frac{-\pi}{4}} \ , \ \ z_3 = e^{i\frac{\pi}{2}}$$

利用複數乘法及除法原則可得

$$z_1 \cdot z_2 = \sqrt{32}\sqrt{8}e^{i(\frac{\pi}{4}-\frac{\pi}{4})} = 16$$

$$\frac{z_1}{z_2} = \frac{\sqrt{32}}{\sqrt{8}}e^{i[\frac{\pi}{4}-(-\frac{\pi}{4})]} = 2e^{i\frac{\pi}{2}} = 2i$$

$$z_1 \cdot z_3 = \sqrt{32}e^{i(\frac{\pi}{4}+\frac{\pi}{2})} = \sqrt{32}e^{i\frac{3\pi}{4}} = -4+4i$$

$$\frac{z_2}{z_3} = \sqrt{8}e^{i(-\frac{\pi}{4}-\frac{\pi}{2})} = \sqrt{8}e^{\frac{-i3\pi}{4}} = -2-2i$$

✎ 9-1-4　複數之乘冪與根值

複數之乘冪可利用連乘法得到，如若

$$z = x+iy = re^{i\theta} = r(\cos\theta + i\sin\theta)$$

$$z^2 = z \cdot z = r^2 e^{i2\theta} = r^2(\cos 2\theta + i\sin 2\theta)$$

$$z^3 = z \cdot z^2 = r^3 e^{i3\theta} = r^3(\cos 3\theta + i\sin 3\theta)$$

$$\vdots$$

$$z^n = r^n\left[\cos n\theta + i\sin n\theta\right] \tag{9.8}$$

上式亦稱為迪美佛(De Moivre)公式。而上式亦可推導到一複數之根值，若

$$w = \sqrt[n]{z} = z^{\frac{1}{n}} = \left[r(\cos\theta + i\sin\theta)\right]^{\frac{1}{n}} \tag{9.9}$$

則其對應 n 個根值為

$$w_k = \sqrt[n]{r}\left(\cos\frac{\theta+2k\pi}{n}+i\sin\frac{\theta+2k\pi}{n}\right) \text{，} k=0,1,2,3,\cdots,n-1 \qquad (9.10)$$

式中 $k=0,1,2,3,\cdots,n-1$ 代表 z 開 n 次方的 n 個根，若以圖示則此 n 個根恰好正平均分配在以 $\sqrt[n]{r}$ 為半徑之圓周上，而形成圓內接之正 n 邊形。

例 4

若 $z=1$，求(a) $\sqrt{z}$，(b) $z^{\frac{1}{3}}$，(c) $z^{\frac{1}{4}}$

解 因原式可寫成極座標式如

$$z=1=(\cos 0 + i\sin 0)$$

(a) 故由(9.10)式可得

$$z^{\frac{1}{2}}=1\left(\cos\frac{0+2k\pi}{2}+i\sin\frac{0+2k\pi}{2}\right) \text{，} k=0,1$$

當 $k=0$，$z^{\frac{1}{2}}=1$。當 $k=1$，$z^{\frac{1}{2}}=-1$

(b) 由(9.10)式可得

$$z^{\frac{1}{3}}=\sqrt[3]{1}=1\left(\cos\frac{0+2k\pi}{3}+i\sin\frac{0+2k\pi}{3}\right) \text{，} k=0,1,2$$

$k=0$ 時，$\sqrt[3]{1}=1$

$k=1$ 時，$\sqrt[3]{1}=1\cdot\left(\cos\frac{2\pi}{3}+i\sin\frac{2\pi}{3}\right)$

$$=-\frac{1}{2}+\frac{\sqrt{3}}{2}i$$

$$k = 2 \text{ 時}, \quad \sqrt[3]{1} = 1 \cdot \left(\cos\frac{4\pi}{3} + i\sin\frac{4\pi}{3} \right)$$

$$= 1 \cdot \left(\cos\frac{-\pi}{3} + i\sin\frac{-\pi}{3} \right)$$

$$= -\frac{1}{2} + \frac{\sqrt{3}}{2}i$$

(c) 由(9.10)式可得

$$z^{\frac{1}{4}} = \sqrt[4]{1} = \cos\left(\frac{0+2k\pi}{4} + i\sin\frac{0+2k\pi}{3} \right), \quad k = 0,1,2,3$$

$$k = 0, \quad \sqrt[4]{1} = \cos 0 + i\sin 0 = 1$$

$$k = 1, \quad \sqrt[4]{1} = \cos\frac{\pi}{2} + i\sin\frac{\pi}{2} = i$$

$$k = 2, \quad \sqrt[4]{1} = \cos(-\pi) + i\sin(-\pi) = -1$$

$$k = 3, \quad \sqrt[4]{1} = \cos\left(-\frac{\pi}{2} \right) + i\sin\left(-\frac{\pi}{2} \right) = -i$$

其內接多邊形如圖 9.3 所示

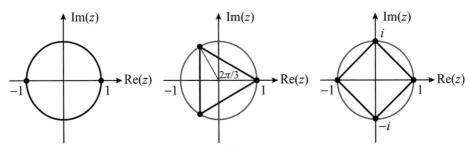

📎 圖 9.3　複數根值之內接多邊形

例 5

求 $\sqrt[4]{-81i}$

解 原式可寫成

$$z = -81i = 81\left[\cos\left(\frac{-\pi}{2}\right) + i\sin\left(\frac{-\pi}{2}\right)\right]$$

故由(9.10)式可得

$$w = z^{\frac{1}{4}}$$

$$= 81^{\frac{1}{4}}\left[\cos\left(\frac{-\frac{\pi}{2} + 2k\pi}{4}\right) + i\sin\left(\frac{-\frac{\pi}{2} + 2k\pi}{4}\right)\right] \text{ , } k = 0,1,2,3$$

$$k = 0 \text{ , } w = 3\left[\cos\left(\frac{-\pi}{8}\right) + i\sin\left(\frac{-\pi}{8}\right)\right]$$

$$k = 1 \text{ , } w = 3\left[\cos\left(\frac{3\pi}{8}\right) + i\sin\left(\frac{3\pi}{8}\right)\right]$$

$$k = 2 \text{ , } w = 3\left[\cos\left(\frac{7\pi}{8}\right) + i\sin\left(\frac{7\pi}{8}\right)\right]$$

$$k = 3 \text{ , } w = 3\left[\cos\left(\frac{11\pi}{8}\right) + i\sin\left(\frac{11\pi}{8}\right)\right]$$

$$= 3\left[\cos\left(\frac{-5\pi}{8}\right) + i\sin\left(\frac{-5\pi}{8}\right)\right]$$

其根如圖 9.4 所示

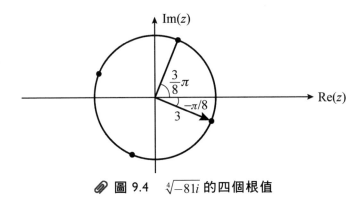

📎 圖 9.4　$\sqrt[4]{-81i}$ 的四個根值

例 6

解下列複數二次方程式

(a) $z^2 - 3(1+2i)z = 8 - 6i$　　　(b) $z^3 - 3z^2 + (3-i)z = 0$

解　(a) 原式可寫成

$$z^2 - 3(1+2i)z + 6i - 8 = 0$$

$$\therefore \quad z = \frac{3(1+2i) \pm \sqrt{\left[3(1+2i)\right]^2 - 4(6i-8)}}{2}$$

$$= \frac{3+6i \pm \sqrt{5+12i}}{2}$$

$$= \frac{3+6i \pm (3+2i)}{2}$$

$$= \begin{cases} 3+4i \\ 2i \end{cases}$$

其中利用了

$$5+12i = 13(\cos\theta + i\sin\theta) \text{ , } \theta = \tan^{-1}\frac{12}{5}$$

及

$$\sqrt{5+12i} = \sqrt{13}\left[\cos\frac{\theta+2k\pi}{2} + i\sin\frac{\theta+2k\pi}{2}\right]$$

$$= \begin{cases} 3+2i & , \quad k=0 \\ -3-2i & , \quad k=1 \end{cases}$$

(b) 原式可寫成 $z(z^2 - 3z + 3 - i) = 0$，故除了零以外之根為

$$z = \frac{3 \pm \sqrt{9 - 4(3-i)}}{2}$$

$$= \frac{3 \pm \sqrt{-3+4i}}{2}$$

$$= \frac{3 \pm (1+2i)}{2}$$

$$= \begin{cases} 2+i \\ 1-i \end{cases}$$

其中利用了

$$-3+4i = 5(\cos\theta + i\sin\theta) \text{ , } \theta = \tan^{-1}\frac{4}{-3}$$

及

$$\sqrt{-3+4i} = \sqrt{5}\left[\cos\frac{\theta+2k\pi}{2} + i\sin\frac{\theta+2k\pi}{2}\right]$$

$$= \begin{cases} 1+2i & , \quad k=0 \\ -1-2i & , \quad k=1 \end{cases}$$

1. 若 $z_1 = 3 + 4i$，$z_2 = 3 - 4i$，求

   (a) $z_1 \cdot z_2$，(b) $\dfrac{z_1}{z_2}$，(c) z_1^2，並以 $x + iy$ 形式表示。

   Ans：(a)25，(b) $\dfrac{1}{25}(-7 + 24i)$，(c) $-7 + 24i$

2. 試求(a) $\mathrm{Re}(3 + 4i)$，(b) $\mathrm{Im}(3 + 4i)$，(c) $\mathrm{Re}\left(\dfrac{1}{2 + i}\right)$，(d) $\mathrm{Im}\left(\dfrac{2 + i}{3 + 4i}\right)$

   Ans：(a)3，(b)4，(c) $\dfrac{2}{5}$，(d) $\dfrac{-1}{5}$

3. 求下列複數之極座標式，角度以主值表示。

   (a) $-8 - 3i$，(b) $-4i$，(c) $3 + 9i$，(d) $-2 + 2i$

   Ans：

   (a) $-8 - 3i = \sqrt{73}(\cos\theta + i\sin\theta)$，$\theta = \tan^{-1}\dfrac{3}{8} - \pi$

   (b) $-4i = 4\left[\cos\left(\dfrac{-\pi}{2}\right) + i\sin\left(\dfrac{-\pi}{2}\right)\right]$

   (c) $3 + 9i = \sqrt{90}(\cos\theta + i\sin\theta)$，$\theta = \tan^{-1}3$

   (d) $-2 + 2i = 2\sqrt{2}\left[\cos\left(\dfrac{3\pi}{4}\right) + i\sin\left(\dfrac{3\pi}{4}\right)\right]$

4. 將下列極座標式改寫成直角座標

   (a) $\cos\dfrac{\pi}{4} + i\sin\dfrac{\pi}{4}$ (b) $9e^{i\frac{7\pi}{4}}$

   (c) $5e^{i\frac{5\pi}{4}}$ (d) $10\left[\cos\left(\dfrac{15\pi}{4}\right) + i\sin\left(\dfrac{15\pi}{4}\right)\right]$

Ans：

(a) $\dfrac{\sqrt{2}}{2}+\dfrac{\sqrt{2}}{2}i$

(b) $\dfrac{9\sqrt{2}}{2}-\dfrac{9\sqrt{2}}{2}i$

(c) $-\dfrac{5\sqrt{2}}{2}-\dfrac{5\sqrt{2}}{2}i$

(d) $5\sqrt{2}-5\sqrt{2}i$

5. 以迪美佛公式計算下列乘積

(a) $z_1=7\left[\cos\left(\dfrac{\pi}{3}\right)+i\sin\left(\dfrac{\pi}{3}\right)\right]$，$z_2=2\left[\cos\left(\dfrac{2\pi}{3}\right)+i\sin\left(\dfrac{2\pi}{3}\right)\right]$

(b) $z_1=2\left[\cos\left(\dfrac{-3\pi}{2}\right)+i\sin\left(\dfrac{-3\pi}{2}\right)\right]$，$z_2=5\left[\cos\left(\dfrac{3\pi}{4}\right)+i\sin\left(\dfrac{3\pi}{4}\right)\right]$

Ans：

(a) -14

(b) $-5\sqrt{2}-5\sqrt{2}i$

6. 求下列複數之根值

(a) $\sqrt[4]{-1}$

(b) $\sqrt[6]{-1}$

(c) $\sqrt{1+i\sqrt{3}}$

(d) $\sqrt[5]{32i}$

(e) $\sqrt{-4}$

Ans：

(a) $\cos\left(\dfrac{\pi}{4}+\dfrac{k}{2}\pi\right)+i\sin\left(\dfrac{\pi}{4}+\dfrac{k}{2}\pi\right)$，$k=0,1,2,3$

(b) $\cos\left(\dfrac{\pi}{6}+\dfrac{k}{3}\pi\right)+i\sin\left(\dfrac{\pi}{6}+\dfrac{k}{3}\pi\right)$，$k=0,1,2,3,4,5$

(c) $\sqrt{2}\left[\cos\left(\dfrac{\pi}{6}+k\pi\right)+i\sin\left(\dfrac{\pi}{6}+k\pi\right)\right]$，$k=0,1$

(d) $2\left[\cos\left(\dfrac{\pi}{10}+\dfrac{2}{5}k\pi\right)+i\sin\left(\dfrac{\pi}{10}+\dfrac{2}{5}k\pi\right)\right]$，$k=0,1,2,3,4$

(e) $2\left[\cos\left(\dfrac{\pi}{2}+k\pi\right)+i\sin\left(\dfrac{\pi}{2}+k\pi\right)\right]$ ， $k=0,1$

7. 解下列方程式 $z^3-(5+i)z^2+(8+i)z=0$

 Ans： $\dfrac{1}{2}(5+i)\pm\left[\dfrac{1}{2}+\dfrac{3}{2}i\right]$ ， 0

8. 求下列根值

 (a) $\sqrt[8]{1}$ (b) $\sqrt[7]{-128}$ (c) $\sqrt[6]{-1}$

 Ans：

 (a) $\cos\left(\dfrac{k\pi}{4}\right)+i\sin\left(\dfrac{k\pi}{4}\right)$ ， $k=0,1,2,\cdots\cdots,7$

 (b) $2\left[\cos\left(\dfrac{\pi}{7}+\dfrac{2k\pi}{7}\right)+i\sin\left(\dfrac{\pi}{7}+\dfrac{2k\pi}{7}\right)\right]$ ， $k=0,1,2\cdots\cdots,6$

 (c) $\cos\left(\dfrac{\pi}{6}+\dfrac{k\pi}{3}\right)+i\sin\left(\dfrac{\pi}{6}+\dfrac{k\pi}{3}\right)$ ， $k=0,1,2,\cdots,5$

9. 解 $z^3-64=0$

 Ans： $z=4$ ，及 $z=-2\pm2\sqrt{3}i$

10. 解 $z^4+81=0$

 Ans： $z=3\left[\cos\left(\dfrac{\pi}{4}+\dfrac{k\pi}{2}\right)+i\sin\left(\dfrac{\pi}{4}+\dfrac{k\pi}{2}\right)\right]$ ， $k=0,1,2,3$

11. 求下列各值之極座標式
 (a) $-14i$ (b) $2-6i$ (c) $5+i$

 Ans：

 (a) $z=14\left[\cos\left(\dfrac{-\pi}{2}\right)+i\sin\left(\dfrac{-\pi}{2}\right)\right]$

(b) $z = \sqrt{40}\left(\cos\theta + i\sin\theta\right)$，$\theta = \dfrac{3\pi}{2} + \tan^{-1}\left(\dfrac{1}{3}\right)$

(c) $z = \sqrt{26}\left(\cos\theta + i\sin\theta\right)$，$\theta = \tan^{-1}\dfrac{1}{5}$

12. 將下列極座標表示式換成直角座標表示式

(a) $15\left[\cos\left(\dfrac{15\pi}{4}\right) + i\sin\left(\dfrac{15\pi}{4}\right)\right]$

(b) $8\left[\cos\left(\dfrac{2\pi}{3}\right) + i\sin\left(\dfrac{2\pi}{3}\right)\right]$

(c) $4\left[\cos\left(\dfrac{7\pi}{6}\right) + i\sin\left(\dfrac{7\pi}{6}\right)\right]$

Ans：

(a) $z = \dfrac{15\sqrt{2}}{2} - \dfrac{15\sqrt{2}}{2}i$

(b) $z = -4 + 4\sqrt{3}i$

(c) $z = -2\sqrt{3} - 2i$

9-2 ◀ 複數平面上的曲線表示式

本節主要將討論在複數平面上一些常用的線段與區域之表示方式。

平面上兩點 z 與 z_0 之距離可表示為 $|z-z_0|$，故一以 z_0 為圓心，ρ 為半徑的圓，其圓周可表示成

$$|z-z_0|=\rho \tag{9.11}$$

其中若 z_0 在原點而半徑 $\rho=1$ 吾人稱其為單位圓，即

$$|z|=1 \tag{9.12}$$

而複數平面上一圓盤可表示成

$$|z-z_0|<\rho，開圓盤不包含圓周 \tag{9.13}$$

或

$$|z-z_0|\le\rho，封閉圓盤包含圓周 \tag{9.14}$$

如圖 9.5 所示

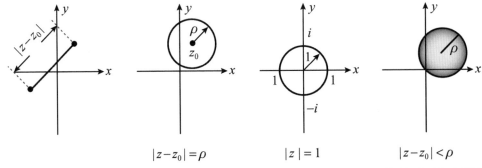

| (a) 兩點之距離 | (b) 複數平面的圓 | (c) 單位圓 | (d) 複數平面上之圓盤 |

◎ 圖 9.5　複數平面上之不同區域表示

當然一圓環亦可表示成

$$\rho_1 < |z - z_0| < \rho_2 \tag{9.15}$$

代表以 z_0 為圓心，圓環區域在 ρ_1 及 ρ_2 之內如圖 9.6

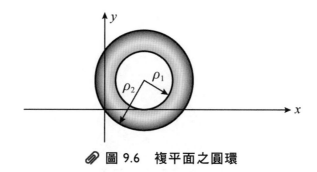

📎 圖 9.6　複平面之圓環

例 7

在複平面上決定 $|z - 3i| > 4$ 之區域

解　如圖 9.7 陰影範圍所示，但不包含圓周。

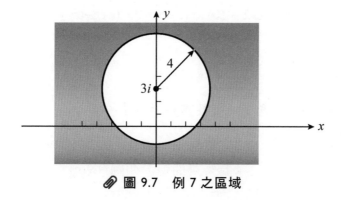

📎 圖 9.7　例 7 之區域

例 8

在複數平面上決定 $|z-1-i| \leq 2$ 之區域

解 如圖 9.8 陰影範圍所示以 $1+i$ 為圓心，半徑為 2，包含圓周內之區域。

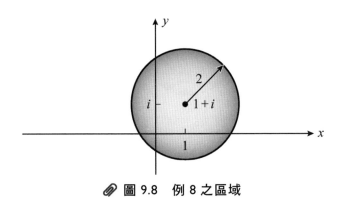

📎 **圖 9.8　例 8 之區域**

例 9

決定(a) $-2 < \text{Im}(z) < 2$，(b) $\text{Re}(z) \geq -2$，(c) $\text{Re}(z^2) \leq k$ 之區域。

解 (a) 如圖 9.9(a)不包含 $y = \pm 2$ 之邊線。

(b) 如圖 9.9(b)包含 $x = -2$ 及其右半封閉平面

(c) 因 $\text{Re}(z^2) \leq k$，其中 $z = x+iy$，且 $z^2 = x^2 + 2ixy - y^2$，故 $\text{Re}(z^2) = x^2 - y^2 \leq k$ 為一雙曲線，如圖 9.9(c)

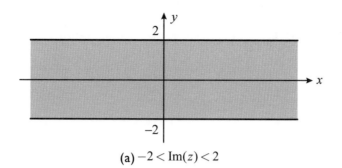

(a) $-2 < \mathrm{Im}(z) < 2$

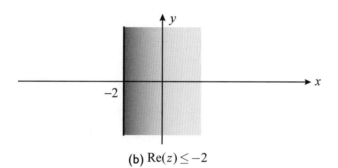

(b) $\mathrm{Re}(z) \leq -2$

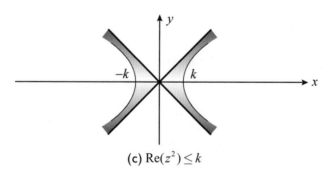

(c) $\mathrm{Re}(z^2) \leq k$

圖 9.9　例 9 之區域

在複數平面上畫出下列習題之區域

1. $|z| \geq 3$

   Ans：以零點為圓心，半徑為 3 的圓外之範圍，包含圓周。

2. $0 < \mathrm{Re}(z+1) \leq 3$

   Ans：從 $x = -1$ 到 $x = 2$ 之平面，不包含 $x = -1$ 之線段。

3. $2 < |z-i| < 4$

   Ans：以 i 為圓心，半徑為 2 及 4 之同心圓環，不包含圓周。

4. $|z-2| \leq 2$

   Ans：以 2 為圓心，半徑為 2 之圓及圓周。

5. $\mathrm{Re}(z) \leq 1$，且 $0 < \arg(z) \leq \dfrac{\pi}{4}$

   Ans：由 $y = 0$，$y = x$ 及 $x = 1$ 所圍成之三角形區域。

6. $\left|\dfrac{1}{z}\right| \geq 3$

   Ans：以零點為圓心，半徑為 $\dfrac{1}{3}$ 之圓。

7. $3 \leq |z-i| \leq 5$

   Ans：以 i 為圓心，半徑為 3 及 5 之圓心圓環。

8. $\left|\dfrac{1}{z}\right| \geq 5$

   Ans：以零點為圓心，半徑為 $\dfrac{1}{5}$ 之圓。

9. $\mathrm{Re}(z)>1$，$0<\mathrm{Arg}\,z<\dfrac{\pi}{4}$

　Ans：由 $y=0$，$y=x$，在 $x=1$ 右側之平面。

10. $\left|\dfrac{z+1}{z-1}\right|=4$

　Ans：圓：$\left(x-\dfrac{17}{15}\right)^2+y^2=\left(\dfrac{8}{15}\right)^2$

11. $\left|\dfrac{z+i}{z-i}\right|=1$

　Ans：x 軸。

12. $\left|\mathrm{arg}(z)\right|<\dfrac{\pi}{2}$

　Ans：不含 y 軸之右半平面。

9-3 ◀ 複變函數之極限，導函數

A 定義 9.2

複變函數：

若 S 為一複數集合，在集合內每一元素 z 滿足以下唯一對應

$$w = f(z)$$

則稱 z 為**複變數**(complex variable)，$w = f(z)$ 為複變函數，其所成集合稱之為**值域**(Range)，而區域 S 則稱之為**定義域**。

若 $z = x + iy$，則複變函數亦可表成

$$w = f(z) = u(x, y) + iv(x, y) \tag{9.16}$$

例 10

令 $w = f(z) = z^3$，試求出 u 與 v，並計算 $z = 1 + 2i$ 之函數值

解 由(9.16)式得

$$f(z) = z^3 = (x + iy)^3$$

$$= x^3 + 3x^2(iy) + 3x(iy)^2 + (iy)^3$$

$$= x^3 - 3xy^2 + i(3x^2y - y^3)$$

故可分別得其實部與虛部為

$$u(x, y) = x^3 - 3xy^2$$

$$v(x, y) = 3x^2 y - y^3$$

若 $z = 1 + 2i$，則 $u = 1 - 12 = -11$，$v = 6 - 8 = -2$。因此

$$f(1 + 2i) = -11 - 2i$$

例 11

若 $f(z) = \text{Re}(z^2) - \text{Im}(z+1) - 5 + 4i$，試求 u, v，並計算 $z = 1 + 2i$ 之函數值。

解 因　　$z^2 = (x + iy)^2 = x^2 - y^2 + 2xyi$

故　　$\text{Re}(z^2) = x^2 - y^2$

及　　$\text{Im}(z + 1) = \text{Im}(x + 1 + iy) = y$

代入原式可得

$$f(z) = x^2 - y^2 - y - 5 + 4i$$

$$u(x, y) = x^2 - y^2 - y - 5$$

$$v(x, y) = 4$$

代入 $z = 1 + 2i$，可得

$$f(1 + 2i) = (1 - 4 - 2 - 5) + 4i = -10 + 4i$$

定義 9.3

極限：

　　一複變函數在 z 趨近於 z_0 時有極限 ℓ，可表示成

$$\lim_{z \to z_0} f(z) = \ell \tag{9.17}$$

以基本微積分定義，吾人可輕易得到以下關係，若一函數極限存在，則代表對每一大於零之質數 $\in$，都可找到一正實數 δ，使得對每一 $z \neq z_0$，$|z - z_0| < \delta$ 的值而言，存在 $|f(z) - \ell| < \in$。如圖 9.10。

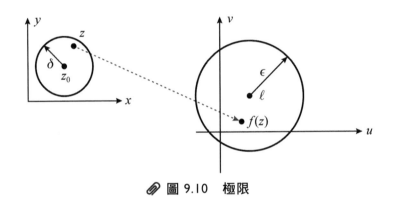

📎 圖 9.10　極限

定義 9.4

連續：

　　一複變函數 $f(z)$，若 $f(z_0)$ 有定義且其滿足

$$\lim_{z \to z_0} f(z) = f(z_0) \tag{9.18}$$

則稱 $f(z)$ 在 z_0 點連續。

定義 9.5

導數：

複變函數 $f(z)$ 在點 z_0 的導數可寫成 $f'(z_0)$ 並可定義為

$$f'(z_0) = \lim_{\Delta z \to 0} \frac{f(z_0 + \Delta z) - f(z_0)}{\Delta z} \tag{9.19}$$

若將 Δz 寫成 $\Delta z = z - z_0$，則上式亦可寫成

$$f'(z) = \lim_{z \to Z_0} \frac{f(z) - f(z_0)}{z - z_0} \tag{9.20}$$

> **注意**〉 在 (9.18)、(9.19) 的極限中與實數微積分之定義有些許不同，在實數中吾人只需注意其在 x 軸方向之極限，即左極限與左極限是否相等來判別函數之導數存不存在，在複變函數中則需注意到其 $z \to z_0$ 之路徑可以是任意方向的，必須在任意方向中上述極限都存在，才可判別一函數之導數是否存在，舉例說明之。

例 12

試判別複變函數 $f(z) = \overline{z}$ 其導數是否存在。

解 將 $z = x + iy$ 代入 $f(z)$ 可得

$$f(z) = \overline{z} = x - iy$$

寫成 (9.19) 式形式，可得

$$\frac{f(z + \Delta z) - f(z)}{\Delta z} = \frac{x + \Delta x - i(y + \Delta y) - (x - iy)}{\Delta x + i\Delta y}$$

$$= \frac{\Delta x - i\Delta y}{\Delta x + i\Delta y}$$

在上式中對 $\Delta z \to 0$ 之路徑我們以以下兩路徑討論之。Ⅰ. $\Delta x = 0$，$\Delta y \to 0$。Ⅱ. $\Delta x \to 0$，$\Delta y = 0$，首先對第一種狀況 Δx 為零而 Δy 趨近於零的情形討論為

情況Ⅰ：$\Delta x = 0$，$\Delta y \to 0$

$$\lim_{\Delta z \to 0} \frac{f(z + \Delta z) - f(z)}{\Delta z} = \lim_{\Delta y \to 0} \frac{-i\Delta y}{i\Delta y} = -1$$

接著 Δy 為零以 Δx 趨近於零可得

情況Ⅱ：$\Delta x \to 0$，$\Delta y = 0$

$$\lim_{\Delta z \to 0} \frac{f(z + \Delta z) - f(z)}{\Delta z} = \lim_{\Delta x \to 0} \frac{\Delta x}{\Delta x} = 1$$

很明顯上述兩種路徑的極限值並不相等，故 $f(z) = z$ 的導數並不存在。

例 13

若 $f(z) = 2z$，試判別其導數存在與否，若存在請計算其值。

解
$$f'(z) = \lim_{\Delta z \to 0} \frac{f(z + \Delta z) - f(z)}{\Delta z} = \lim_{\Delta z \to 0} \frac{2(z + \Delta z) - 2z}{\Delta z}$$

$$= \lim_{\Delta z \to 0} \frac{2\Delta z}{\Delta z} = 2$$

上式中值為一常數與 Δz 無關，故導數存在且其值為 2。

例 14

$f(z) = z^2$ 的導數是否存在，若存在，其值為何。

解　由(9.19)式得

$$f'(z) = \lim_{\Delta z \to 0} \frac{f(z + \Delta z) - f(z)}{\Delta z} = \lim_{\Delta z \to 0} \frac{(z + \Delta z)^2 - z^2}{\Delta z}$$

$$= \lim_{\Delta z \to 0} \frac{z^2 + 2\Delta z \cdot z + \Delta z^2 - z^2}{\Delta z}$$

$$= \lim_{\Delta z \to 0} \frac{2\Delta z \cdot z + \Delta z^2}{\Delta z}$$

$$= \lim_{\Delta z \to 0} (2z + \Delta z) = 2z$$

其導數存在，且等於 $2z$。

　　下面一節中將介紹一種可簡單判別複變函數是否有導數存在的方法
—柯西黎曼方程式。

1. 若 $w = f(z) = z^2 + 3z + 1$ 試計算 u, v 之值,並求 $z = 2 - i$ 的函數值。

   Ans: $u = x^2 - y^2 + 3x + 1$, $v = 2xy + 3y$, $f(2-i) = 10 - 7i$

2. 若 $f(z) = 2z^2 - \text{Im}(z)$,試求 u, v 之值。

   Ans: $u = 2x^2 - 2y^2 - y$, $v = 2xy$

利用導數定義求下列 3 到 10 題函數之 $f'(z)$ 或證明 $f'(z)$ 不存在

3. $f(z) = 2z^2 + 1$

   Ans: $4z$

4. $f(z) = \text{Re}(z)$

   Ans: 不存在

5. $f(z) = \text{Im}(z)$

   Ans: 不存在

6. $f(z) = |z|^2$

   Ans: 不存在

7. $f(z) = 3z + 2$

   Ans: 3

8. $f(z) = \dfrac{z}{z+1}$, $z_0 = 3$

   Ans: $\dfrac{1}{16}$

9. $f(z) = z - 2\overline{z}$, $z_0 = 2i$

   Ans: 不存在

10. $f(z) = \dfrac{2z+1}{z^2}$, $z_0 = i$

    Ans: $2 - 2i$

11. 判斷下列函數在原點是否連續

    (a) $\text{Re}\left(\dfrac{z}{|z|}\right)$ (b) $\dfrac{\text{Re}(z^2)}{|z^2|}$ (c) $\dfrac{\text{Im}(z)}{(1+|z|)}$

    Ans: (a)不存在,(b)不存在,(c) $f(0) = 0$

9-4　解析函數 · 柯西黎曼方程式

在上節中介紹複變函數的極限及導數觀念，若一函數的導數存在，則可視其在複平面上是可微分的，甚至我們可以更加清楚的定義其為可解析函數。

定義 9.6

解析函數：

若一複變函數 $f(z)$ 在區域 D 內每一點都有定義且可微分，則稱 $f(z)$ 在 D 內**可解析的**(analytic)。若 $f(z)$ 在 z_0 的鄰域中（見圖 9.10）為解析，則稱 z_0 為不可解析點，或**奇點**(singular point)。

一般而言，多項式函數

$$f(z) = C_0 + C_1 z + C_2 z^2 + C_3 z^3 + \cdots C_n z^n$$

式中 $C_1, C_2, \cdots C_n$ 為常數，皆為可解析的，而有理函數亦為可解析，如

$$f(z) = \frac{g(z)}{h(z)} \ , \ h(z) \neq 0$$

式中 $g(z)$ ， $h(z)$ 為多項函數，且 $h(z) \neq 0$ 。

可解析函數最重要的一點即為：其在作導數時其性質皆與實數函數相同。

例 15

若 $f(z) = 3z^2 + 2z + 1$ ，求 $f'(z)$

解 因 $f(z)$ 為多項函數故為可解析，直接對 z 求導數得

$$f'(z) = 6z + 2$$

讀者可自行依定義驗證。

例 16

若 $f(z) = \dfrac{3}{z-1}$，求(a) $f'(i)$，(b) $f(1)$

解 (a) 因 $f(z)$ 為有理函數，故可直接對 z 求導數可得

$$f'(z) = -3(z-1)^{-2}$$

$$f'(i) = \frac{-3}{(i-1)^2}$$

(b) 因 1 代入 $f(z)$ 的值不存在，故 1 為其奇點，即 $f(z)$ 在 $z=1$ 之點不可解析。

兩解析函數 $f(z), g(z)$ 乘積之導數，亦可利用連鎖律寫成

$$\left[f(z) \cdot g(z) \right]' = f'(z) \cdot g(z) + f(z) \cdot g'(z) \tag{9.21}$$

現在將導出對一複變函數解析與否的重要判別準則，即柯西黎曼方程式(Canchy-Riemann equation)。

 **定理 9.1**

柯西黎曼方程式

若存在一複變函數

$$w = f(z) = u(x, y) + iv(x, y)$$

而其滿足

$$\frac{\partial u}{\partial x} = \frac{\partial v}{\partial y} \quad 及 \quad \frac{\partial u}{\partial y} = -\frac{\partial v}{\partial x} \tag{9.22}$$

則稱其為解析函數，而上述判別式則稱為柯西黎曼方程式。

 若 $f(z)$ 在 z 點的導數 $f'(z)$ 存在，則

$$f'(z) = \lim_{\Delta z \to 0} \frac{f(z + \Delta z) - f(z)}{\Delta z}$$

將 $\Delta z = \Delta x + i\Delta y$ 代入可得

$$f'(z) = \lim_{\Delta z \to 0} \frac{\left[u(x + \Delta x, y + \Delta y) + iv(x + \Delta x, y + \Delta y) \right] - \left[u(x, y) + iv(x, y) \right]}{\Delta x + i\Delta y}$$

對 $\Delta z \to 0$ 的路徑而言，可分下述兩路徑討論：

I. $\Delta x = 0$ ， $\Delta y \to 0$ ，　　II. $\Delta x \to 0$ ， $\Delta y = 0$ 分述如下：

情況 I： $\Delta x = 0$ ， $\Delta y \to 0$

$$f'(z) = \lim_{\Delta y \to 0} \frac{\left[u(x, y + \Delta y) + iv(x, y + \Delta y) \right] - \left[u(x, y) + iv(x, y) \right]}{i\Delta y}$$

$$= \lim_{\Delta y \to 0} \frac{v(x, y + \Delta y) - v(x, y)}{\Delta y} - i \lim_{\Delta y \to 0} \frac{u(x, y + \Delta y) - u(x, y)}{\Delta y}$$

$$= \frac{\partial v}{\partial y} - i\frac{\partial u}{\partial y} \tag{9.23}$$

◎ 情況 II： $\Delta x \to 0$，$\Delta y = 0$

$$f'(z) = \lim_{\Delta x \to 0} \frac{\left[u(x+\Delta x, y) + iv(x+\Delta x, y)\right] - \left[u(x,y) + iv(x,y)\right]}{\Delta x}$$

$$= \lim_{\Delta x \to 0} \frac{u(x+\Delta x, y) - u(x,y)}{\Delta x} + i \lim_{\Delta x \to 0} \frac{v(x+\Delta x, y) - v(x,y)}{\Delta x}$$

$$= \frac{\partial u}{\partial x} + i \frac{\partial v}{\partial x} \tag{9.24}$$

若導數存在則(9.23)(9.24)之值應相等，故比較(9.23)(9.24)兩式之虛部與實部即可得證。

例 17

利用柯西黎曼方程式證明 $f(z) = \bar{z}$ 為不可解析函數

解 因 $f(\bar{z}) = \bar{z} = x + iy$，故可得 $u = x$，$u = -y$。因此可得

$$\frac{\partial u}{\partial x} = 1 \text{，} \frac{\partial v}{\partial y} = -1$$

因上式兩式不相等故不為解析函數。

例 18

判斷 $f(z) = \dfrac{2z+1}{z}$ 是否為解析，有無奇點存在

解 將 $f(z)$ 展開並代入 $z = x + iy$，可得

$$f(z) = 2 + \frac{1}{z} = 2 + \frac{1}{x + iy}$$

$$= \left(2 + \frac{x}{x^2 + y^2}\right) + i\frac{-y}{x^2 + y^2}$$

其中 $u = 2 + \dfrac{x}{x^2 + y^2}$，$v = \dfrac{-y}{x^2 + y^2}$，由(9.22)式得

$$\left. \begin{aligned} \frac{\partial u}{\partial x} &= \frac{\partial}{\partial x}\left(2 + \frac{x}{x^2 + y^2}\right) = \frac{-x^2 + y^2}{(x^2 + y^2)^2} = \frac{\partial v}{\partial y} \\ \frac{\partial u}{\partial y} &= \frac{\partial}{\partial y}\left(2 + \frac{x}{x^2 + y^2}\right) = \frac{-2xy}{(x^2 + y^2)^2} = -\frac{\partial v}{\partial x} \end{aligned} \right\} \text{滿足柯西黎曼方程式}$$

再觀察原式得知 $f(z)$ 在 $z = 0$ 時不存在，故 $z = 0$ 為其奇點，而在 $z \neq 0$ 時 $f(z)$ 為可解析函數。

9-4-1 拉普拉斯方程式，調和函數

解析函數 $f = u + iv$ 的另一實用公式為其實部 $u(x, y)$ 與虛部 $v(x, y)$ 皆滿足所謂的拉普拉斯方程式，即

$$\nabla^2 u = u_{xx} + u_{yy} = 0 \tag{9.25}$$

$$\nabla^2 v = v_{xx} + v_{yy} = 0 \tag{9.26}$$

式中 v_{xx} 代表 v 對 x 的兩次偏微分，同理 v_{yy}，u_{yy} 亦代表 v，u 對 y 的兩次偏微分。一函數二階偏導數存在，且滿足於拉普拉斯方程式，亦常被稱為調和函數(harmonic function)。

例 19

證明 $f(z) = z^2$ 的實部及虛部為調和函數

解 將 $z = x + iy$ 代入可得

$$f(z) = z^2 = (x + iy)^2 = x^2 - y^2 + i(2xy)$$

其中實部 $u = x^2 - y^2$，虛部 $v = 2xy$

$$\left.\begin{array}{l}\dfrac{\partial u}{\partial x} = 2x = \dfrac{\partial v}{\partial y} \\[3mm] \dfrac{\partial u}{\partial y} = -2y = -\dfrac{\partial v}{\partial x}\end{array}\right\} \quad f(z) \text{ 為可解析}$$

$$u_{xx} = \frac{\partial^2 u}{\partial x^2} = 2 \text{ , } u_{yy} = \frac{\partial^2 u}{\partial y^2} = -2$$

$$v_{xx} = \frac{\partial^2 v}{\partial x^2} = 0 \text{ , } v_{yy} = \frac{\partial^2 v}{\partial y^2} = 0$$

$$\nabla^2 u = u_{xx} + u_{yy} = 2 - 2 = 0 \Rightarrow \text{為調和函數}$$

$$\nabla^2 v = v_{xx} + v_{yy} = 0 + 0 = 0 \Rightarrow \text{為調和函數}$$

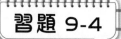

求 1 至 7 函數之導數，或證明其不可解析

1. $f(z) = z \cdot \bar{z}$

   Ans：不可解析，但在 $z = 0$ 時，為可解析

2. $f(z) = z^2 + iz$

   Ans：$2z + i$

3. $f(z) = \text{Re}(z)$，$z \neq 0$

   Ans：不可解析

4. $f(z) = z^2 + 2z + 1$

   Ans：$2z + 2$

5. $f(z) = i|z|^2$，$z \neq 0$

   Ans：不可解析

6. $f(z) = iz^3 + 2z^2 + 1$

   Ans：$3z^2 i + 4z$

7. $f(z) = (z + 3)^2$

   Ans：$2(z + 3)$

在 8 至 9 題中證明 $f(z)$ 的 u, v 為調和函數

8. $f(z) = (z + 2)^2$

9. $f(z) = z + i$

10. 判別下列各式之奇點

    (a) $f(z) = \dfrac{1}{z}$ (b) $f(z) = \dfrac{z+1}{(z-2)^2}$

    (c) $f(z) = \dfrac{z}{(z+3)^2}$ (d) $f(z) = \dfrac{z}{z-i}$

    (e) $f(z) = \dfrac{z^2}{(z-1-i)^4}$

    Ans：

    (a) $z = 0$ (b) $z = 2$ (c) $z = -3$

    (d) $z = i$ (e) $z = 1 + i$

11. 求下列函數之導數 $f'(z)$

    (a) $\dfrac{z+1}{z-1}$ ，(b) $4iz^2 - 8z + 2$ ，(c) $3z^2 - 4$

    Ans：(a) $\dfrac{-2}{(z-1)^2}$ ，(b) $8iz - 8$ ，(c) $6z$

12. 求 $f(z) = \dfrac{(z+2)}{(z^2+i)}$ ，在 $z_0 = 2$ 的導數 $f'(z_0)$

    Ans： $\dfrac{i-12}{15+8i}$

9-5　指數、對數、三角函數

本節接著將討論一些極重要的基本複數函數，如指數、對數及三角函數等，首先討論複指數函數。

定義 9.7

指數函數：

複指數函數可寫成

$$e^z \quad 或 \quad \exp(z)$$

或可利用實數函數定義為

$$e^z = e^{x+iy} = e^x e^{iy} = e^x(\cos y + i\sin y) \tag{9.27}$$

由觀察可得其應滿足以下性質

1. 若 z 為實數，則 $e^z = e^x$

2. $\dfrac{d}{dz}e^z = e^z$

3. $e^{z_1+z_2} = e^{z_1}e^{z_2}$

4. $e^{z\pm2N\pi i} = e^z$ ， N 為整數

5. $e^z \neq 0$

6. 若 $z = iy$ 時， $e^{iy} = \cos y + i\sin y$ 為極有名之**歐拉公式**。

上述性質之證明極為簡單，現只證明第二個性質。

因 $e^z = e^x(\cos y + i\sin y)$ ，其中 $u = e^x\cos y$ ， $v = e^x\sin y$

$$\left.\begin{array}{l}\dfrac{\partial u}{\partial x}=e^{x}\cos y=\dfrac{\partial v}{\partial y}\\[3mm]\dfrac{\partial u}{\partial y}=-e^{x}\sin y=-\dfrac{\partial v}{\partial x}\end{array}\right\} \Rightarrow \therefore e^{z} \text{為可解析函數}$$

由式(9.24)可得

$$\frac{d}{dx}e^{z}=(e^{z})'=\frac{\partial u}{\partial x}+i\frac{\partial v}{\partial x}$$

$$=e^{x}\cos y+i(e^{x}\sin y)=e^{x}(\cos y+i\sin y)$$

$$=e^{z} \qquad \text{得證}$$

由上述之性質亦可得複數的極式，若 $z=r(\cos\theta+i\sin\theta)$，則

$$z=r(\cos\theta+i\sin\theta)=re^{i\theta}$$

另外有一極重要之結果讀者應牢記，即純虛數指數的大小為 1，即

$$\left|e^{iy}\right|=\left|\cos y+i\sin y\right|=\sqrt{\cos^{2}y+\sin^{2}y}=1 \tag{9.28}$$

例 20

計算下列各值(a) $e^{2\pi i}$，(b) $e^{1+\frac{\pi}{4}i}$

解 (a) $e^{2\pi i}=\cos(2\pi)+i\sin(2\pi)=1$

(b) $e^{1+\frac{\pi}{4}i}=e\left(e^{\frac{\pi}{4}i}\right)=e\left[\cos\left(\dfrac{\pi}{4}\right)+i\sin\left(\dfrac{\pi}{4}\right)\right]$

$$=e\left[\frac{\sqrt{2}}{2}+i\frac{\sqrt{2}}{2}\right]$$

對於 $e^{2\pi i}$，$e^{\frac{\pi}{4}i}$ 之圖形可由圖 9.11 看出其位置。

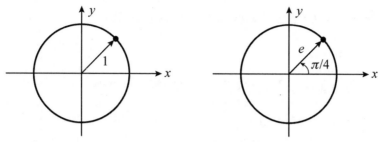

📎 圖 9.11 例 20 之圖形

例 21

計算(a) $f(z)=e^{2z+1}$，(b) $f(z)=e^{z^2+z}$ 之導數

解 因兩函數皆為可解析函數，故

(a) $f'(z)=\dfrac{d}{dz}\left(e^{2z+1}\right)=2e^{2z+1}$

(b) $f'(z)=\dfrac{d}{dz}\left(e^{z^2+z}\right)=(2z+1)e^{z^2+z}$

定義 9.8

對數函數：

當 $z\neq0$ 時，對數函數 $w=\ln z$ 被定義成其滿足

$$e^w=z \tag{9.29}$$

若設 $w=u+iv$，則

$$e^w=e^{u+iv}=re^{i\theta}$$

式中 $e^u = r$, $v = \theta$, 故可得 $u = \ln r$, 而對數函數

$$w = \ln r + i\theta$$

上式中 θ 可為 $\arg(z) \pm 2N\pi$, 故若以主值角表示可得

$$\mathrm{Ln}z = \ln r + i\mathrm{Arg}(z)$$

$$= \ln|z| + i\mathrm{Arg}(z) \ , \ -\pi < \mathrm{Arg}(z) \le \pi \tag{9.30}$$

若不以主值表示,則 $\ln z$ 的其餘值可表示成

$$\ln z = \mathrm{Ln}z \pm 2N\pi i, \quad N = 1,2\cdots \tag{9.31}$$

例 22

計算下列各對數函數,並寫其主值
(a) $\ln 1$, (b) $\ln 3$, (c) $\ln(-1)$, (d) $\ln i$, (e) $\ln(1+i)$

解 (a) $\ln 1 = 0 \pm 2N\pi i$, $\mathrm{Ln}1 = 0$

(b) $\ln 3 = 1.09861 \pm 2N\pi i$, $\mathrm{Ln}3 = 1.09861$

(c) $\ln(-1) = \pi i \pm 2N\pi i$, $\mathrm{Ln}(-1) = \pi i$

注意 $\ln(-1)$ 在實數對數中並不存在。

(d) $\ln i = \dfrac{\pi}{2}i \pm 2N\pi i$, $\mathrm{Ln}(i) = \dfrac{\pi}{2}i$

(e) $\ln(1+i) = \ln\sqrt{2} + \dfrac{\pi}{4}i \pm 2N\pi i$, $\mathrm{Ln}(1+i) = \ln\sqrt{2} + \dfrac{\pi}{4}i$

對數函數亦可簡單的證明出除了在 $z=0$ 及負實數軸之外都是可解析的。且

$$\frac{d}{dz}\ln z = (\ln z)' = \frac{1}{z} \tag{9.32}$$

證明

$$\ln z = u + iv = \ln r + i\arg(z)$$

$$\therefore\quad u = \ln r = \ln|z| = \frac{1}{2}\ln(x^2 + y^2)$$

$$v = \arg z = \tan^{-1}\frac{y}{x} + c$$

式中 c 為 $n\pi$ 之整數倍

$$\left.\begin{array}{l}\dfrac{\partial u}{\partial x} = \dfrac{x}{x^2 + y^2} = \dfrac{\partial v}{\partial y} \\[3mm] \dfrac{\partial u}{\partial y} = \dfrac{y}{x^2 + y^2} = -\dfrac{\partial v}{\partial x}\end{array}\right\} \Rightarrow \therefore \ln z \text{ 為可解析}$$

由(9.24)可得

$$(\ln z)' = \frac{\partial u}{\partial x} + i\frac{\partial v}{\partial x} = \frac{x}{x^2 + y^2} + \frac{-iy}{x^2 + y^2}$$

$$= \frac{x - iy}{x^2 + y^2} = \frac{1}{x + iy} = \frac{1}{z}$$

當然讀者亦可輕易發現下列關係式亦存在

$$\ln(z_1 z_2) = \ln z_1 + \ln z_2 \tag{9.33}$$

$$\ln\left(\frac{z_1}{z_2}\right) = \ln z_1 - \ln z_2 \tag{9.34}$$

定義 9.9

一般乘冪：

複數 $z = x + iy$ 的一般乘冪可定義為

$$z^c = e^{c \ln z} \text{，（ } c \text{ 為一複數，} z \neq 0 \text{ ）} \tag{9.35}$$

若以主值表示可得

$$z^c = e^{c \operatorname{Lnz}}$$

例 23

計算 i^i，並以主值表示。

解 由 (9.35) 式，原式可寫成

$$i^i = e^{i \ln i} = \exp\left[i\left(\frac{\pi}{2}i \pm 2Ni \right) \right] = e^{-\frac{\pi}{2} \mp 2N\pi}$$

若以主值表示可得

$$i^i = e^{-\frac{\pi}{2}}$$

例 24

計算 $(1+i)^{-i}$

解 由(9.35)式，原式可寫成

$$(1+i)^{-i} = e^{-i\ln(1+i)} = \exp\left[-i\left(\ln\sqrt{2} + \frac{\pi}{4}i \pm 2N\pi i\right)\right]$$

$$= \exp\left[\left(\frac{\pi}{4} \pm 2N\pi\right) - i\ln\sqrt{2}\right]$$

若以主值表示，則

$$(1+i)^{-i} = \exp\left[\frac{\pi}{4} - i\ln\sqrt{2}\right]$$

A 定義 9.10

三角函數：

由歐拉公式可輕易定義複數的餘弦函數及正弦函數為

$$\cos z = \frac{1}{2}\left(e^{iz} + e^{-iz}\right) \qquad \sin z = \frac{1}{2i}\left(e^{iz} - e^{-iz}\right) \tag{9.36}$$

由上式亦可定義其他複數三角函數如

$$\tan z = \frac{\sin z}{\cos z} \text{，} \quad \cot z = \frac{\cos z}{\sin z} \tag{9.37}$$

$$\sec z = \frac{1}{\cos z} \text{，} \quad \csc z = \frac{1}{\sin z} \tag{9.38}$$

而其導數與實數微積分相同可得到

$$\frac{d}{dz}\sin z = \cos z \text{，} \quad \frac{d}{dz}\cos z = -\sin z \text{，} \quad \frac{d}{dz}\tan z = \sec^2 z$$

讀者可由柯西方程式得證之。而其它三角函數之積化和差性質對複數三角函數而言依然存在。

定義 9.11

雙曲線函數

複數的雙曲線餘弦，正弦函數分別定義為

$$\cosh z = \frac{1}{2}(e^z + e^{-z}) \text{ , } \sinh z = \frac{1}{2}(e^z - e^{-z}) \tag{9.39}$$

讀者亦可比較(9.36)及(9.39)兩式而可得到

$$\cosh iz = \cos z \text{ , } \sinh iz = i\sin z \tag{9.40}$$

及

$$\cos iz = \cosh z \text{ , } \sin iz = i\sinh z \tag{9.41}$$

而其餘的雙曲線函數亦可定義為

$$\tanh z = \frac{\sinh z}{\cosh z} \text{ , } \coth z = \frac{\cosh z}{\sinh z} \tag{9.42}$$

$$\sec hz = \frac{1}{\cosh z} \text{ , } \csc hz = \frac{1}{\sinh z} \tag{9.43}$$

雙曲線函數的導數性質亦可證明出與實數微積分性質相同，即

$$\frac{d}{dz}\cosh z = (\cosh z)' = -\sinh z \text{ , } \frac{d}{dz}\sinh z = (\sinh z)' = \cosh z \tag{9.44}$$

例 25

證明(a) $\dfrac{d}{dz}\cos z = -\sin z$ ，(b) $\dfrac{d}{dz}\tan z = \sec^2 z$

解 (a) 由(9.36)式可得

$$\cos z = \frac{1}{2}(e^{iz} + e^{-iz})$$

直接求導數得

$$\frac{d}{dz}\cos z = \frac{1}{2}\frac{d}{dz}\left(e^{iz} + e^{-iz}\right) = \frac{1}{2}\left(ie^{iz} - ie^{iz}\right)$$

$$= \frac{-1}{2i}\left(e^{iz} - e^{-iz}\right) = -\sin z$$

(b) 利用 $\tan z = \dfrac{\sin z}{\cos z}$ 可得

$$\frac{d}{dz}\tan z = \frac{d}{dz}\frac{\sin z}{\cos z} = \frac{\cos^2 z + \sin^2 z}{\cos^2 z}$$

$$= \frac{1}{\cos^2 z} = \sec^2 z$$

例 26

解 $\cosh z = \dfrac{1}{2}$

解

$$\because \quad \cosh z = \cos(iz) = \frac{1}{2}$$

$$\therefore \quad iz = 2N\pi \pm \frac{\pi}{3} \text{ , } N \text{ 為整數}$$

$$\therefore \quad z = -\left(2N\pi \pm \frac{\pi}{3}\right)i$$

例 27

解 $\cosh z = 0$

$\because \quad \cosh z = \cos(iz) = 0$

$\therefore \quad iz = \left(N + \dfrac{1}{2} \right)\pi$ ，N 為整數

$\therefore \quad z = -\left(N + \dfrac{1}{2} \right)\pi i$

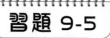

習題 9-5

從習題 1 至 6 以 $a+ib$ 的形式寫出 e^z

1. e^{2i}

　Ans：$\cos(2)+i\sin(2)$

2. e^{1+i}

　Ans：$e(\cos 1+i\sin 1)$

3. $e^{2+\frac{\pi}{2}i}$

　Ans：ie^2

4. $e^{8\pi i}$

　Ans：1

5. $e^{1+\frac{\pi}{4}i}$

　Ans：$e\left(\dfrac{\sqrt{2}}{2}+\dfrac{\sqrt{2}}{2}i\right)$

6. $e^{-3i+\pi}$

　Ans：$e^{\pi}(\cos 3-i\sin 3)$

從習題 7 至 12 以複指數 $re^{i\theta}$ 形式表示已知的 z（以主角值表示）

7. $z=3i$

　Ans：$z=3e^{\frac{\pi}{2}i}$

8. $z=1+i$

　Ans：$\sqrt{2}e^{\frac{\pi}{4}i}$

9. $z=2+4i$

　Ans：$\sqrt{20}\exp\left[i\tan^{-1}2\right]$

10. $z=-4$

　Ans：$z=4e^{\pi i}$

11. $z=-2+3i$

　Ans：$\sqrt{13}e^{i\tan^{-1}\left(\frac{3}{-2}\right)}$

12. $z=3+4i$

　Ans：$\sqrt{5}\exp\left[i\tan^{-1}\left(\dfrac{4}{3}\right)\right]$

對習題 13 至 18 求 $\ln(z)$ 的所有值並求 $\text{Ln}(z)$

13. $\ln 3i$

　　Ans： $\ln(3i) = \ln 3 + \dfrac{\pi}{2}i \pm 2N\pi i$

　　　　 $\text{Ln}(3i) = \ln 3 + \dfrac{\pi}{2}i$

14. $\ln(-7)$

　　Ans： $\ln(-7) = \ln 7 + \pi i \pm 2N\pi i$

　　　　 $\text{Ln}(-7) = \ln 7 + \pi i$

15. $\ln(1+i)$

　　Ans： $\ln(1+i) = \ln\sqrt{2} + \dfrac{\pi}{4}i \pm 2N\pi i$

　　　　 $\text{Ln}(1+i) = \ln\sqrt{2} + \dfrac{\pi}{4}i$

16. $\ln(-1+i)$

　　Ans： $\ln(-1+i) = \ln\sqrt{2} + \dfrac{3}{4}\pi i \pm 2N\pi i$

　　　　 $\text{Ln}(-1+i) = \ln\sqrt{2} + \dfrac{3}{4}\pi i$

17. $\ln(3+4i)$

　　Ans： $\ln(3+4i) = \ln 5 + i\theta \pm 2N\pi i$，$\theta = \tan^{-1}\dfrac{4}{3}$

　　　　 $\text{Ln}(3+4i) = \ln 5 + i\theta$

18. $\ln(-i)$

　　Ans： $\ln(-i) = -\dfrac{\pi}{2}i \pm 2N\pi i$

　　　　　　$\mathrm{Ln}(-i) = -\dfrac{\pi}{2}i$

從習題 19 至 24 試求 z^c 的所有值，並求其主值

19. $2(1+i)^{2i}$

　　Ans： $2\exp\left[i2\ln\sqrt{2} - \left(\dfrac{\pi}{2} \pm 4N\pi\right)\right]$，$2e^{-\frac{\pi}{2}}\left[\cos(2\ln\sqrt{2}) + i\sin(2\ln\sqrt{2})\right]$

20. $(-i)^i$

　　Ans： $\exp\left[\dfrac{\pi}{2} \mp 2N\pi\right]$，$e^{\frac{\pi}{2}}$

21. i^{1-i}

　　Ans： $\exp\left[\dfrac{\pi}{2} \pm 2N\pi + i\left(\dfrac{\pi}{2} \pm 2N\pi\right)\right]$，$ie^{\frac{\pi}{2}}$

22. 2^i

　　Ans： $\exp\left[\mp 2N\pi + i\ln 2\right]$，$\cos(\ln 2) + i\sin(\ln 2)$

23. $2^{\frac{i}{2}}$

　　Ans： $\exp\left[\mp N\pi + \dfrac{i}{2}\ln 2\right]$，$\exp\left[\dfrac{i}{2}\ln x\right]$

24. $(4i)^i$

　　Ans： $\exp\left[-\dfrac{\pi}{2} \mp 2N\pi + i\ln 4\right]$，$e^{\frac{-\pi}{2}}\left[\cos(\ln 4) + i\sin(\ln 4)\right]$

對習題 25 至 28 計算其函數值

25. $\sin(2i)$

Ans： $i\sinh(2)$

26. $2\sin(\pi+i)$

Ans： $-2i\sinh(1)$

27. $7\sin(e^i)$

Ans： $7\{\sin[\cos 1]\cosh[\sin 1]+i\cos[\cos 1]\sinh[\sin 1]\}$

28. $\tan(i)$

Ans： $i\tanh(1)$

Appendix **A** 積分表

1. $\displaystyle\int x^a dx = \frac{1}{a+1}x^{a+1}+C$，$a \neq -1$

2. $\displaystyle\int \frac{dx}{x} = \ln|x|+C$

3. $\displaystyle\int \frac{xdx}{ax+b} = \frac{x}{a} - \frac{b}{a^2}\ln|ax+b|+C$

4. $\displaystyle\int \frac{xdx}{(ax+b)^2} = \frac{b}{a^2(ax+b)} + \frac{1}{a^2}\ln|ax+b|+C$

5. $\displaystyle\int \frac{x^2 dx}{ax+b} = \frac{x^2}{2a} - \frac{bx}{a^2} + \frac{b^2}{a^3}\ln|ax+b|+C$

6. $\displaystyle\int \frac{x^2 dx}{(ax+b)^2} = \frac{x}{a^2} - \frac{b^2}{a^3(ax+b)} - \frac{2b}{a^3}\ln|ax+b|+C$

7. $\displaystyle\int \frac{dx}{x(ax+b)} = \frac{1}{b}\ln\left|\frac{x}{ax+b}\right|+C$

8. $\displaystyle\int x(ax+b)^n dx = \frac{x(ax+b)^{n+1}}{a(n+1)} - \frac{(ax+b)^{n+2}}{a^2(n+1)(n+2)}+C$，$n \neq -1$，$-2$

9. $\displaystyle\int \frac{dx}{(ax+b)(cx+d)} = \frac{1}{ad-bc}\ln\left|\frac{ax+b}{cx+d}\right|+C$

10. $\displaystyle\int \frac{xdx}{(ax+b)(cx+d)} = \frac{1}{ad-bc}\left[\frac{d}{c}\ln|cx+d| - \frac{b}{a}\ln|ax+b|\right]+C$

11. $\displaystyle\int \frac{dx}{x(ax+b)^2} = \frac{1}{b(ax+b)} + \frac{1}{b^2}\ln\left|\frac{x}{ax+b}\right|+C$

12. $\displaystyle\int x\sqrt{ax+b}\,dx = \frac{2}{a^2}\left[\frac{(ax+b)^{\frac{5}{2}}}{5} - \frac{b(ax+b)^{\frac{3}{2}}}{3}\right]+C$

13. $\displaystyle\int x\sqrt{ax+b}\,dx = \frac{2}{a^3}\left[\frac{(ax+b)^{\frac{7}{2}}}{7} - \frac{2b(ax+b)^{\frac{5}{2}}}{5} + \frac{b^2(ax+b)^{\frac{3}{2}}}{3}\right] + C$

14. $\displaystyle\int\frac{dx}{x\sqrt{ax+b}} = \frac{1}{\sqrt{b}}\ln\left|\frac{\sqrt{ax+b}-\sqrt{b}}{\sqrt{ax+b}+\sqrt{b}}\right| + C \qquad b>0$

$\displaystyle\qquad\qquad = \frac{2}{\sqrt{-b}}\tan^{-1}\frac{\sqrt{ax+b}}{\sqrt{-b}} + C \qquad b<0$

15. $\displaystyle\int\frac{xdx}{\sqrt{ax+b}} = \frac{2(ax-2b)}{3a^2}\sqrt{ax+b} + C$

16. $\displaystyle\int\frac{\sqrt{ax+b}}{x}dx = 2\sqrt{ax+b} + b\int\frac{dx}{x\sqrt{ax+b}} + C$

17. $\displaystyle\int\sqrt{a^2-x^2}\,dx = \frac{x}{2}\sqrt{a^2-x^2} + \frac{a^2}{2} + \sin^{-1}\frac{x}{a} + C$

18. $\displaystyle\int x^2\sqrt{a^2-x^2}\,dx = -\frac{x}{4}(a^2-x^2)^{\frac{3}{2}} + \frac{a^2}{4}\int\sqrt{a^2-x^2}\,dx + C$

19. $\displaystyle\int(a^2-x^2)^{\frac{3}{2}}\,dx = \frac{x}{4}(a^2-x^2)^{\frac{3}{2}} + \frac{3a^2}{4}\int\sqrt{a^2-x^2}\,dx + C$

20. $\displaystyle\int\frac{dx}{(a^2-x^2)^{\frac{3}{2}}} = \frac{x}{a^2\sqrt{a^2-x^2}} + C$

21. $\displaystyle\int\frac{dx}{x\sqrt{a^2-x^2}} = -\frac{1}{a}\ln\left|\frac{a+\sqrt{a^2-x^2}}{x}\right| + C$

22. $\displaystyle\int\frac{dx}{x^2\sqrt{a^2-x^2}} = -\frac{\sqrt{a^2-x^2}}{a^2x} + C$

23. $\displaystyle\int\frac{\sqrt{a^2-x^2}}{x}dx = \sqrt{a^2-x^2} - a\ln\left|\frac{a+\sqrt{a^2-x^2}}{x}\right| + C$

24. $\displaystyle\int\sqrt{x^2\pm a^2}\,dx = \frac{x}{2}\sqrt{x^2\pm a^2} \pm \frac{a^2}{2}\ln\left|x+\sqrt{x^2\pm a^2}\right| + C$

25. $\displaystyle\int\frac{dx}{\sqrt{x^2\pm a^2}} = \ln\left|x+\sqrt{x^2\pm a^2}\right| + C$

26. $\displaystyle \int \frac{dx}{\sqrt{x^2 \pm a^2}^{\frac{3}{2}}} = \frac{\pm x}{a^2 \sqrt{x^2 \pm a^2}} + C$

27. $\displaystyle \int \frac{\sqrt{x^2 \pm a^2}}{x^2} dx = -\frac{\sqrt{x^2 \pm a^2}}{x} + \ln \left| x + \sqrt{x^2 \pm a^2} \right| + C$

28. $\displaystyle \int \frac{dx}{x\sqrt{x^2 + a^2}} = -\frac{1}{a} \ln \frac{a + \sqrt{x^2 + a^2}}{|x|} + C$

29. $\displaystyle \int \frac{x}{x\sqrt{x^2 - a^2}} = \frac{1}{a} \tan^{-1} \frac{\sqrt{x^2 - a^2}}{a} + C$

30. $\displaystyle \int \frac{\sqrt{x^2 \pm a^2}}{x^2} dx = \sqrt{x^2 \pm a^2} \pm a^2 \int \frac{dx}{x\sqrt{x^2 \pm a^2}} + C$

31. $\displaystyle \int \sin x\, dx = -\cos x + C$

32. $\displaystyle \int \cos x\, dx = \sin x + C$

33. $\displaystyle \int \sin^2 x\, dx = \frac{x}{2} - \frac{\sin 2x}{4} + C$

34. $\displaystyle \int x \sin x\, dx = \sin x - x \cos x + C$

35. $\displaystyle \int x \cos x\, dx = \cos x + x \sin x + C$

36. $\displaystyle \int x^2 \sin x\, dx = 2x \sin x - (x^2 - 2) \cos x + C$

37. $\displaystyle \int x^2 \cos x\, dx = 2x \cos x + (x^2 - 2) \sin x + C$

38. $\displaystyle \int x \sin^2 x\, dx = \frac{1}{4} \left[x^2 + \sin^2 x - x \sin 2x \right] + C$

39. $\displaystyle \int \sin^3 x\, dx = \frac{\cos^3 x}{3} - \cos x + C$

40. $\displaystyle \int \sin^4 x\, dx = \frac{3x}{8} - \frac{3 \sin 2x}{16} - \frac{\sin^3 x \cos x}{4} + C$

41. $\displaystyle\int \frac{dx}{1+a\sin x} = \frac{-1}{\sqrt{a^2-1}}\ln\left|\frac{a+\sin x+\sqrt{a^2-1}\cos x}{1+a\sin x}\right| + C \qquad a^2 > 1$

$$= \frac{1}{\sqrt{1-a^2}}\sin^{-1}\frac{a+\sin x}{1+a\sin x} + C \qquad a^2 < 1$$

42. $\displaystyle\int e^{ax}\,dx = \frac{e^{ax}}{a} + C$

43. $\displaystyle\int xe^{ax}\,dx = \frac{1}{a^2}(ax-1)e^{ax} + C$

44. $\displaystyle\int x^2 e^{ax}\,dx = \frac{1}{a^3}(a^2 x^2 - 2ax + 2)e^{ax} + C$

45. $\displaystyle\int e^{ax}\sin bx\,dx = \frac{1}{a^2+b^2}(a\sin bx - b\cos bx)e^{ax} + C$

46. $\displaystyle\int e^{ax}\cos bx\,dx = \frac{1}{a^2+b^2}(a\cos bx + b\sin bx)e^{ax} + C$

47. $\displaystyle\int \ln|x|\,dx = x\ln|x| - x + C$

48. $\displaystyle\int x^n \ln|x|\,dx = \frac{x^{n+1}}{n+1}\left(\ln|x| - \frac{1}{n+1}\right) + C \qquad n \neq -1$

49. $\displaystyle\int \sin ax\sin bx\,dx = \frac{\sin(a-b)x}{2(a-b)} - \frac{\sin(a+b)x}{2(a+b)} + C \qquad a^2 \neq b^2$

50. $\displaystyle\int \cos ax\cos bx\,dx = \frac{\sin(a-b)x}{2(a-b)} + \frac{\sin(a+b)x}{2(a+b)} + C$

51. $\displaystyle\int \sin ax\cos bx\,dx = -\frac{\cos(a-b)x}{2(a-b)} - \frac{\cos(a+b)x}{2(a+b)} + C$

New Wun Ching Developmental Publishing Co., Ltd.

New Age · New Choice · The Best Selected Educational Publications—NEW WCDP

新文京開發出版股份有限公司

新世紀‧新視野‧新文京 ─ 精選教科書‧考試用書‧專業參考書